普通高等教育"十二五"创新型规划教材·电气工程及其自动化系列

信号检测与转换技术

马忠丽　主　编

周雪梅　曾建辉　副主编

哈尔滨工业大学出版社

内 容 简 介

信号检测与转换技术是研究信息提取、信息转换、信息传输和信息处理的重要课程。本书共10章,主要介绍信号检测与转换技术基础知识、常用不同种类传感器及其应用电路、信号调理和转换技术及应用、信号自动检测与转换系统设计的有关内容,以及信号检测与转换技术相关实验内容。本书注重对学生实践能力和动手能力的培养,内容讲述深入浅出、通俗易懂,且有大量专业词汇的英文注释有利于学生专业运用能力的提高。

本书可供高等学校有关专业的本科生和研究生选用,也可作为各种成人教育的教材,还可作为有关工程技术人员学习信号检测与转换技术及应用的参考书。

图书在版编目(CIP)数据

信号检测与转换技术/马忠丽主编. —哈尔滨:哈尔滨工业大学出版社,2012.3(2023.1重印)

ISBN 978-7-5603-3503-2

普通高等教育"十二五"创新型规划教材·电气工程及其自动化系列

Ⅰ.①信… Ⅱ.①马… Ⅲ.①信号检测 ②信息转换

Ⅳ.①TN911.23 ②TP335

中国版本图书馆 CIP 数据核字(2012)第014766号

策划编辑　王桂芝
责任编辑　李长波
出版发行　哈尔滨工业大学出版社
社　　址　哈尔滨市南岗区复华四道街10号　邮编150006
传　　真　0451-86414749
网　　址　http://hitpress.hit.edu.cn
印　　刷　黑龙江艺德印刷有限责任公司
开　　本　787 mm×1 092 mm　1/16　印张16.75　字数412千字
版　　次　2012年3月第1版　2023年1月第4次印刷
书　　号　ISBN 978-7-5603-3503-2
定　　价　48.00元

普通高等教育"十二五"创新型规划教材

电气工程及其自动化系列

编 委 会

序

随着产业国际竞争的加剧和电子信息科学技术的飞速发展,电气工程及其自动化领域的国际交流日益广泛,而对能够参与国际化工程项目的工程师的需求越来越迫切,这自然对高等学校电气工程及其自动化专业人才的培养提出了更高的要求。

根据《国家中长期教育改革和发展规划纲要(2010—2020)》及教育部"卓越工程师教育培养计划"文件精神,为适应当前课程教学改革与创新人才培养的需要,使"理论教学"与"实践能力培养"相结合,哈尔滨工业大学出版社邀请东北三省十几所高校电气工程及其自动化专业的优秀教师编写了《普通高等教育"十二五"创新型规划教材·电气工程及其自动化系列》。该系列教材具有以下特色:

1. 强调平台化完整的知识体系。系列教材涵盖电气工程及其自动化专业的主要技术理论基础课程与实践课程,以专业基础课程为平台,与专业应用课、实践课有机结合,构成了一个通识教育和专业教育的完整教学课程体系。

2. 突出实践思想。系列教材以"项目为牵引",把科研、科技创新、工程实践成果纳入教材,以"问题、任务"为驱动,让学生带着问题主动学习,"在做中学",进而将所学理论知识与实践统一起来,适应企业需要,适应社会需求。

3. 培养工程意识。系列教材结合企业需要,注重学生在校工程实践基础知识的学习和新工艺流程、标准规范方面的培训,以缩短学生由毕业生到工程技术人员转换的时间,尽快达到企业岗位目标需求。如从学校出发,为学生设置"专业课导论"之类的铺垫性课程;又如从企业工程实践出发,为学生设置"电气工程师导论"之类的引导性课程,帮助学生尽快熟悉工程知识,并与所学理论有机结合起来。同时注重仿真方法在教学中的作用,以解决教学实验设备因昂贵而不足、不全的问题,使学生容易理解实际工作过程。

本系列教材是哈尔滨工业大学等东北三省十几所高校多年从事电气工程及其自动化专业教学科研工作的多位教授、专家们集体智慧的结晶,也是他们长期教学经验、工作成果的总结与展示。

我深信:这套教材的出版,对于推动电气工程及其自动化专业的教学改革、提高人才培养质量,必将起到重要推动作用。

教育部高等学校电子信息与电气学科教学指导委员会委员
电气工程及其自动化专业教学指导分委员会副主任委员

2011 年 7 月

前　言

由于信号检测与转换技术的应用领域不断扩大,人们对这方面的知识需求愈加迫切。借鉴国内同行专家的教学成果,作者总结多年理论和实验教学经验,结合实际科学研究项目和成果,在原有的两本教材《检测与转换技术》、《信号检测与转换实验技术》基础上,经多次修改编写而成。

全书共 10 章。第 1 章是信号检测与转换技术概述,主要介绍信号检测与转换技术基础知识、检测仪表概述和传感器基础知识。第 2～5 章是常用不同种类传感器及其应用电路介绍,主要介绍电阻式传感器、电抗式和霍尔传感器、有源传感器及超声波、光纤和 CCD 图像传感器等。第 6～8 章是有关信号调理和转换技术及其应用介绍,主要介绍信号放大技术、滤波技术和转换技术及其应用。第 9 章是信号自动检测与转换系统设计的有关内容,主要介绍自动检测与转换系统常用控制芯片、通信协议和自动检测与转换系统搭建实例。第 10 章是信号检测与转换技术相关实验内容,主要介绍实验基本注意事项、实验常规仪器仪表使用和基础性、设计性实验内容。附录给出了常用热电阻和热电偶的分度表。

本书内容讲述深入浅出、通俗易懂,注重对学生实践能力和动手能力的培养,加大了应用电路、设计与创新性实验的比例,进一步提高学生的科技创新意识及理论联系实际的能力。本书在编写过程中,还给出了大量专业词汇的英文注释,有利于学生专业英语运用能力的提高。

本书可以作为高等学校测控技术及仪器、自动化等专业或相近专业的理论和实验教材,也可供有关专业的本科生和研究生选用,还可作为各种成人教育的教材。此外,也可作为有关工程技术人员学习信号检测与转换技术及应用的很好的参考书。

本书由哈尔滨工程大学自动化学院马忠丽、周雪梅、曾建辉编写,马忠丽编写第 1～4 章,周雪梅编写第 5～8 章,曾建辉编写第 9、10 章。哈尔滨工程大学高延滨教授负责全书的审稿工作。为本书编写提供大量支持和帮助的人员还有李慧凤、梁秀梅、李泱、李官茂、刘轻尘、谭吉来等同学,在此表示真诚感谢!

由于水平有限,书中难免存在不足和疏漏之处,恳请广大读者批评、指正。

编　者

2012 年 1 月

目　录

第1章 信号检测与转换技术概述

本章摘要:检测与转换技术(Detection and Conversion Technology)是自动检测技术和自动转换技术的总称,是以研究自动检测系统中的信息提取、信息转换、信号处理及信息传输的理论和技术为主要内容的一门应用技术学科。本章主要介绍信号检测与转换技术基础,包括课程主要内容、工业检测技术涉及内容、信号分类、测量和测量误差基本知识、检测仪表概述及传感器基础知识。

本章重点:测量误差及检测仪表的基本性能。

1.1 绪 论

1.1.1 本课程主要内容

检测是指通过各种科学的手段和方法获得客观事物的量值;转换则是通过各种技术手段把客观事物的大小转换成人们能够识别、存储和传输的量值。检测与转换技术以研究信息提取、信息转换、信号处理及信息传输的理论和技术为主要内容。

信息提取(Information Extracted)是指从自然界诸多被测量(物理量、化学量、生物量与社会量)中提取出有用的信息(一般是电信号),以便组成自动检测系统。

信息转换(Information Conversion)是将所提取出的有用信息进行电量形式、幅值、功率等的转换,为了适应下一单元的需要和满足精确度的需要。在此需要对信息提取及转换过程中引入的干扰进行补偿。

信息处理(Information Processing)的任务是视输出环节的需要,将变换后的电信号进行数字运算(求均值、极值等)、模拟量−数字量变换等处理。

信息传输(Information Transmission)的任务是在排除干扰的情况下经济地、准确无误地把信息进行远、近距离的传递。

图 1.1 所示为典型检测与转换系统基本组成。

根据图 1.1,检测与转换系统中的信息提取主要通过传感器(Sensor 或 Transducer)完成,根据传感器自身的特点,其输出信号可以直接送给显示器(Display)显示(用万用表(Multi-meter)、示波器(Oscilloscope)、频谱分析仪(Spectrum Analyzer)等进行波形、报警显示等)。但是如果传感器输出信号混有较大噪声,则需要利用信号调理(Signal Conditioning)电路,如放大(Amplifying)电路、滤波(Filter)电路、调制/解调(Modulation/Demodulation)电路等,对信号进行预处理,使信号质量得到改善。信号调理电路输出信号也可以直接送给显示器显示,但是如果想利用微处理器,如计算机、单片机(Single Chip Microcomputer, SCM)、数字信号处理器

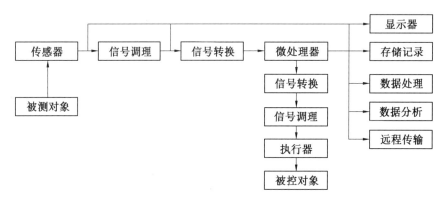

图 1.1　典型检测与转换系统基本组成

（Digital Signal Processor，DSP）等对信号进行分析,则需要利用信号转换（Signal Conversion）电路（包括采样/保持电路、A/D（Analog/Digital）转换电路等）使信号由模拟量转换为微处理器可以识别、存储、运算、传输等的数字编码,完成信息的转换。最后利用微处理器及相关设备（键盘、显示屏、打印机等）实现对数据的存储记录、分析处理等。在整个检测与转换系统中,给各环节的输入、输出信号提供通路的可以是导线、电缆、光导纤维及信号所通过的空间（电磁场（Electromagnetic Field）、电磁波（Electromagnetic Wave）、微波（Microwave）等）,它们统称为传输通道（Transmission Channel）,完成信息传输任务。

上述过程仅仅描述了对信息的检测过程,在实际应用中,往往还需要根据测得的信息,设计一定的控制规律,对被控对象进行控制,这就是常说的测控系统（Measurement and Control System）。这时仍然需要利用信号转换电路（主要是 D/A 转换电路）和信号调理电路使信号由数字量转换为幅值、功率等都满足要求的模拟量,通过执行器（Actuator）（直流伺服电机、交流伺服电机、步进电机、液压马达等）完成对被控对象的控制。

本课程重点讨论在工业生产、科学研究、日常生活中常用的传感器及相应的信号调理电路和信号转换电路的原理、结构、应用实例,以及相应实验内容的设计、调试与实现,使学习者最后能够正确地学会选择所需要的技术器件和手段（如敏感元件、传感器、信号调理电路、信号转换电路、显示仪表、数据处理方法等）组成恰当的检测与转换系统,完成一定的检测任务。

1.1.2　本课程与相关学科的关系及特点

检测与转换技术与现代化生产和科学技术相互渗透、相互作用的密切关系,使它成为一门十分活跃的多学科交叉技术学科,与本课程相关的学科有:光学（Optical）工程学科、机械（Mechanical）工程学科、电子信息（Electronic and Information）工程学科、计算机（Computer）科学与技术学科、控制（Control）科学与工程学科、信息与通信（Information and Communication）工程学科。图 1.2 所示为本课程与相关学科的关系。

本教材在编写过程中注意突出以下几个特点:

（1）以模拟电子技术、数字电子技术、单片机技术等课程为基础,辅以检测技术研究领域的新技术、新方法。

（2）以实际应用的系统和电路为讲解重点,内容前后呼应,软硬件相结合。

（3）将理论知识与动手实践相结合,突出实际动手能力的培养。

（4）注意强调内容的深度和细节,点面结合,深入浅出。

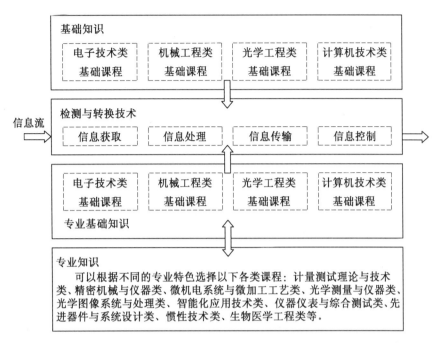

图 1.2　本课程与相关学科的关系

(5)借用领域专业词汇的英文列写,提高学生外文阅读能力。

1.1.3　检测与转换技术应用举例

人类社会已经进入信息时代,检测技术在信息技术系统中的地位也越来越重要。作为一个信息技术系统,其构成单元一般有三部分,即传感器、通信系统和计算机,相当于人的"感官"、"神经"和"大脑",被称为信息技术的三大支柱,而传感器正是检测技术研究的主要内容。检测技术能否很好地发挥作用,是决定信息技术系统成败的关键。

目前,检测与转换技术的应用领域十分广泛,在国防、航空、航天、交通运输、能源、电力、机械、石油化工、轻工、纺织等工业部门、环境保护、生物医学及人们日常生活中都得到大量应用。如美国的导弹防御系统、飞机的飞行监视系统、汽车自主导航系统、管网泄露检测系统、蔬菜大棚环境监测系统、河流水质监测系统、超声波医学图像、计算机、空调、自动门、吸尘器等,可以说检测技术无处不在。图 1.3 所示为检测技术在计算机系统中的典型应用。

(a)鼠标:光电传感器　　(b)摄像头:CCD 传感器　　(c)声位笔:超声波传感器　　(d)麦克风:电容传感器

图 1.3　检测技术在计算机系统中的典型应用

人体心电信号检测系统就是检测与转换技术的典型实际应用。心脏周围的组织和体液都能导电,因此可将人体看成为一个具有长、宽、厚三维空间的容积导体。心脏好比电源,无数心肌细胞动作电位变化的总和可以传导并反映到体表。在体表很多点之间存在着电位差,也有很多点彼此之间无电位差,是等电位的。心脏在每个心动周期中,由起搏点、心房、心室相继兴奋,伴随着生物电的变化,这些生物电的变化称为心电(Electrocardiogram,ECG)。心电信号检测可用于对各种心律失常、心室心房肥大、心肌梗死等病症检查,起到临床 24 h 监视病人心脏功能的重要作用。

心电信号是一种较微弱的体表电信号,成年人的幅值约为 0.5 ~ 4 mV,频率在 0.01 ~ 250 Hz范围内,属于低频率、低幅值信号,信号源内阻很大(两手臂间内阻约为几百千欧)。那么对于这样的信号如何测量呢? 图 1.4 所示为人体心电信号检测系统的构成框图。

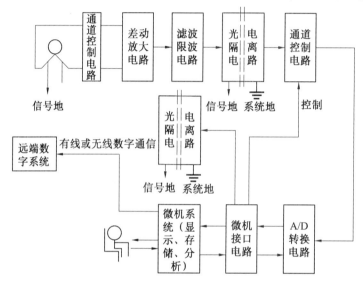

图 1.4　人体心电信号检测系统的构成框图

系统中,直接获取的是电压差形式的人体心电信号,选用接触电阻较小的金属片就可以拾取人体的电压差,因此传感器部分在此例中被省略掉。

如前所述,由于心电信号属于微弱信号,所以需要放大器实现对信号的幅值放大。一般放大器可分为运算放大器(Operational Amplifier)、差动放大器(Differential Amplifier)等不同种类。对于以电压差形式存在的人体心电信号,适合采用差动放大器。而对于人体心电信号采用普通的一级差动放大器还不行,还需要专门用于微弱差动信号检测的仪用放大器(Instrument Amplifier,也称测量放大器(Measurement Amplifier))。

心电信号检测中,外部环境干扰时时存在,如:由室内的照明及动力设备所引起的 50 Hz工频干扰(Power Frequency Interference);电极和电解质或体液接触,在金属界面上总会产生极化电压,叠加在信号上形成电极噪声干扰(Electrode Noise Interference);心电信号以外的人体电现象所引起的噪声,如肌电信号、脑电信号、呼吸电信号等;无线电波及高频设备和干扰;电子器件的噪声;其他医疗仪器的噪声等。当微弱心电信号被淹没于上述噪声和干扰中时,如果只进行简单的放大,噪声和信号一起得到放大,仍然得不到干净、理想的信号。针对上述问题,可以采用模拟或数字滤波电路进行信号调理,如:针对 50 Hz 工频干扰的陷波器(Subsidence Filter)、针对信号中夹杂的高频干扰的低通滤波器(Low-pass Filter)等。但是,如果信号与噪声在信号性质上和频率分布上都相同或相近,原理上就很难将信号和噪声分离开,则需要依靠卡尔曼(Kalman)滤波器等现代信号检测理论和方法作进一步的分析和处理。

在人体心电检测系统中,从安全的角度考虑,要求人体检测回路与市电(~220 V)没有电气连接,这就要求系统采用光电隔离(Photoelectric Isolating)电路或变压器隔离(Transformer Isolating)电路等。而信号的隔离不仅要求对数字信号、控制信号进行隔离,而且也要求被检测的模拟信号通路也是隔离的。

经过放大,滤波等预处理的信号在达到了合适的大小和一定的信噪比之后,下一步需要A/D转换电路和多路模拟开关(Multi-channel Analog Switch)及采样/保持电路(Sampling Hold Circuit)等配合工作,将信号经过转换后送给微机处理。

1.2 信号检测与转换技术基础

1.2.1 工业检测技术涉及内容

工业检测技术涉及主要内容包括:

热工(Thermal)量:温度、压力(压强)、压差、真空度、流量、流速、物位、液位等。

机械(Mechanical)量:直线位移、角位移、速度、加速度、转速、应变、力矩、振动、噪声、质量(重量)、粗糙度、硬度等。

几何(Geometric)量:长度、厚度、角度、直径、间距、形状、材料缺陷等。

物体的性质和成分(Property and Composition)量:空气的湿度(绝对、相对);气体的化学成分、浓度;液体的黏度、浊度、透明度;物体的颜色等。

状态(State)量:工作机械的运动状态(启停等)、生产设备的异常状态(超温、过载、泄漏、变形、磨损、堵塞、断裂等)。

电工(Electrician)量:电压、电流、电功率、电阻、电感、电容、频率、磁场强度、磁通密度等(在电工、电子等课程中讲授)。

1.2.2 信号分类

信号检测与转换技术的主要任务是将各种非电物理量变换成易于测量、记录和分析的信号。根据信号不同特点,可将信号分为静态信号和动态信号、确定性信号和非确定性信号、周期信号和非周期信号、连续信号和离散信号、功率信号和能量信号等。

(1)静态信号和动态信号

不随时间变化或在考查的范围内随时间变化缓慢的信号称为静态(Static)信号,反之,称为动态(Dynamic)信号。

(2)确定性信号和非确定性信号

根据动态信号的取值是否确定,可以将信号分为确定性(Deterministic)信号和非确定性信号(随机(Random)信号)。确定性信号是指可用明确的数学关系式描述的信号。非确定性信号是指不能用明确的数学关系式来描述的信号,可分为平稳信号和非平稳信号,它只能用概率统计方法来描述。

(3)周期信号和非周期信号

确定性信号可以分为周期(Periodic)信号和非周期(Non-periodic)信号两类。周期信号可视为在一个固定参考点上的振荡运动,经过一定时间(周期)后可自行重复出现的信号。即周期信号可以按一定时间间隔周而复始重复出现。周期信号又分为简谐(Harmonic)信号和复杂周期(Complex Periodic)信号。非周期信号是指在时间上永远不会重复的信号,可以分为准周期(Quasi-periodic)信号和瞬变(Transient)信号。

① 简谐信号(正弦信号或余弦信号):简谐信号可描述为

$$x(t) = A_n \sin(w_0 t + \varphi) \quad 或 \quad x(t) = A_n \cos(\omega_0 t + \varphi) \tag{1.1}$$

② 复杂周期信号:由两个或两个以上的简谐信号叠加而成。它具有一个最长的基本重复周期,与该基本周期频率一致的谐波称为基波,其他频率为基波整数倍的谐波称为高次谐波。可表示为

$$x(t) = x(t + nT) \quad (n = 1,2,3,\cdots) \tag{1.2}$$

复杂周期信号可以展成一系列频率成比例的正弦波。反之,若干频率成简单整数比的正弦波能合成为一个周期信号。

③ 准周期信号(近似周期信号):由一些不同频率的简谐信号合成,可表示为

$$x(t) = \sum_{n=1}^{N} A_n \sin(\omega_n t + \varphi_n) \tag{1.3}$$

④ 瞬变信号:是指冲击信号或持续时间很短的衰减信号。在确定性信号中,除了准周期信号以外的非周期信号都为瞬变信号。电容放电时电压变化、激振力消除后的阻尼自由振动等都是瞬变信号。图 1.5 所示为几种周期信号和非周期信号。

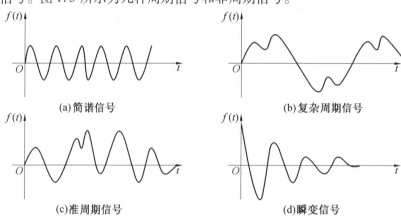

图 1.5　周期信号和非周期信号

(4)连续信号和离散信号

连续(Continuous)信号是指除个别不连续点外,信号在所讨论的时间段内的任意时间点都有确定的函数值。连续信号的函数值可以是连续的,也可以是离散的。若连续信号的时间与取值都是连续的,则称此类信号为模拟(Analog)信号。例如,正弦信号的时间和取值都是连续的,即为模拟信号。如果连续信号的时间连续,但信号的取值离散,则称此类信号为量化(Quantitative)信号。

离散(Discrete)信号是指信号只在离散时间瞬间才有定义。离散信号也常称为序列。此处"离散"是指在某些不连续的时间瞬间给出函数值,在其他时间没有定义。所谓的"没有定义"就是不知道信号在那些地方该取什么值。离散信号的函数值可以是连续的,也可以是离散的。若离散信号的取值是连续的,则称此类信号为抽样(Sampling)信号或取样信号。这里

的"连续"是指信号取值时没有什么限制,不是从指定的一些离散值中选择,而是任意的。若离散信号的取值是离散的,则称此类信号为数字(Digital)信号。图1.6所示为典型的连续信号和离散信号。

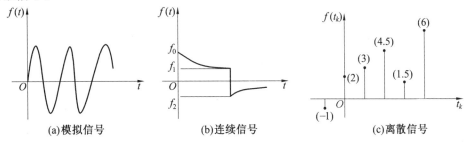

图1.6   连续信号和离散信号

(5)功率信号和能量信号

在研究过程中,有时需要知道信号的能量特性和功率特性。对连续信号 $x(t)$ 和离散信号 $x(n)$,分别定义它们在区间 $(-\infty, +\infty)$ 上的能量 E 为

$$E[x(t)] = \int_{-\infty}^{+\infty} |x(t)|^2 \mathrm{d}t$$

$$E[x(n)] = \sum_{n=-\infty}^{+\infty} |x(n)|^2 \tag{1.4}$$

这里的能量是定义在区间上的。相加的是信号的幅值的平方,一般把它称为信号的能量。

信号的功率 P 是区间 $(-\infty, +\infty)$ 上的平均功率,即

$$P[x(t)] = \lim_{T\to\infty} \frac{1}{T} \int_{-T/2}^{T/2} |x(t)|^2 \mathrm{d}t$$

$$P[x(n)] = \lim_{N\to\infty} \frac{1}{2N+1} \sum_{n=-N}^{N} |x(n)|^2 \tag{1.5}$$

功率是能量在一定时间内的平均值,所以在公式里要除以时间长度。这个时间长度,对于离散信号来讲,就是其点数。

如果信号的能量 $0<E<\infty$,则称之为能量有限信号,简称能量(Energy)信号。

如果信号的功率 $0<P<\infty$,则称之为功率有限信号,简称功率(Power)信号。

为什么要研究信号的功率呢?这是因为有的信号的能量太大了(等于无穷),研究没太大意义。但是不是都可以用功率来进行研究呢?不是。有些信号的能量变化实在太快了,没法表示,这时研究它的功率就没有意义。所以,能量和功率各有所长所短,当根据需要来使用。

1.2.3   测量与测量误差

1. 测量及测量方法

测量(Measurement)就是利用各种物理、化学效应,选择合适的方法与装置,将生产、科研、生活等各方面的有关信息通过检查与测量的方法,赋予定性或定量结果的过程。一个测量过程要经过比较、平衡、读数三步来完成。针对不同的测量任务,必须采取不同的测量方法才能实现。

（1）等精度（Equally Accurate）测量和不等精度（Non-equally Accurate）测量

等精度测量是指在测量过程中，使影响测量误差的各因素（环境条件、仪器仪表、测量人员、测量方法等）保持不变，对同一被测量在短时间内进行次数相同的重复测量。这种方法获得的测量结果的可靠程度是相同的，常用于普通工程技术测量中。不等精度测量是指在测量过程中，测量环境条件有部分不相同或全部不相同，如测量仪器精度、重复测量次数、测量人员熟练程度等有了变化，这种方法获得的测量结果可靠程度显然不同，但结果更精确。

（2）直接（Direct）测量和间接（Indirect）测量

直接测量是指用事先分度（标定）好的测量仪表、量具对被测量进行测量，如用游标卡尺测量长度等。间接测量是指用测量仪表、量具测出与被测量有确定函数关系的其他几个物理量，然后将测得的数值代入函数关系式，计算出所求的被测物理量，如阿基米得测量皇冠的比重，利用电压、电流计算功率等。

（3）接触（Contact）测量和非接触（Non-contact）测量

接触测量是指测量仪器直接与被测物体接触；而非接触测量是指测量仪器不与被测物体接触。前者如接触式体温计测体温，后者如辐射式高温计测炉温等。

（4）离线（Off-line）测量和在线（On-line）测量

离线测量是指测量人员在规定的时间内反复读出一个或多个测量仪表的数据，并将这些数据记录在有关表格或者存放到某些数据存储载体之后，再将这些数据输入计算机进行分析处理。在线测量是指把测量仪表测得的信号直接送入计算机中进行处理、识别并给出检测结果。如在流水线上，边加工边检验，可提高产品的一致性和加工精度。

（5）偏差（Deviation）测量、零位（Zero）测量、微差（Micro-difference）测量

偏差测量是用仪表指针相对于刻度尺的位移（偏差）的大小来直接表示被测量的数值，例如模拟式万用表利用指针的偏转测量相应的物理量。零位测量是用仪表的指零机构来衡量被测量与标准量是否处于平衡状态，例如天平称重。微差测量是将偏差法和零位法组合起来的一种测量方法，例如不平衡电桥测量电阻。

（6）静态（Static）测量和动态（Dynamic）测量

静态测量是指被测量随时间不变化或缓慢变化，例如用台秤测量物体重量等。动态测量则是指被测值本身随时间快速变化，例如用动态应变分析仪测量桥梁的应力等。

2. 测量误差基本概念

（1）测量误差定义

在一切测量中，所得的测量数据总是存在一定的误差。测量误差（Measurement Error）是指用器具进行测量时，被测量的测量值与被测量的真实值之间的差值，记为

$$\delta = x - x_0 \qquad\qquad (1.6)$$

式中，δ 为被测量参数的绝对误差；x_0 为被测量参数的真值或实际值；x 为测量所得到的被测量的数值，称为测量值、示值或标称值等。

真值（True Value）、实际值（Actual Value）、测量值（示值）（Measured Value）、标称值（Nominal Value）的具体区别如下：

① 真值：被测量本身所具有的真正值称为真值。真值是一个理想的概念，一般是不知道的。但在某些特定情况下，真值又是可知的，例如一个整圆周角为360°等。

② 实际值：实际测量中，不可能都直接与国家基准相比，所以国家通过一系列的各级实物计量标准构成量值传递网，将国家基准所体现的计量单位逐级比较传递到日常工作仪器或量

具上去。通常只能把精度更高一级的标准器具所测得的值作为"真值"。为了强调它并非是真正的"真值",故把它称为实际值。

③ 测量值(示值):由测量器具读数装置所指示出来的被测量的数值。

④ 标称值:测量器具上所标出来的数值。

(2)测量误差来源

测量过程的误差来源,可大致归纳为以下几个方面:

① 工具误差:是指因测量工具本身不完善引起的误差。主要包括读数误差、内部噪声引起的误差。此外,还有灵敏度不足引起的误差,器件老化引起的误差,检测系统工作条件变化时引起的误差。

② 方法误差:是指测量时方法不完善、引用经验公式及系数的近似性,所依据的理论不严密及对被测量定义不明确等诸因素所产生的误差,有时也称为理论误差。

③ 环境误差:测量工作环境与仪表校验时的规定标准状态不同,以及随时间而变化所引起的仪表性能与被测对象本身改变所造成的误差。

④ 个人误差:由于测试操作者个人的感官生理不同与变化、最小分辨力、反应速度和固有习惯及操作不熟练、疏忽与过失等所造成的误差。

误差自始至终存在于一切科学实验和测量之中,被测量的真值永远是难以得到的,这就是误差公理。

(3)测量误差分类

在测量中由不同因素产生的误差是混合在一起同时出现的。为了便于分析研究误差的性质、特点和消除方法,下面将对各种误差进行分类讨论。

① 按误差出现的规律分类。

a. 系统误差(System Error):简称系差,是按某种已知的函数规律变化而产生的误差。系统误差又可分为恒定系差和变值系差,前者是指在一定的条件下,误差的数值及符号都保持不变的系统误差;后者是指在一定的条件下,误差按某一确切规律变化的系统误差。

系统误差表明了一个测量结果偏离真值或实际值的程度。系统误差越小,测量就越准确,所以还经常用准确度一词来表征系统误差大小。

b. 随机误差(Random Error):简称随差,又称偶然误差,它是由未知变化规律产生的误差,具有随机变量的一切特点,在一定条件下服从统计规律,因此经过多次测量后,对其总和可以用统计规律来描述,可以从理论上估计对测量结果的影响。

随机误差表现了测量结果的分散性。在误差理论中,用精密度来表征随机误差的大小。随机误差越小,精密度越高。如果一个测量结果的随机误差和系统误差均很小,则表明测量既精密又准确,简称精确。

c. 粗大误差(Gross Error):是指在一定的条件下测量结果显著地偏离其实际值时所对应的误差,简称粗差。从性质上来看,粗差并不是单独的类别,它本身既可能具有系统误差的性质,也可能具有随机误差的性质,只不过在一定测量条件下其绝对值特别大而已。

粗大误差是由于测量方法不妥当,各种随机因素的影响及测量人员粗心(又称这类误差为疏失误差)造成的。在测量及数据处理中,当发现某次测量结果所对应的误差特别大时,应认真判断该误差是否属于粗大误差,如属粗差,该值应舍去不用。

② 按使用条件分类。

a. 基本误差(Basic Error):基本误差是指检测系统在规定的标准条件下使用时所产生的

误差。所谓标准条件一般指检测系统在实验室(或制造厂、计量部门)标定刻度时所保持的工作条件,电源电压 220 V±5%,温度(20±5) ℃,湿度小于 85%,电源频率 50 Hz 等。基本误差是检测系统在额定条件下工作所具有的误差,检测系统的精确度就是由基本误差决定的。

b. 附加误差(Additional Error):当使用条件偏离规定的标准条件时,除基本误差外还会产生附加误差,例如由于温度超过标准引起的温度附加误差、电源附加误差及频率附加误差等。这些附加误差在使用时应叠加到基本误差上。

③ 按误差与被测量的关系分类。

a. 定值误差(Stable Value Error):指误差对被测量来说是一个定值,不随被测量变化。这类误差可以是系统误差,也可以是随机误差。

b. 累积误差(Accumulation Error):指对各部分计算结果进行积分(或累加)时,其误差也随之累加,最后所得到的误差总和。这类误差一般是系统误差。

3. 测量误差处理

(1) 随机误差的处理

对于随机误差可以采用统计学方法来研究其规律和处理测量数据,以减弱其对测量结果的影响,并估计出其最终残留影响的大小。对于随机误差所作的概率统计处理,是在完全排除了系统误差的前提下进行的。大量实际统计数据表明绝大多数随机误差及在此影响下的测量数据可用正态分布来描述。

① 随机误差的正态分布。

由于随机误差是按正态分布(Normal Distribution)规律出现的,具有统计意义,通常以正态分布曲线的两个参数——数学期望值(Mathematical Expectation)和均方根误差(Root Mean Square Error, RMSE)作为评定指标。

设在一定条件下,对一个被测量(真值为 x_0)进行 N 次的等精度重复测量,得到一组测量结果 $x_1, x_2, \cdots, x_N$,则各值以正态分布出现的概率密度分布为

$$p(x) = \frac{1}{\sigma\sqrt{2\pi}}\exp\left[-\frac{(x-x_0)^2}{2\sigma^2}\right] \tag{1.7}$$

式中,x_0 为被测量真实值,也就是正态分布的数学期望值,它影响随机变量分布的集中位置,故称其为正态分布的位置特征参数;σ 为均方根误差,表征随机变量的分散程度,故称其为正态分布的离散特征参数。

x_0 值改变,σ 值保持不变,正态分布曲线的形状保持不变而位置根据 x_0 值改变而沿横坐标移动,如图 1.7 所示。当 x_0 值不变,σ 值改变,则正态分布曲线的位置不变,但形状改变,如图 1.8 所示。σ 值变小,则正态分布曲线变得尖锐,表示随机变量的离散性变小;σ 值变大,则正态分布曲线变平缓,表示随机变量的离散性变大。

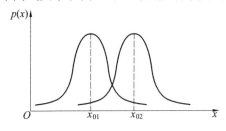

图 1.7 x_0 对正态分布的影响示意图

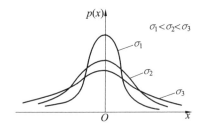

图 1.8 σ 对正态分布的影响示意图

由测量误差 $\delta = x - x_0$，则误差 δ 的概率密度分布可表示为

$$p(\delta) = \frac{1}{\sigma\sqrt{2\pi}}\exp\left(-\frac{\delta^2}{2\sigma^2}\right) \tag{1.8}$$

在已经消除系统误差条件下的等精度重复测量中，当测量数据足够多时，测量的随机误差大都呈正态分布，因而完全可以参照式（1.8）对测量随机误差进行比较分析。分析测量随机误差时，σ 表征测量数据离散程度。σ 值越小，则测量数据越集中，概率密度曲线越陡峭，测量数据的精密度越高；反之，σ 值越大，则测量数据越分散，概率密度曲线越平坦，测量数据的精密度越低。

当测量次数很大时，均方根值 σ，即均方根误差或称标准偏差，可用下式计算，即

$$\sigma = \lim_{N\to\infty}\sqrt{\frac{\sum_{i=1}^{N}(x_i - x_0)^2}{N}} = \lim_{N\to\infty}\sqrt{\frac{\sum_{i=1}^{N}\delta_i^2}{N}} \tag{1.9}$$

② 被测量值的真值估计。

在实际工程测量中，测量次数 N 不可能无穷大，而被测量的真值 x_0 通常也不可能已知。根据对已消除系统误差的有限次等精度测量数据样本 $x_1, x_2, \cdots, x_N$，求其算术平均值 $\bar{x}$，即

$$\bar{x} = \frac{x_1 + x_2 + \cdots + x_N}{N} = \sum_{i=1}^{N}\frac{x_i}{N} \tag{1.10}$$

则 $\bar{x}$ 是被测参量真值 x_0（或数学期望值）的最佳估计值，也是实际测量中比较容易得到的真值近似值。

③ 被测量值的均方根误差估计。

对已消除系统误差的一组 N 个（有限次）等精度测量数据 $x_1, x_2, \cdots, x_N$，采用其算术平均值 $\bar{x}$ 近似代替测量真值 x_0 后，总会有偏差，偏差的大小，目前常使用贝塞尔（Bessel）公式来计算，即

$$\hat{\sigma} = \sqrt{\frac{\sum_{i=1}^{N}(x_i - \bar{x})^2}{N-1}} = \sqrt{\frac{\sum_{i=1}^{N}\Delta_i^2}{N-1}} \tag{1.11}$$

式中，x_i 为第 i 次测量值；N 为测量次数，这里为有限值；$\bar{x}$ 为全部 N 次测量值的算术平均值，简称测量均值；Δ_i 为第 i 次测量的残余误差（Residual Error）；$\hat{\sigma}$ 为标准偏差 σ 的估计值，也称实验标准偏差。

④ 算术平均值的标准差。

严格地讲，贝塞尔公式只有当 $N\to\infty$ 时，$\hat{\sigma} = \sigma$，$\bar{x} = x_0$ 才成立。可以证明（详细证明参阅概率论或误差理论中的相关部分）算术平均值的标准差为

$$\sigma_{\bar{x}} = \frac{1}{\sqrt{N}}\sigma \tag{1.12}$$

在实际工作中，测量次数 N 只能是一个有限值，为了不产生误解，建议用算术平均值 $\bar{x}$ 标准差的估计值 $\hat{\sigma}_{\bar{x}}$ 来代替，即

$$\hat{\sigma}_{\bar{x}} = \frac{1}{\sqrt{N}}\hat{\sigma} \tag{1.13}$$

以上分析表明，算术平均值 $\bar{x}$ 的方差仅为单次测量值 x_i 方差的 $1/N$，也就是说，算术平

值 $\bar{x}$ 的离散度比测量数据 x_i 的离散度要小。所以,在有限次等精度重复测量中,用算术平均值估计被测量值要比用测量数据序列中任何一个都更为合理和可靠。

式(1.12)还表明,在 N 较小时,增加测量次数 N,可明显减小测量结果的标准偏差,提高测量的精密度。但随着 N 的增大,减小的程度越来越小;当 N 大到一定数值时 $\hat{\sigma}_x$ 就几乎不变了。所以,在实际测量中,对普通被测量,测量次数 N 一般取 4 ~ 24 次。若要进一步提高测量精密度,通常需要从选择精度等级更高的测量仪器、采用更为科学的测量方案、改善外部测量环境等方面入手。

⑤ 随机误差(正态分布时)测量结果的置信度。

由上述可知,可用测量值 x_i 的算术平均值 $\bar{x}$ 作为真值 x_0 的近似值。$\bar{x}$ 的分布离散程度可用贝塞尔公式等方法求出的重复性标准差(标准偏差的估计值)来表征,但仅知道这些还是不够的,还需要知道真值 x_0 落在某一数值区间的"肯定程度",即估计真值能以多大的概率落在某一数值区间。该数值区间称为置信区间(Confidence Interval),其界限称为置信限。该置信区间包含真值的概率称为置信概率(Confidence Probability),也可称为置信水平。这里置信限和置信概率综合体现测量结果的可靠程度,称为测量结果的置信度。显然,对同一测量结果而言,置信限越大,置信概率就越大;反之亦然。

对于正态分布,由于测量值在某一区间出现的概率与标准差 σ 的大小密切相关,故一般把测量值 x_i 与真值 x_0 偏差的置信区间取为 σ 的若干倍,即

$$x = \pm k\sigma \tag{1.14}$$

式中,k 为置信系数(或称置信因子),可被看做是描述在某一个置信概率情况下,标准偏差 σ 与误差限之间的一个系数。它的大小不但与概率有关,而且与概率分布有关。

对于正态分布,测量误差 δ 落在某区间的概率表达式为

$$P(\delta) = \int_{-k\sigma}^{k\sigma} \frac{1}{\sigma\sqrt{2\pi}} e^{-\frac{\delta^2}{2\sigma^2}} \mathrm{d}\delta = \int_{-k\sigma}^{k\sigma} p(\delta) \mathrm{d}\delta \tag{1.15}$$

置信系数 k 值确定之后,则置信概率便可确定。由式(1.15),当 k 分别选取 1、2、3 时,即测量误差 δ 分别落入正态分布置信区间 $\pm\sigma$、$\pm 2\sigma$、$\pm 3\sigma$ 的概率值分别为 0.683,0.954,0.997。图 1.9 所示为上述不同置信区间的概率分布示意图。

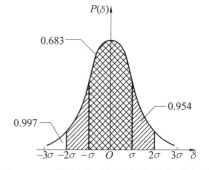

⑥ 随机误差分布规律。

由图 1.9 可以发现随机误差分布规律具有四个特点:

图 1.9 不同置信区间的概率分布示意图

a. 集中性。大量重复测量时所得到的数值均集中分布在其平均值 $\bar{x}$ 附近,即测量得到的数值 x_i 在平均值 $\bar{x}$ 附近出现的机会最多。

b. 对称性。当测量次数足够多时,符号相反、绝对值相等的误差出现的机会(或称概率)大致相等,即随机误差的分布具有对称性。

c. 有限性。绝对值很大的误差,出现的机会极少,因此在有限次测量中,误差绝对值不超过一定的范围,即随机误差的分布存在有限性。

d. 抵偿性。当测量次数趋于无穷多时,随机误差的平均值的极限将趋于零,即随机误差具有抵偿性。

⑦ 测量结果中随机误差的表示方法。

对于一组数据进行 N 次等精度测量,在不考虑系统误差和粗大误差的情况下,所得的数据表示为

$$x = \bar{x} \pm k\hat{\sigma}_{\bar{x}} = \bar{x} \pm k\frac{\hat{\sigma}}{\sqrt{N}} \tag{1.16}$$

(2)系统误差的处理

系统误差没有通用的处理方法,很大程度取决于观测者的经验和技巧,好的测量方法可以有效地消除或减弱系统误差,下面介绍几种方法:

① 引入修正值法:通过检测系统的标定可以知道修正值,将测量结果的指示值加上修正值,就可得到被测量的实际值。这时的系统误差不是被完全消除,而是大大被削弱,因为修正值本身也是有误差的。

② 平衡式测量法:该方法是用标准量与被检测量相比较的测量方法,其优点是测量误差主要取决于参加比较的标准器具的误差,而标准器具的误差可以做得很小。这种方法必须使检测系统有足够的灵敏度。自动平衡显示仪表就属于平衡式测量法。

③ 替换法:该方法用可调的标准器具代替被测量接入检测系统,然后调整标准器具,使检测系统的指示与被测量接入时相同,则此时标准器具的数值等于被测量。替换法在两次测量过程中,测量电路及指示器的工作状态均保持不变。因此,检测系统的精确度对测量结果基本上没有影响,测量的精确度主要取决于标准已知量。

④ 对照法:在一个检测系统中,改变一下测量安排,测出两个结果,将这两个测量结果互相对照,并通过适当的数据处理,可对测量结果进行改正。

(3)粗大误差的处理

在测量过程中,一般情况下不能及时确定哪个测量值是坏值而加以舍弃,必须在整理数据时加以判别。判断坏值的方法有几种,概括起来都属于统计判别法。根据理论上的严密性和使用上的简便性,目前常用的判别准则有:拉依达准则(Pauta Criterion)和肖维奈准则(Chauvenet Criterion)。

① 拉依达准则(3$\hat{\sigma}$ 准则):有一列 N 次等精度测量数据 $x_1, x_2, \cdots, x_N$,其算术平均值为 $\bar{x}$,残余误差为 $\Delta_i = x_i - \bar{x}$。按贝塞尔公式计算出测量值的标准偏差为 $\hat{\sigma}$,则根据随机误差正态分布理论中极限误差为 $3\hat{\sigma}$ 的理论,可以得到拉依达准则:凡残余误差大于三倍标准偏差者被认为是粗差,它所对应的测量值是坏值,应予以舍弃。

上述准则可以表示为

$$|\Delta_b| = |x_b - \bar{x}| > 3\hat{\sigma} \tag{1.17}$$

式中,x_b 为应舍弃的测量值,即坏值($1 \leq b \leq N$);Δ_b 为坏值的残余误差;$\bar{x}$ 为包括坏值在内的全部测量值的算术平均值;$3\hat{\sigma}$ 为准则的判别值。

注意在计算 $3\hat{\sigma}$ 时,也应包括坏值的残余误差 Δ_b 在内。

拉依达判据计算简便,但因它是在测量次数为无限大(即 $N \to \infty$)的前提下建立的,因此当 N 较小时,此准则判定结果的可靠性并不高。

例如,当 $N = 10$ 时,因 $\sqrt{N-1} = 3$,由贝塞尔公式则有

$$3\hat{\sigma} = \sqrt{v_1^2 + v_2^2 + \cdots + v_N^2} \geq |v_d| \quad (1 \leq d \leq N) \tag{1.18}$$

这就意味着 $v_d \leqslant 3\hat{\sigma}$，即使有粗大误差也无法剔除。如果将 $3\hat{\sigma}$ 改为 $2\hat{\sigma}$，同理可以证明，5 次以内的测量，也无法剔除粗大误差，而下面的方法却能改善这种情况。

② 肖维奈准则：在一系列等精度测量数据 $x_1, x_2, \cdots, x_N$ 中，如某测量值 $x_b(1 \leqslant b \leqslant N)$ 的残余误差的绝对值 $|\Delta_b|$ 大于标准偏差的 k_c 倍时，则此测量值 x_b 可判为可疑数值或坏值，而予以剔除。肖维奈准则用公式可表示为

$$|v_b| > k_c\hat{\sigma} \tag{1.19}$$

式中，k_c 为肖维奈准则中与测量次数有关的判别系数。

肖维奈准则的系数 k_c 随 N 改变。当 N 小时，k_c 也变小，因而总保持着可剔除的概率。肖维奈准则的缺点是概率参差不齐，即 N 不同时，置信水平也不同。

1.3 检测仪表概述

1.3.1 检测仪表基本组成

检测仪表(Measuring Instrument)是用来检测生产过程中各个参数，即各种被测量信号的技术工具。检测仪表可以由许多单独的部件组成，也可以是一个不可分的整体。前者构成的是检测系统，属于复杂仪表；后者是简单仪表，应用极为广泛。它们通常由传感器、变换器、显示器及连接各环节的传输通道组成，如图 1.10 所示。

图 1.10　检测仪表组成框图

① 传感器是检测仪表与被测对象直接发生联系的部分。其作用是感受被测量的变化，直接从对象中提取被测量的信息，并转换成相应的输出信号。

② 变换器是检测仪表的中间环节，由若干个部件组成，其作用一是实现信号转换和放大；二是完成信号处理，即滤波、调制和解调、线性化处理或转变成规定的统一信号，供给显示器。

③ 显示器的作用是向观察者显示被测量数值的大小。它可以是瞬时量的显示、累积量的显示、越限报警等，也可以是相应的记录显示。显示仪表的显示方式有三种类型：指示式(模拟式显示)、数字式和屏幕式(图像显示式)三种。

④ 传输通道的作用是联系仪表的各个环节，给各环节的输入、输出信号提供通路，它可以是导线、电缆、管路(如光导纤维)及信号所通过的空间等。

1.3.2 检测仪表性能指标

检测仪表性能指标是评价仪表性能差异、质量优劣的主要依据。仪表的性能指标概括起来包括技术、经济及使用等三方面的指标。这里主要介绍能够衡量仪表检测能力的技术指标。

1. 量程

用仪表测出被测参数的最高值和最低值，分别称为仪表测量范围的上限和下限。测量范围的上限值和下限值的代数差即为仪表的量程(Scale)，记为 B，可表示为

$$B = x_{max} - x_{min} \tag{1.20}$$

式中, $x_{\max}$ 为仪表测量的上限值; $x_{\min}$ 为仪表测量的下限值。

通常仪表刻度线的下限值 $x_{\min} = 0$, 这时量程 $B = x_{\max}$。在整个测量范围内, 由于仪表所提供被测量信息的可靠程度并不相同, 所以在仪表下限值附近的测量误差较大, 故不宜在该区使用。

2. 误差

仪表的测量误差包括基本误差和附加误差。基本误差可以用以下几种形式描述:

(1) 绝对误差(Absolute Error)

绝对误差是指仪表的测量值或示值 x 与被测量的真值 A_0 之间的代数差, 显然绝对误差的定义与测量误差的定义等同。

由于一般无法求得真值 A_0, 在实际应用时常用精度高一级的标准器具的示值(作为实际值) A 代替真值 A_0。一般来说, 实际值 A 总比测量值 x 更接近于真值 A_0。 x 与 A 之差常称为仪表示值误差, 记为

$$\Delta x = x - A \tag{1.21}$$

通常即以此值来代表绝对误差。

绝对误差说明了仪表的示值偏离真值的大小, 是有量纲的数值。绝对误差不能完全表示测量值的满意程度, 例如某采购员分别在三家商店购买 100 kg 大米、10 kg 苹果、1 kg 巧克力, 发现均缺少约 0.5 kg, 但该采购员对卖巧克力的商店意见最大。

(2) 相对误差(Relative Error)

相对误差是绝对误差 Δx 与被测量的约定值之比, 用它较绝对误差更能确切地说明测量质量, 常用百分数表示。在实际测量中, 相对误差有下列表示形式:

① 实际相对误差(Actual Relative Error) γ_A 是用绝对误差 Δx 与被测量的实际值 A 的百分比值来表示的相对误差, 记为

$$\gamma_A = \frac{\Delta x}{A} \times 100\% \tag{1.22}$$

② 示值相对误差(Indication Relative Error) γ_x 是用绝对误差 Δx 与仪表的示值(测量值) x 的百分比值来表示的相对误差, 记为

$$\gamma_x = \frac{\Delta x}{x} \times 100\% \tag{1.23}$$

③ 满度(或引用) 相对误差(Quoted Relative Error) γ_m 是用绝对误差 Δx 与仪表的量程 B 之比来表示的相对误差, 记为

$$\gamma_m = \frac{\Delta x}{B} \times 100\% \tag{1.24}$$

引用误差是应用最多的一种误差形式。引用误差公式中, 分子是一个规定了的特定值, 与测量值无关, 但分子仍为仪表示值绝对误差, 当测量值取仪表测量范围内的各个示值, 即在刻度标尺各不同分格位置时, 示值的绝对误差 Δx 的值也是不同的, 故引用误差仍与仪表的具体示值有关。

④ 最大满度(或引用) 相对误差(Maximum Quoted Relative Error) $\gamma_{\max}$ 可表示为

$$\gamma_{\max} = \frac{|\Delta x_{\max}|}{B} \times 100\% \tag{1.25}$$

式中的分子是一个规定了的特定值, 它是仪表测量范围内示值绝对误差中的最大值。仪表的

最大满度（引用）误差能很好地说明仪表的测量精确度,以便进行仪表之间的比较。最大引用误差是仪表基本误差的主要形式,故也常称为仪表的基本误差。

3. 精度等级

仪表的最大满度（或引用）相对误差 γ_{max} 可以描述仪表的测量精度,于是可以据此来区分仪表质量,确定仪表精度等级,以利生产检验和选择使用。

仪表在出厂检验时,其示值的最大引用误差不能超过规定的允许值,此值称为允许引用误差,记为 Q,即

$$q_{max} < Q \qquad (1.26)$$

工业仪表即以允许引用误差值的大小来划分精度等级(Precision Grade),并规定用允许引用误差去掉百分号(%)后的数字来表示精度等级。例如,精度等级为 1.5 级的仪表,其允许引用误差即为 1.5%,在正常使用这一精度的仪表时,其最大引用误差不得超过 ±1.5%。

国家规定电工仪表精度等级分为 0.1,0.2,0.5,1.0,1.5,2.5,5.0 七级。对于工业自动化仪表的精确度,也有和电工仪表相类似的规定,其精度等级一般在 0.5 ～ 4.0 之间。

4. 灵敏度与分辨力

（1）灵敏度

灵敏度指稳态时仪表的单位输入量变化所引起的输出量的变化。这里所说的输入与输出的变化量均指它们在两个稳态值之间的变化量。以 Δx 表示输入变化量,以 Δy 表示输出变化量,则灵敏度(Sensitivity)可表示为

$$S = \frac{\Delta y}{\Delta x} \qquad (1.27)$$

灵敏度 S 为有量纲的数,如果输入、输出为同类量,此时 S 可以理解为放大倍数。

仪表的灵敏度静态特性曲线是直线和曲线时的灵敏度的求法如图 1.11 所示。

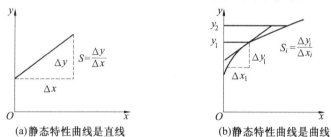

(a)静态特性曲线是直线　　　(b)静态特性曲线是曲线

图 1.11　仪表的灵敏度静态特性曲线

仪表灵敏度高,则仪表示值读数的精度可以提高,但仪表的灵敏度应与仪表等级相适应。过高的灵敏度提高了测量的精度,反而会带来读数不稳定的影响。

（2）分辨力

分辨力(Resolution)是指测量仪表能够检测出被测信号最小变化量的能力。实际中,分辨力可用测量仪表的输出值表示。模拟式显示装置的分辨力通常为标尺分度值的一半,数字式显示装置的分辨力为末位数字的一个数码。为了保证检测精度,测量仪表的分辨力应小于系统允许误差的 1/3 或 1/5 或 1/10。思考图 1.12 所示的数字式温度计的分辨力是多少?

5. 迟滞性

迟滞性(Hysteresis)也称为变差,迟滞特性表明传感器在全量程范围内,正（输入量增大）

反(输入量减小)行程期间输出-输入曲线不重合的程度,也就是说,对应于同一大小的输入信号,传感器正反行程的输出信号大小不相等。迟滞大小一般由实验确定,其值以满量程(Full Scale, F. S.)输出 $y_{F.S.}$ 的百分数表示(见图1.13)为

$$e_h = \frac{\Delta_{max}}{y_{F.S.}} \times 100\%\qquad(1.28)$$

式中, e_h 为变差; Δ_{max} 为输出值在正反行程间的最大差值; $y_{F.S.}$ 表示满量程输出。

图1.12 数字式温度计

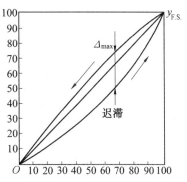

图1.13 仪表的变差曲线

变差现象可能是由仪表内某些元件吸收能量引起,例如弹性变形的滞后现象,磁性元件的磁滞现象,或者是由仪表内传动机构的摩擦、间隙等造成的。

6. 线性度

(1)仪表静态特性曲线

为了方便标定和数据处理,要求仪表的输出-输入关系是线性关系并能正确无误地反映被测量的真值,但实际上只有在理想情况下,仪表的输出-输入静态特性才呈直线性。

如果没有迟滞效应,其静态特性可用下列多项式代数方程来表示,即

$$y = \alpha_0 + \alpha_1 x + \alpha_2 x^2 + \cdots + \alpha_n x^n\qquad(1.29)$$

式中, x 为输入量(被测量); y 为输出量; α_0 为零位输出; α_1 为仪表的灵敏度; $\alpha_2, \alpha_3, \cdots, \alpha_n$ 代表非线性项的待定常数。

这种多项式代数方程可能有四种情况(见图1.14):

① 理想线性(见图1.14(a)):在这种情况下 $\alpha_0 = \alpha_2 = \cdots = \alpha_n = 0$,因此得到

$$y = \alpha_1 x\qquad(1.30)$$

② 在原点附近相当范围内输出-输入特性基本成线性(见图1.14(b)):在这种情况下,除线性项外只存在奇次非线性项,即

$$y = \alpha_1 x + \alpha_3 x^3 + \alpha_5 x^5 + \cdots\qquad(1.31)$$

③ 输出-输入特性曲线不对称(见图1.14(c)):这时,除线性项外,非线性项只是偶次项,即

$$y = \alpha_1 x + \alpha_2 x^2 + \alpha_4 x^4 + \cdots\qquad(1.32)$$

④ 普遍情况见图1.14(d):

$$y = \alpha_0 + \alpha_1 x + \alpha_2 x^2 + \cdots + \alpha_n x^n\qquad(1.33)$$

(2)线性度

仪表的静态特性是在静态标准条件下进行校准(标定)的。实际的仪表测出的输出-输入

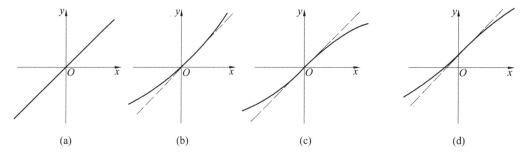

图 1.14　仪表的静态特性

静态特性曲线与其理论拟合直线之间的偏差,就称为该仪表的"非线性误差",或称"线性度"(Linearity),通常用相对误差表示其大小,即相对应的最大偏差 $\Delta_{\max}$ 与传感器满量程输出平均值 $y_{\mathrm{F.S.}}$ 之比

$$e_1 = \pm \frac{\Delta_{\max}}{y_{\mathrm{F.S.}}} \times 100\% \tag{1.34}$$

式中,e_1 为非线性误差(线性度);$\Delta_{\max}$ 表示输出平均值与基准拟合直线的最大偏差;$y_{\mathrm{F.S.}}$ 表示仪表满量程输出平均值。

　　由此可见,非线性误差大小是以一定的拟合直线或理想直线作为基准直线算出来的,因此,基准直线不同,所得出的线性精度就不一样。一般并不要求拟合直线必须通过所有的检测点,而只要找到一条能反映校准数据的一般趋势同时又使误差绝对值为最小的直线即可。

　　① 理论线性度(Theory Linearity):理论线性度又称绝对线性度,表示传感器的实际输出校准曲线与理论直线之间的偏差程度。通常取原点作为理论直线的起始点,满量程输出(100%)作为终止点,这两点的连线即为理论直线,如图 1.15(a) 所示。

　　② 独立线性度(Independent Linearity):选择拟合直线的方法是,在校准曲线循环中找出一条最佳平均直线,并使实际输出特性相对于所选拟合直线的最大正偏差值、最小负偏差值相等,如图 1.15(b) 所示。

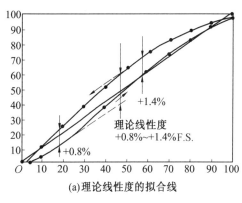

(a)理论线性度的拟合线

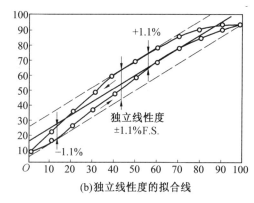

(b)独立线性度的拟合线

图 1.15　两种线性度拟合曲线

　　③ 端基线性度(Terminal Linearity):把仪表校准测量数据的零点输出平均值和满量程输出平均值连成直线,作为仪表静态特性的拟合直线。这种方法简单直观,应用比较广泛。但是没有考虑所有校准数据的分布,拟合精度很低,尤其当传感器有比较明显的非线性时,拟合精度更差。

④ 平均选点线性度(Mean Point Linearity):为寻找较理想的拟合直线,可将测得的 N 个检测点分成数目相等的两组:前 $N/2$ 个检测点为一组;后 $N/2$ 个检测点为另一组。两组检测点各自具有"点系中心"。检测点都分布在各自的点系中心的周围,通过这两个"点系中心"的直线就是所要求的拟合直线,其斜率和截距可以分别求得。把斜率和截距代入直线方程式,即得平均选点法的拟合直线,再由此求出非线性误差。

⑤ 最小二乘法线性度(Least Squares Linearity):设拟合直线方程通式为 $y = b + kx$。假定实际校准点有 N 个,对应的输出值是 $y_i, i = 1,2,\cdots,N$,则第 i 个校准数据与拟合直线上相应值之间的残余误差的平方的和为

$$\sum_{i=1}^{n} \Delta_i^2 = \sum_{i=1}^{n} \left[y_i - (b + kx_i) \right]^2 \tag{1.35}$$

最小二乘法拟合直线的拟合原则就是使上式为最小值,也就是说,使其对 k 和 b 的一阶偏导数等于零,从而求出 k 和 b 的表达式,即

$$\begin{cases} \dfrac{\partial}{\partial k} \sum \Delta_i^2 = 2 \sum \left[(y_i - kx_i - b)(-x_i) \right] = 0 \\ \dfrac{\partial}{\partial b} \sum \Delta_i^2 = 2 \sum \left[(y_i - kx_i - b)(-1) \right] = 0 \end{cases} \tag{1.36}$$

从以上二式求出 k 和 b 为

$$\begin{cases} k = \dfrac{n \sum x_i y_i - \sum x_i \times \sum y_i}{n \sum x_i^2 - \left(\sum x_i \right)^2} \\ b = \dfrac{\sum x_i^2 \times \sum y_i - \sum x_i \times \sum x_i y_i}{n \sum x_i^2 - \left(\sum x_i \right)^2} \end{cases} \tag{1.37}$$

于是,可得最小二乘法最佳拟合直线方程

$$b = \bar{y} - k\bar{x} \tag{1.38}$$

式中

$$\begin{cases} \bar{x} = \dfrac{1}{n} \sum_{i=1}^{n} x_i \\ \bar{y} = \dfrac{1}{n} \sum_{i=1}^{n} y_i \end{cases} \tag{1.39}$$

以上五种线性度表示方法中,最小二乘法线性度的拟合精度最高,平均选点线性度次之,端基线性度最低。但是,最小二乘法线性度的计算最繁琐,在数据较多情况下,最好用计算机进行计算。

仪表其他技术指标还包括重复性(Repeatability)、漂移(Drift)、可靠性(Reliability)、响应时间(Response Time)等,这里就不一一介绍了。

1.4 传感器基础知识

国家标准 GB 7665—87 对传感器的定义是:"能感受规定的被测量并按照一定的规律转换成可用信号的器件或装置"。即:传感器是一种检测装置,能感受到被测量的信息,并能将检

测感受到的信息,按一定规律变换成为电信号或其他所需形式的信息输出,以满足信息的传输、处理、存储、显示、记录和控制等要求,是实现自动检测和自动控制的首要环节。

1.4.1 传感器组成及分类

1. 传感器组成

传感器一般由敏感元件(Sensitive Element)、传感元件(Sensing Element)、转换电路(Transform Circuit)三部分组成,其组成框图如图 1.16 所示。

图 1.16 传感器一般组成框图

敏感元件是能直接感受被测量,并将被测非电量信号按一定对应关系转换为易于转换为电信号的另一种非电量的元件。传感元件是能将敏感元件输出的非电信号或直接将被测非电量信号转换成电量信号的元件。转换电路是将传感元件输出的电量信号转换为便于显示、处理、传输的有用电信号的电路。

图 1.17 所示为测量压力的电位器式压力传感器的一般实物构成示意图。

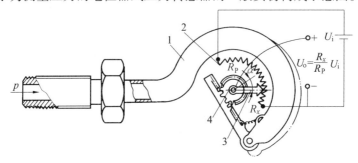

图 1.17 电位器式压力传感器的一般实物构成示意图
1—压力弹簧管;2—电位器;3—指针;4—齿轮

敏感元件(弹簧管)直接感受被测压力的变化,并将被测压力转换为弹簧管自由端的位移。这个位移信号通过连杆与齿轮的咬合,传送给与齿轮同轴相连的传感元件(圆盘电位器)(Potentiometer),转化为电位器滑动端的移动。电位器两固定端加以一定的电压信号 U_i,就与电位器构成转换电路(分压电路)。如果电位器滑动端的电阻为 R_x,两个固定端电阻为 R_P,则滑动端输出电压为

$$U_o = \frac{R_x}{R_P} U_i \qquad (1.40)$$

传感器的特性可以通过它的静态和动态特性描述出来。静态特性表示传感器在被测量各值处于稳定状态时的输出-输入关系。衡量传感器静态特性的重要指标是线性度、迟滞性、重复性和灵敏度,与检测仪表的相应特性对比理解即可。传感器的特性一般要求:线性度要好,迟滞小,重复性好,灵敏度要高,信噪比越大越好,响应时间迅速,频率响应范围宽,防水及抗腐蚀等性能好,能长期使用,低成本,通用性强等。

2. 传感器分类

传感器种类繁多。一个被测量,可以用不同种类的传感器测量,如温度既可以用热电偶测

量,又可以用热电阻测量,还可以用光纤传感器测量;而同一原理的传感器,通常又可以测量多种非电量,如电阻应变式传感器既可测量压力,又可测量加速度等。因此传感器的分类方法很多,主要可按以下几种方法分类。

（1）按输入被测量分类

表 1.1 为传感器输入的几类基本被测量和它们包含的被测量。这种分类方法的优点是明确了传感器的用途,便于读者根据用途有针对性地查阅所需的传感器。

表 1.1 传感器输入的几类基本被测量和它们包含的被测量

基本被测量	包含的被测量
热工量	温度与压力、压差、流量、热量、比热、真空度等
机械量	位移与尺寸、形状、力、应力、力矩、加速度、振动等
化学物理量	液体与气体的化学成分、浓度、黏度、酸碱度、湿度、密度等
生物医学量	血压、体温、心电图、脑电波、血流量等

（2）按物理原理不同分类

按此种分类方式,传感器可分为:电参量（Electric Parameter）传感器,包括电阻式、电感式、电容式等;磁电（Magneto-Electric）传感器,包括磁电感应式、磁栅式等;压电（Piezoelectric）传感器,包括声波传感器、超声波传感器;光电（Photo Electric）传感器,包括一般光电式、光电码盘式、光导纤维式、摄像式等;热电（Thermo Electric）传感器,包括热电偶;波式（Wave）传感器,包括超声波式、微波式等;射线（Radiation）传感器,包括热辐射式、γ 射线式;半导体（Semiconductor）传感器,包括光敏电阻、气敏电阻、热敏电阻;其他原理的传感器,包括差动变压器、振弦式等。

（3）按输出信号分类

按此种分类方式,传感器可分为:模拟传感器,将被测的非电量转换成模拟电信号;数字传感器,将被测的非电量转换成数字输出信号（包括直接和间接转换）;类数字传感器,将被测的信号转换成频率信号或短周期信号输出（包括直接或间接转换）;开关传感器,当一个被测量的信号达到某个特定的阈值时,传感器相应的输出一个设定的低电平或高电平信号。

（4）按制造工艺分类

按此种分类方式,传感器可分为:集成传感器（Integrated Sensor）,用标准的生产硅基半导体集成电路的工艺技术制造,通常还将用于初步处理被测信号的部分电路也集成在同一芯片上。薄膜传感器（Thin Film Sensor）,通过沉积在介质衬底（基板）上的相应敏感材料的薄膜形成,使用混合工艺时,同样可将部分电路制造在此基板上。厚膜传感器（Thick Film Sensor）,利用相应材料的浆料,涂覆在陶瓷基片上制成,基片通常是三氧化二铝制成的,然后进行热处理,使厚膜成形。

1.4.2 传感器功能材料

1. 功能材料

人们利用某些材料具有抵抗外力作用而保持自己的形状、结构不变的优良力学性能,制造用具、车辆和修建房屋、桥梁等,这些材料称为结构材料（Structure Material）。

人们利用某些材料优良的物理、化学和生物学性能制造具有传导信息、存储或记录、转化或变换能量的功能元器件,具有特定光学、电学、声学、磁学、热学、力学、化学、生物学功能及其相互转化功能,并应用于现代高新技术中的材料称为功能材料(Functional Material)。

2. 传感器功能材料

在现代传感器技术中,应用较多的功能材料有贵金属材料、半导体材料、功能陶瓷材料和功能高分子材料、纳米材料等。功能材料的特点:用途上,常制成元器件,材料与器件一体化;在材料评价上,常以元件形式对其物理性能进行评价;在生产制造上,是知识密集、多学科交叉、技术含量高的产品;在微观结构上,常有超纯、超低缺陷密度、结构高精度等。

(1)半导体材料(Semiconductor)

半导体材料是构成许多有源元件的基本材料,如半导体激光器、半导体集成电路、半导体存储器和光电二极管等,半导体工业的发展水平是衡量一个国家先进程度的重要标志之一。半导体在室温下的电导率为$10^{-9} \sim 10^{5}$ s/m,介于导体和绝缘体之间。半导体内输送电流的荷电粒子(电子或空穴)的密度变化范围宽,密度变化能导致其中电阻发生变化是半导体的最大特征。

半导体材料主要包括元素半导体(Element Semiconductor)和化合物半导体(Compound Semiconductor)。迄今为止,只有硒、锗、硅真正用来制作半导体器件,而目前,90%以上的半导体器件和电路都是用硅制作的。根据材料的纯度和是否有掺杂元素,元素半导体材料划分为本征半导体和杂质半导体。本征半导体非常纯且缺陷极少,它的导电性对温度非常敏感。化合物型半导体常用的有 GaAs,GaP,SiC 等。化合物半导体种类繁多,性质各异,其最大的优点是,可按任意比例组合两种以上的化合物半导体,从而获得混合晶体化合物半导体,性能处于原来两种半导体材料之间,有广阔应用前景。表1.2 为半导体材料在部分传感器中的应用。

表1.2　半导体材料在部分传感器中的应用

利用的物理现象	相应的元器件	所用的材料
压阻效应	应变片	Si(硅)、Ge(锗)、GaP(磷化镓)、InSb(锑化铟)
PN结的变化	感压二极管、三极管	Si(硅)、Ge(锗)
电阻变化	热敏电阻	金属氧化物、有机半导体、Si(硅)、Ge(锗)
半导体与金属间感应电势	热电偶	$BaTe_6$(碲化钡)、Ba_2Se_2(硒化钡)等
光电效应	光敏电阻、光敏晶体管、光电池、CCD	Se(硒)、Si(硅)、Ge(锗)、PbO(氧化铅)、ZnO(氧化锌)等
霍尔效应	霍尔元件	Se(硒)、Ge(锗)、InSb(锑化铟)等
磁阻效应	磁阻元件	InSb(锑化铟)、InAs(砷化铟)等

(2)功能陶瓷材料(Functional Ceramics)

功能陶瓷主要是指利用材料的电、磁、声、光、热等方面直接的或耦合的效应以实现某种使用功能的多晶无机固体材料。功能陶瓷是知识和技术密集型产品,一般具有投资少,原材料、能源消耗少,劳动强度低,产值高,经济效益和社会效益显著,应用范围广等特点。

功能陶瓷材料所具有的卓越功能或特性在很大程度上由其微观结构决定,即这类材料具有很强的组成敏感性和工艺敏感性。功能陶瓷一般都是通过高温烧结法制得的,所以又称为烧结陶瓷(Sintering Ceramic)。由于组成陶瓷的物质不同,种类繁多,因而制造工艺多种多样,一般工艺流程如图1.18所示。

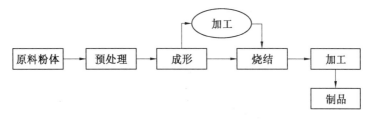

图1.18 功能陶瓷工艺流程

功能陶瓷大体上可分为压电陶瓷、磁性陶瓷及半导体陶瓷等,在传感器中应用广泛。例如,可制成热敏传感器,加速度传感器,湿敏、光敏陶瓷可制成湿敏、光敏传感器等。

(3)功能高分子材料(Functional Polymers)

高分子材料是以高分子化合物为主要组分的材料,常称为聚合物或高聚物。功能高分子材料是指具有特殊功能的聚合物。一般是指具有传递、转换或储存物质、能量和信息作用的高分子及其复合材料,或具体地指在原有力学性能的基础上,还具有化学反应活性、光敏性、导电性、生物相容性、能量转换性、磁性等功能的高分子及其复合材料。

功能高分子材料制备方法和工艺过程主要有三条路线:由功能基单体经加聚和缩聚反应制备功能高分子;已有高分子材料的功能化和多功能材料的复合;通过一定的加工手段赋予材料特定的功能。

功能高分子材料主要包括导电功能高分子材料和压电、热电高分子材料。导电高分子材料按导电原理可分为复合型导电高分子和结构型导电高分子。压电和热电高分子材料是在1969年日本的河合平司发现极化后的聚偏二氟乙烯(PVDF)具有强的压电性之后,压电高分子材料才逐步被推向实用化阶段。目前压电性较强的高分子材料除PVDF及其共聚物之外,还有聚氟乙烯(PVF)、聚氟乙炔(PVC)、尼龙Ⅱ等。利用压电高分子薄膜材料,可以制成电声换能器、振动传感器、压力检测器和水声器等。利用PVDF的热电性能,可用做光导摄像管、红外辐射光检测器、温度监控器和火灾报警器等。

由于功能高分子材料成分的可设计性、质轻、加工方便等优点,将其作为传感器的敏感器件材料,已获得多方面的应用。

(4)纳米材料(Nano)

纳米科技是20世纪90年代初迅速发展起来的新的前沿科研领域,它是指在1~100 nm(10^{-9}m)(纳米)尺度空间内,研究电子、原子和分子运动规律、特性的高新技术学科。

纳米材料又称为超微颗粒材料,由纳米粒子组成。纳米粒子也称超微颗粒,处在原子簇和宏观物体交界的过渡区域。它具有表面效应(Surface Effect)、小尺寸效应(Small Size Effect)、量子尺寸效应(Quantum Size Effect)和宏观量子隧道效应(Macroscopic Quantum Tunnel Effect)。当人们将宏观物体细分成超微颗粒(纳米级)后,它将显示出许多奇异的特性,即它的光学、热学、电学、磁学、力学及化学方面的性质与大块固体时相比将会有显著的不同。

纳米材料主要有纳米颗粒型材料(也称纳米粉末)、纳米膜材料、碳纳米管、纳米固体材料等,如图1.19所示。碳纳米管是1991年由日本电镜学家饭岛教授通过高分辨电镜发现的,属碳材料家族中的新成员。碳纳米管尺寸尽管只有头发丝的十万分之一,但它的电导率是铜的1万倍;强度是钢的100倍而重量只有钢的七分之一;像金刚石那样硬,却有柔韧性,可以拉伸;熔点是已知材料中最高的。碳纳米管的细尖极易发射电子,用于做电子枪,可以做成几厘米厚的壁挂式电视屏,是电视制造业新的方向。

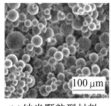

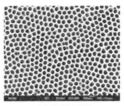
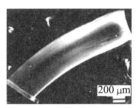

(a)纳米颗粒型材料　　(b)纳米膜材料　　(c)碳纳米管　　(d)纳米固体材料

图1.19　几种纳米材料

目前,纳米材料在仪器、化妆品、医药、印刷、造纸、电子、通信、建筑及军事等方面都得到越来越多的应用。如:新型纳米光源和太阳能转换器,用纳米氧化物材料做成广告板,在电、光的作用下,会变得更加绚丽多彩;纳米传感器,半导体纳米材料做成的各种传感器,可灵敏地检测温度、湿度和大气成分的变化,这在汽车尾气和大气环境保护上已得到应用;纳米电子元器,纳米加工技术可以使不同材质的材料集成在一起,它具有芯片的功能,又可以探测到电磁波、光波(包括可见光红外线、紫外线等)信号,同时还能完成电脑的命令,如果将这一集成器件安装在卫星上,可以使卫星的重量大大地减小等。

1.4.3　传感器微细加工技术

为达到传感器功能材料所需的结构高度精细化和成分高度精确的要求,常常需要采用一些先进的传感器材料微细加工技术(Micro-Fabrication Technology),如光刻技术、蚀刻技术、真空镀膜技术(包括离子镀、电子束蒸发沉积、离子注入、激光蒸发沉积等)、分子束外延、快速凝固、机械合金化、单晶生长、极限条件下(高温、高压、失重)制备材料等。采用这样一些先进的材料制备技术,可以获得具有超纯、超低缺陷密度、微观结构高度精细(如超晶格、纳米多层膜、量子点等)、亚稳态结构等微观结构特征的材料。下面简单介绍几种。

1. 光刻技术

光刻(Lithography)也称照相平版印刷(术),它源于微电子的集成电路制造,是在微机械制造领域应用较早并仍被广泛采用且不断发展的一类微细加工方法,是加工制作半导体结构或器件和集成电路微图形结构的关键工艺技术。

光刻原理与印刷技术中的照相制版相似:在硅等基体材料上涂覆光致抗蚀剂(或称为光刻胶),然后用高极限分辨率的能量束通过掩模对光致抗蚀层进行曝光(或称光刻);经显影后,在抗蚀剂层上获得了与掩模图形相同的细微的几何图形。再利用刻蚀等方法,在基底或被加工材料上制出微型结构。主要包括:光学光刻、电子束光刻、离子束光刻、X射线光刻等。

(1)光学光刻(Optical Lithography)

光学光刻原理与印相片相同,只是用涂覆了感光胶(抗蚀剂)的硅片取代了相纸,掩模版取代了底片。光学光刻存在着极限分辨率较低和焦深不足两大问题。

(2)电子束光刻(Electron Beam Lithography)

与传统意义的光刻(区域曝光)加工不同,电子束光刻是用束线刻蚀进行图形的加工。主要缺点在于产出量少,加工过程较慢,不能用于制造大多数集成电路。

（3）离子束光刻(Ion Beam Lithography)

用离子束进行抗蚀剂的曝光始于20世纪80年代液态金属离子源的出现。离子束曝光在集成电路工业中主要用于光学掩模的修补和集成电路芯片的修复。

（4）X射线光刻(X-ray Lithography)

X射线波长非常短,可以忽略衍射现象,能够得到较大纵横比和较清晰的抗蚀剂图形,是光学光刻方法中获得亚微米实用图形分辨率的主要手段。X射线可以穿透尘埃,因此可以消除因尘埃引起的图形缺陷,对制作环境的净化要求比较低。X射线光刻主要特点:成像质量很好;1∶1的曝光成像,而光学光刻则是4∶1或5∶1的缩小投影光刻;高的曝光质量和可靠性;图像缩短效应弱。

2. 蚀刻技术

蚀刻技术(Etching)就是将不需要的薄膜利用化学溶液或者其他方法去除掉,是实现集成电路图形转移的主要技术手段。

蚀刻技术分为两类:一类是湿法蚀刻,包括各向同性湿法腐蚀和各向异性湿法腐蚀;另一类是干法蚀刻,包括以物理作用为主的离子溅射蚀刻、以化学反应为主的等离子体蚀刻,以及兼有物理、化学作用的反应溅射蚀刻。

（1）干法刻蚀

干法刻蚀是用高能束或某些气体对基体进行去除材料的加工,被刻蚀表面粗糙度较低,刻蚀效果好,但对工艺条件要求较高,加工方式可分为溅射加工和直写加工,加工工艺主要包括离子束刻蚀和激光刻蚀。离子束刻蚀也称溅射刻蚀或去除加工,分为聚焦离子束刻蚀和反应离子束刻蚀。激光刻蚀是利用激光对气相或液相物质的良好的透光性。

（2）湿法刻蚀

湿法刻蚀工艺是通过化学刻蚀液和被刻蚀物质之间的化学反应,将被刻蚀物质剥离下来,包括各向同性与各向异性刻蚀。各向同性刻蚀是在任何方向上刻蚀速度均等的加工;而各向异性刻蚀则是与被刻蚀晶片的结构方向有关的一种刻蚀方法,它在特定方向上刻蚀速度大,其他方向上几乎不发生刻蚀。

3. 半导体掺杂

半导体掺杂(Semiconductor Doping)技术主要有两种,即高温(热)扩散和离子注入。掺入的杂质主要有两类:第一类是提供载流子的受主杂质或施主杂质(如Si中的B、P、As);第二类是产生复合中心的重金属杂质(如Si中的Au)。

（1）热扩散(Thermal Diffusion)

扩散是指将一定数量和种类的杂质掺入硅片或其他晶体中去,以改变其电学性质,并使掺入的杂质数量和分布情况都满足要求。

粒子由高浓度区域向低浓度区域的运动,称为扩散运动。浓度差的存在是扩散运动的必要条件,温度的高低、粒子的大小、晶体结构、缺陷浓度及粒子运动方式都是决定扩散运动的重要因素。如果按原始杂质源在室温下的相态加以分类,则可分为固态源扩散、液态源扩散和气态源扩散。

（2）离子注入(Ion Implantation)

离子注入就是先使待掺杂的原子(或分子)电离,再加速到一定能量使之注入晶体中,然

后经过退火,使杂质激活达到掺杂的目的。离子注入过程是一个非平衡过程,高能离子进入靶后,不断与原子核及核外电子碰撞,逐步损失能量,最后停止下来。离子注入需要离子注入设备完成,离子注入机有很大差别,但基本结构和原理是相同的。

1.4.4 传感器发展趋势

在信息化社会,几乎没有任何一种科学技术的发展和应用能够离得开传感器和信号探测技术的支持。生活在信息时代的人们,绝大部分的日常生活与信息资源的开发、采集、传送和处理息息相关,而现代科学技术突飞猛进则提供了坚强的后盾。随着科技的发展,传感器也在不断地更新发展。

1. 开发新型传感器

开发新型传感器包括采用新原理、填补传感器空白、仿生传感器等各方面,它们之间是互相联系的。传感器的工作机理是基于各种效应和定律,由此启发人们进一步探索具有新效应的敏感功能材料,并以此研制出具有新原理的新型物性型传感器件,这是发展高性能、多功能、低成本和小型化传感器的重要途径。

2. 集成化、多功能化、智能化

传感器集成化包括两种定义,一是同一功能的多元件并列化,即将同一类型的单个传感元件用集成工艺在同一平面上排列起来,排成一维的为线性传感器,电荷耦合(Charge Coupled Device, CCD)图像传感器(Image Sensor)就属于这种情况。集成化的另一个定义是多功能一体化,即将传感器与放大、运算及温度补偿等环节一体化,组装成一个器件。随着集成化技术的发展,各类混合集成和单片集成式压力传感器相继出现,有的已经成为商品。集成化压力传感器有压阻式、电容式等类型,其中压阻式集成化传感器发展快、应用广。

传感器的多功能化的典型实例,如美国某大学传感器研究发展中心研制的单片硅多维力传感器可以同时测量3个线速度、3个离心加速度(角速度)和3个角加速度。主要元件是由4个正确设计安装在一个基板上的悬臂梁组成的单片硅结构,9个正确布置在各个悬臂梁上的压阻敏感元件。多功能化不仅可以降低生产成本,减小体积,而且可以有效地提高传感器的稳定性、可靠性等性能指标。

传感器与微处理机相结合,使之不仅具有检测功能,还具有信息处理、逻辑判断、自诊断及"思维"等人工智能,就称之为传感器的智能化。借助于半导体集成化技术把传感器部分与信号预处理电路、输入输出接口、微处理器等制作在同一块芯片上,即成为大规模集成智能传感器,是传感器重要的方向之一。

3. 新材料开发

传感器材料是传感器技术的重要基础,是传感器技术升级的重要支撑。随着材料科学的进步,传感器技术日臻成熟,其种类越来越多,除了半导体材料、陶瓷材料、光导纤维及超导材料、高分子有机材料、纳米材料是人们一直极为关注的材料外,智能材料(Intelligent Material)的开发已经逐渐进入人们视野。

智能材料是指设计和控制材料的物理、化学、机械、电学等参数,研制出生物体材料所具有的特性或者优于生物体材料性能的人造材料。有人认为,具有下述功能的材料可称之为智能材料:具备对环境的判断可自适应功能;具备自诊断功能;具备自修复功能;具备自增强功能(或称时基功能)。生物体材料的最突出特点是具有时基功能,因此这种传感器特性是微分型的,它对变分部分比较敏感。反之,长期处于某一环境并习惯了此环境,则灵敏度下降。一般说来,它能适应环境调节其灵敏度。除了生物体材料外,最引人注目的智能材料是形状记忆合金、形状记忆陶瓷和形状记忆聚合物。智能材料的探索工作刚刚开始,相信不久的将来会有很大的发展。

本章小结

本章主要介绍信号检测与转换技术基础,特别对信号分类、测量误差的处理方法、检测仪表的基本性能以及传感器组成、功能材料及微细加工技术进行了详细介绍。学生应该通过更多课外材料的阅读,提高对检测与转换技术领域的新技术、新发展的认识和理解。

思考与练习

1. 自动检测与转换系统的基本组成是什么?

2. 简述心电信号检测系统的基本组成及各部分功能。

3. 简述工业检测技术涉及的主要物理量。

4. 简述信号的基本分类和各种信号的特点。

5. 复杂周期信号与准周期信号的区别是什么? 下列信号分别是什么信号? 为什么?

$$x(t) = x_1\sin(3t + \varphi_1) + x_2\sin(5t + \varphi_2) + x_3\sin(\sqrt{7}t + \varphi_3)$$
$$x(t) = x_1\sin(3t + \varphi_1) + x_2\sin(5t + \varphi_2) + x_3\sin(8t + \varphi_3)$$

6. 检测仪表和检测系统的技术性能有哪些? 有什么含义? 如何测量或计算?

7. 一个精度等级为 0.5 级的电压表,量程为 0 ~ 300 V,当测量值分别为 300 V,200 V,100 V 时,试求测量值的最大绝对误差和示值相对误差。

8. 测量误差来源有哪些? 按误差出现的规律,测量误差分哪几类?

9. 举例说明什么是系统误差、随机误差、粗大误差以及它们的特点。

10. 对某量进行 10 次重复的等精度测量,在不考虑系统误差和粗大误差的情况下,测量结果如下,试求标准误差和极限误差,并写出测量结果表达式。

$$123.95,\ 123.45,\ 123.60,\ 123.60,\ 123.87,$$
$$123.88,\ 123.00,\ 123.85,\ 123.82,\ 123.60$$

11. 用高压表测量 1 000 V 电压,测得值为 1 005 V;用电压表测量 100 V 电压,测得值为 105 V;用温度计测量 200 ℃ 炉温,测得值为 205 ℃,试比较三种仪表的测量误差。

12. 已知一组测量数据:$x = 1,2,3,4,5$;$y = 500.6,442.4,428.6,370.1,343.1$。求其最小二乘线性度。要求:用 C 语言或 Matlab 语言编程求取,给出程序代码和运行结果。

13. 传感器的基本组成是什么? 简述各部分主要功能。

14. 常用的传感器功能材料有哪些? 各自有什么特点?

15. 什么是传感器微细加工技术? 如何提高微细加工技术水平?

第2章 电阻式传感器

本章摘要:电阻式传感器(Resistance Type Sensor)是把位移、力、压力、加速度、扭矩等非电物理量转换为电阻值变化的传感器。主要包括电阻应变式传感器、热电阻传感器、电位器传感器和各种半导体电阻传感器等。本章主要介绍常用的电阻式传感器,包括电阻应变式传感器、热电阻传感器、电位器传感器等。

本章重点:电阻应变式传感器和热电阻传感器工作原理和测量电路。

2.1 电阻应变式传感器

电阻应变式传感器(Resistance Strain Sensor)是以电阻应变片作为传感元件的电阻式传感器。电阻应变式传感器由弹性敏感元件、电阻应变片、补偿电阻和外壳组成,可根据具体测量要求设计成多种结构形式。弹性敏感元件受到所测量的力而产生变形,并使附着其上的电阻应变片一起变形。电阻应变片再将变形转换为电阻值的变化,从而可以测量力、压力、扭矩、位移、加速度和温度等多种物理量。

2.1.1 电阻应变片测量原理

电阻应变片(Resistance Strain Gauge)是利用电阻应变效应制成的,以单根金属丝为例进行推导和分析。

由物理学可知,一般金属电阻丝的电阻为

$$R = \rho \frac{L}{S} \tag{2.1}$$

式中,ρ 为材料的电阻率,$\Omega \cdot m$;L 为金属丝长度,m;S 为金属丝的横截面积,m^2。

对式(2.1)两端先取对数再微分,可得

$$\ln R = \ln \rho + \ln L - \ln S \tag{2.2}$$

$$\frac{dR}{R} = \frac{d\rho}{\rho} + \frac{dL}{L} - \frac{dS}{S} \quad 或 \quad \frac{\Delta R}{R} = \frac{\Delta \rho}{\rho} + \frac{\Delta L}{L} - \frac{\Delta S}{S} \tag{2.3}$$

又因为

$$S = \pi r^2 \tag{2.4}$$

式中,r 为金属丝截面半径,m。

所以有

$$\frac{\Delta R}{R} = \frac{\Delta \rho}{\rho} + \frac{\Delta L}{L} - 2\frac{\Delta r}{r} \tag{2.5}$$

式中，$\Delta L/L = \varepsilon_L$ 为金属丝的轴向应变（Axial Strain）；$\Delta r/r = \varepsilon_r$ 为金属丝的径向应变（Radial Strain）。

当电阻丝沿轴向拉伸时，沿径向则缩小，二者之间的关系为

$$\varepsilon_r = -\nu\varepsilon_L \tag{2.6}$$

式中，ν 为电阻丝材料的泊松比（Poisson Ratio）。

将式（2.5）和式（2.6）合并可得

$$\frac{\Delta R}{R} = \frac{\Delta \rho}{\rho} + (1 + 2\nu)\varepsilon_L = K\varepsilon_L \tag{2.7}$$

$$K = \frac{\Delta \rho}{\rho}/\varepsilon_L + (1 + 2\nu) = \frac{\Delta R}{R}/\varepsilon_L \tag{2.8}$$

式中，K 为电阻应变片的灵敏系数。

从式（2.8）可见，灵敏系数 K 表示单位应变所引起的电阻丝电阻的相对变化。K 的大小不仅与电阻丝的几何尺寸 $(1 + 2\nu)$ 有关，而且与材料电阻率 $(\Delta\rho/\rho)/\varepsilon_L$ 的变化有关。对大多数金属电阻丝而言，一般几何尺寸是常数；$(\Delta\rho/\rho)/\varepsilon_L$ 值也是常数，往往很小。所以式（2.8）变为

$$K = 1.6 + \frac{\Delta \rho}{\rho}/\varepsilon_L \approx 2 \sim 3.6 \tag{2.9}$$

得到

$$\frac{\Delta R}{R} = (2 \sim 3.6)\varepsilon_L \tag{2.10}$$

由于轴向应变 ε_L 与沿轴向施加的外力成比例，即

$$\varepsilon_L = \frac{F_L}{E} \tag{2.11}$$

式中，F_L 为沿轴向施加的外力，N/m^2；E 为材料的弹性模量（Elastic Modulus），$E = 2.06 \times 10^{11}$ Pa。

所以有

$$\frac{\Delta R}{R} = \frac{(2 \sim 3.6)}{E}F_L \tag{2.12}$$

式（2.12）即为电阻应变片工作原理表达式。

对于每一种电阻丝，在一定的变形范围内，无论受拉或受压，应变灵敏系数保持不变，当超出某一范围时，K 值将发生变化。

2.1.2　电阻应变片种类

电阻应变片按材料分为金属式和半导体式，前者包括金属丝式、箔式、薄膜型，后者包括薄膜型、扩散型、外延型、PN 结型；按结构分为单片、双片、特殊形状；按使用环境分为高温、低温、高压、磁场、水下等。

下面按照材料分类，对电阻应变片进行介绍。

1. 金属式电阻应变片

（1）金属丝式（Metal Wire）应变片

这种应变片的敏感元件直径为 0.025 mm 左右，是由高电阻率的金属丝构成。为了获得

高阻值,金属丝排列成栅网形式,放置并粘贴在绝缘基片上。金属丝的两端焊接有引出导线,敏感栅上面贴有保护片,其结构如图2.1(a)所示。

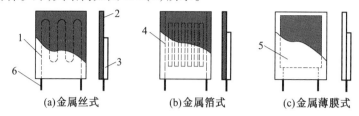

(a)金属丝式　　　　(b)金属箔式　　　　(c)金属薄膜式

图2.1　金属式应变片结构

1—金属丝;2—基底;3—盖层;4—金属箔;5—薄膜电阻;6—引线

由图2.1可知,电阻应变片由敏感栅(Sensitive Grid)(根据种类不同包括金属丝1、金属箔4、薄膜电阻5)、基底(Basal)2、盖层(Cover Layer)3、引线(Lead)6以及黏合层(Bonding Layer)等组成。其中敏感栅是应变片内实现应变-电阻转换的最重要的传感元件。金属丝式电阻应变片(图2.1(a))中,敏感栅一般采用栅丝直径为0.015~0.05 mm,可以制成U形、V形和H形等多种形状,如图2.2所示。根据不同用途,栅长可为0.2~200 mm。基底用以保持敏感栅及引线的几何形状和相对位置,并将被测件上的应变迅速准确地传递到敏感栅上,因此基底做得很薄,一般为0.02~0.4 mm。盖层起防潮、防腐、防损的作用,用以保护敏感栅。基底和盖层用专门的薄纸制成的称为纸基,用各种黏结剂和有机树脂薄膜制成的称为胶基,现多采用后者。黏结剂将敏感栅、基底及盖层黏结在一起,在使用应变片时也采用黏结剂将应变片与被测件粘牢。引线常用直径为0.10~0.15 mm的镀锡铜线,并与敏感栅两输出端焊接。

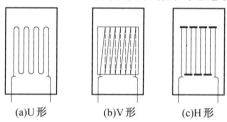

(a)U形　　　　(b)V形　　　　(c)H形

图2.2　金属丝应变片金属丝形状

(2)金属箔式(Metal Foil)电阻应变片

箔式电阻应变片的敏感元件是通过光刻技术、腐蚀等工序制成的一种很薄的金属箔栅,如图2.1(b)所示。金属箔的厚度只有0.01~0.10 mm,横向部分特别粗,可大大减少横向效应,敏感栅的粘贴面积大,能更好地随同试件变形。金属箔式应变片还具有散热性能好、允许电流大、灵敏度高、寿命长、可制成任意形状、易加工、生产效率高等优点,所以其使用范围日益扩大,已逐渐取代丝式应变片而占主要的地位。但需要注意,制造箔式应变片的电阻值的分散性要比丝式的大,有的能相差几十欧姆,故需要作阻值的调整。

(3)金属薄膜式(Metal Film)电阻应变片

与金属丝式和箔式两种传统的金属粘贴式电阻应变片不同,薄膜应变片是采用真空蒸发或真空沉积的方法,将金属敏感材料直接镀制于弹性基片上,如图2.1(c)所示。相对于金属粘贴式应变片而言,薄膜应变片的应变传递性能得到了极大的改善,几乎无蠕变,并且具有应变灵敏系数高、稳定性好、可靠性高、工作温度范围宽(-100~180 ℃)、使用寿命长、成本低等优点,是一种很有发展前途的新型应变片,目前在实际使用中遇到的主要问题是尚难控制其电阻对温度和时间的变化关系。

对金属式电阻应变片敏感栅材料的基本要求是:灵敏系数大,并且在较大应变范围内保持常数;电阻温度系数小;电阻率大;机械强度高,且易于拉丝或辗薄;与铜丝的焊接性好,与其他金属的接触热电势小。

2. 半导体应变片

半导体应变片是利用压阻效应(Piezoresistive Effect)进行工作的。当一块半导体材料的某一轴向受到一定作用力时,电阻率就会发生变化,这种现象称为压阻效应。当半导体应变片受到轴向力的作用,其电阻的相对变化量为

$$\frac{\Delta R}{R} = (1 + 2\nu)\varepsilon_L + \frac{\Delta \rho}{\rho} \tag{2.13}$$

实验结果表明

$$\frac{\Delta \rho}{\rho} = \pi_e \sigma = \pi_e E \varepsilon_L \tag{2.14}$$

式中,π_e 为半导体材料的压阻系数,m^2/N;σ 为半导体材料沿其纵向受到的应力,N/m^2;E 为半导体材料的弹性模量,Pa;ε_L 为沿半导体材料轴向的应变。

将式(2.13)和式(2.14)合并得

$$\frac{\Delta R}{R} = (1 + 2\nu)\varepsilon_L + \pi_e E \varepsilon_L = (1 + 2\nu + \pi_e E)\varepsilon_L \tag{2.15}$$

则半导体应变片的灵敏系数为

$$K = \frac{\Delta R/R}{\varepsilon_L} = 1 + 2\nu + \pi_e E \tag{2.16}$$

式(2.16)中的前两项是由半导体几何尺寸的变化引起的,其数值一般在 1.6 左右;第三项由压阻效应引起,其值远远大于前两项之和,故可将式(2.16)改写为

$$K \approx \pi_e E \tag{2.17}$$

与丝式和箔式应变片的灵敏系数(约为 2.0 ~ 3.6)相比,半导体应变片灵敏系数很高,约为丝式和箔式的 50 倍。此外,还有机械滞后小、横向效应小及体积小等优点,因而扩大了半导体应变片的实用范围。

半导体应变片采用锗、硅半导体材料,利用光刻、腐蚀或压膜工艺,在基底上制成应变敏感栅,然后用覆盖层加以保护。半导体应变片结构及外形如图 2.3 和图 2.4 所示。

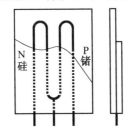

图 2.3　半导体应变片结构

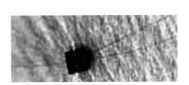

图 2.4　半导体应变片实物外形

半导体应变片的缺点主要是电阻值及灵敏系数的温度稳定性差,测量较大的应变时非线性严重,灵敏系数的离散度较大等,这就为其使用带来一定的困难。虽然如此,在动态测量中仍被广泛采用。

2.1.3 电阻应变式传感器测量电路

电阻应变式传感器测量电路的主要作用是将应变片的电阻变化转换成电压信号输出。最常用的测量电路是电桥。电桥根据供桥电源的不同分为直流(Direct Current，DC)电桥和交流(Alternating Current，AC)电桥。电阻应变式传感器的测量电路可以用直流电桥，也可以用交流电桥。这里只对直流电桥加以介绍。

1. 直流电桥(DC Bridge)

直流电桥是一种用来测量电阻或与电阻有一定函数关系的非电量比较式仪器。它将被测量电阻与标准电阻进行比较而得到测量结果，其测量灵敏度和准确度都较高。直流电桥由 S. H. Christie(克利斯第) 于 1833 年首先发明，但很少应用，直到 1847 年 Sir. Charles Wheatstone(惠斯登)才认识到电桥是测电阻非常准确的方法，并因此得名惠斯登电桥。

直流电桥按电桥的测量方式可分为平衡电桥(Balance Bridge) 和非平衡电桥(Non-balance Bridge)。平衡电桥是把待测电阻与标准电阻进行比较，通过调节电桥平衡，从而测得待测电阻值，只能用于测量具有相对稳定状态的物理量。而在实际工程和科学实验中，很多物理量是连续变化的，这时需要采用非平衡电桥。非平衡电桥的基本原理是通过桥式电路来测量电阻，根据电桥输出的不平衡电压，再进行运算处理，从而得到引起电阻变化的其他物理量，如温度、压力、形变等。下面对它们的工作原理分别进行介绍。

(1) 平衡测量

图 2.5(a) 中，电阻 R_1，R_2，R_3，R_4 构成一直流电桥，检流计 G 中无电流时，电桥达到平衡，电桥平衡的条件为

$$\frac{R_1}{R_2} = \frac{R_3}{R_4} \quad \text{或} \quad R_1 R_4 = R_2 R_3 \tag{2.18}$$

设 $R_1 = R_x$ 为被测电阻，则

$$R_x = \frac{R_2}{R_4} R_3 \tag{2.19}$$

最常用的单臂直流电桥用来测量 1 Ω 到 0.1 MΩ 的电阻。

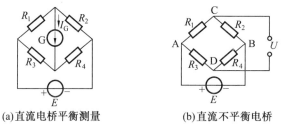

(a)直流电桥平衡测量   (b)直流不平衡电桥

图 2.5　两种直流电桥

(2) 不平衡测量

不平衡测量测量的不是电桥恢复平衡所需的作用量，而是测量两个分压器之间的电压差或测量通过跨接在分压器之间的检测器的电流。图 2.5(b) 中，根据直流电桥的平衡条件，C，D 两点的输出电压为

$$U = U_C - U_D = I_1 R_2 - I_2 R_4 = \frac{R_2 R_3 - R_1 R_4}{(R_1 + R_2)(R_3 + R_4)} E \tag{2.20}$$

工作时,若各桥臂的电阻都发生变化,即

$$R_1 \rightarrow R_1 + \Delta R_1, \quad R_2 \rightarrow R_2 + \Delta R_2, \quad R_3 \rightarrow R_3 + \Delta R_3, \quad R_4 \rightarrow R_4 + \Delta R_4$$

式中,ΔR_1,ΔR_2,ΔR_3,ΔR_4 分别为四个桥臂电阻的变化量。

电桥将有电压输出。

假设四个桥臂初始电阻相等,且电阻变化量很小,即

$$R_1 = R_2 = R_3 = R_4 = R, \quad \Delta R_i \ll R$$

可得

$$U \approx \frac{E}{4R}(\Delta R_1 - \Delta R_2 + \Delta R_4 - \Delta R_3) \tag{2.21}$$

式(2.21)称为直流电桥不平衡测量的和差特性。

由式(2.21)可见:

① 电桥至少有一个桥臂的电阻发生变化,才有输出电压,即 $U \neq 0$,这时电桥称为单臂电桥(One-arm Bridge),如图 2.6(a)所示。

② 如果电桥两个桥臂电阻发生变化,且变化量相同时,则必须满足:相邻两个桥臂电阻发生变化,且变化趋势相反;或者相对两个桥臂电阻变化,且变化趋势相同时,才能保证电桥有输出,且输出为单臂电桥的二倍,这时电桥称为半桥(Double-arm Bridge),如图 2.6(b)和图 2.6(c)所示。

③ 如果电桥四个桥臂电阻同时变化,必须同时保证相邻两个桥臂电阻变化趋势相反,相对两个桥臂电阻变化趋势相同,才能保证电桥输出最大,且输出为单臂电桥的四倍,这时电桥称为全桥(Whole-arm Bridge),如图 2.6(d)所示。

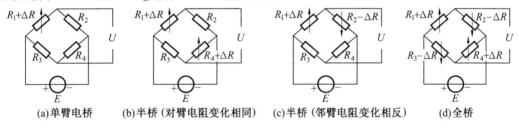

(a)单臂电桥　　(b)半桥(对臂电阻变化相同)　　(c)半桥(邻臂电阻变化相反)　　(d)全桥

图 2.6　直流电桥不平衡测量典型电路

2. 电阻应变式传感器的直流电桥测量电路

当直流电桥用于应变电阻的测量时,主要利用直流电桥的不平衡测量法,通常采用图 2.6 所示的三种桥路。

(1)单臂电桥

图 2.6(a)中,R_1 为工作应变片时,R_2,R_3,R_4 为固定电阻。R_1 上的箭头表示应变片的电阻变化方向,箭头向上表示电阻变大,箭头若向下则表示电阻变小。令 $R_1 = R_2 = R_3 = R_4 = R$,此时输出电压为

$$U \approx \frac{E}{4R}\Delta R \tag{2.22}$$

式中,ΔR 为应变电阻 R_1 在外力的作用下电阻的变化量,Ω。

(2)半桥

图 2.6(b)中,两个相对桥臂 R_1,R_4 为工作应变片,阻值同时变大,R_2,R_3 为固定电阻。图

2.6(c)中,两个邻臂 R_1,R_2 为工作应变片,阻值一个变大,另一个变小,R_3,R_4 为固定电阻。若 $R_1 = R_2 = R_3 = R_4 = R$,$\Delta R_1 = \Delta R_2 = \Delta R$,此时输出电压为

$$U \approx \frac{E}{2R}\Delta R \qquad (2.23)$$

(3)全桥

图2.6(d)中四个电阻 R_1,R_2,R_3,R_4 都为工作应变片。若 $R_1 = R_2 = R_3 = R_4 = R$,$\Delta R_1 = \Delta R_2 = \Delta R_3 = \Delta R_4 = \Delta R$,此时输出电压为

$$U \approx \frac{E}{R}\Delta R \qquad (2.24)$$

在三种桥路中,全桥四臂工作方式的灵敏度最高,双臂半桥次之,单臂半桥灵敏度最低。

3. 电阻应变式传感器的温度补偿电路

电阻应变片对温度变化十分敏感,当温度变化时,应变片的电阻值也会发生变化,这将给测量结果带来误差。在桥路输出中,消除这种误差对它进行修正,以求出仅由应变片引起电桥输出的方法称为温度补偿(Temperature Compensation)。常用的温度补偿方法有热敏电阻补偿法和电桥补偿法,这里主要介绍后者。

由电阻应变片的电桥测量电路知道,电桥相邻两臂若同时产生大小相等、符号相同的电阻增量,电桥的输出将保持不变。利用这个性质,可将应变片的温度影响相互抵消,其方法如图2.7所示:将两个特性相同的应变片 R_1 和 R_2,用同样的方法粘贴在相同材质的两个试件上,置于相同的环境温度中,R_1 受应力(被测外力 F)为工作片,R_2 不受应力为补偿片,把这两个应变片分别安置在电桥的相邻两臂。测量时,若温度发生变化,这两个应变片将引起相同的电阻增量,对输出 U 不产生影响。因此电阻应变式传感器的直流电桥测量电路常接成半桥和全桥的形式,一方面提高测量精度,另一方面同时达到比较好的温度补偿效果。

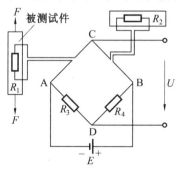

图 2.7 电阻应变式传感器的电桥温度补偿电路

电桥温度补偿电路的优点是成本低,且在一定温度范围内补偿效果较好。但一种值的应变片,只能在一种材料上使用,且其电阻值不随温度作直线变化,使用温度范围受到限制。

2.1.4 电阻应变式传感器的命名与选择

1. 应变片命名规则

对于电阻应变片的命名,国际国内均未有统一的标准,一般各电阻应变片生产企业均按各自方式自行命名,以我国某电阻应变片生产公司对电阻应变片的命名规则举例如图2.8所示。

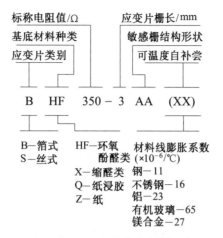

图 2.8 电阻应变片的命名规则

2. 应变片选择方法

在实际应用中,应遵循试验或应用条件为先、试件或弹性体材料状况次之的原则,选用与之匹配的最佳性价比的应变片。表 2.1 列出了选择应变片应考虑的内容,仅适用于常规情况,不包括核辐射(Nuclear Radiation)、强磁场(Strong Magnetic Field)、高离心力(High Centrifugal Force)等特殊场合。

表 2.1 选择应变片应考虑的内容

步骤	选择参数	考虑内容
1	应变片的系列	应用精度、环境条件等
2	敏感栅栅长	试件材料大小尺寸、粘贴面积、安装条件、应变梯度等
3	敏感栅结构	应变梯度、应力种类、散热条件、安装空间、应变片电阻等
4	标称电阻	使用条件、功耗大小、最大允许电压等
5	温度自补偿系数	试件材料类型、工作温度范围、应用精度等
6	蠕变补偿代号	弹性体的固有蠕变特性、实际测试的精度、工艺方法、防护胶种类、密封形式等
7	引线连接方式	根据实际需要选择应变片的引线连接方式

① 应变片敏感栅长度选择:应变片在加载状态下的输出应变是敏感栅区域的平均应变。为获得真实测量值,通常应变片栅长应不大于测量区域半径的 1/5 ~ 1/10。栅长较长的应变片具有易于粘贴和接线、散热性好等优点。对于应变场变化不大和一般传感器用途,选用栅长 3 ~ 6 mm 的应变片。如果对非均匀材料(如混凝土、铸铁、铸钢等)进行应变测量,应选择栅长不小于材料的不均匀颗粒尺寸的应变片,以便比较真实地反映结构内的平均应变。

② 应变片敏感栅材料和基底材料选择:60 ℃ 以内、长时间、最大应变量在 1 000 μm/m 以下的应变测量,一般选用以康铜合金或卡玛合金箔为敏感栅、改性酚醛或聚酰亚胺为基底的应变片;150 ℃ 以内的应变测量,一般选用以康铜合金和卡玛合金箔为敏感栅、聚酰亚胺为基底的应变片等。

③ 应变片敏感栅结构形式选择:测量未知主应力方向试件的应变或测量剪切应变(Shear

Strain)时选用多轴应变片;测量已知主应力方向试件的应变时,可选用单轴应变片;用于压力传感器的应变片可选用圆形敏感栅的多轴应变片;测量应力分布时,可选用排列成串或行的多个敏感栅的多轴应变片等。

④ 应变片电阻选择:应变片电阻的选择应根据应变片的散热面积、导线电阻的影响、信噪比、功耗大小来选择。对于传感器一般推荐选用 350 Ω、1 000 Ω 电阻的应变片。对于应力分布试验、应力测试、静态应变测量等,应尽量选用与仪器相匹配的阻值,一般推荐选用 120 Ω、350 Ω 的应变片。

⑤ 温度及弹性模量自补偿系数选择:应变片温度及弹性模量自补偿系数的选择可参照温度自补偿功能及弹性模量自补偿功能中所述来进行选择。

⑥ 蠕变标号选择:一般应变片型号中 N * 、T * 为蠕变标号(Creep Label),标号不同,蠕变值不同,其规律是:相邻标号之间实际蠕变值相差 0.01 ~ 0.015 % F.S./30 min。用户在选择应变片蠕变标号时可参照蠕变自补偿功能中所述的选用方法。

⑦ 接线方式选择:电阻应变片有多种接线方式,一般分为标准引线方式(接线方式为圆柱状引线)、带状引线方式(必须注明引线长度)、其他引线方式(如漆包线、高温导线等)。

表 2.2 为几种国产电阻应变片的技术数据。

表 2.2　几种国产电阻应变片的技术数据

型号	形式	阻值/Ω	灵敏度系数 K	线栅尺寸/(mm×mm)
PZ–17	圆角线栅	120±0.2	1.95 ~ 2.10	2.8×17
PJ–120	纸基圆角线栅	118	2.0±1%	2.8×18
8120	纸基圆角线栅	120	1.9 ~ 2.1	3×12
PJ–320	胶基圆角线栅	320	2.0 ~ 2.1	11×11
PB–5	胶基箔式	120±0.5	2.0 ~ 2.2	3×5

2.1.5　电阻应变式传感器的应用

电阻应变式传感器的应用十分广泛,使用方式有两类。第一类是一种将应变片粘贴于被测构件上,直接用来测定构件的应力或应变。第二类是将应变片粘贴于弹性元件(Elastic Element)上,与弹性元件一起构成应变式传感器,常用来测量力、位移、压力、加速度等物理参数。

1. 弹性敏感元件

弹性敏感元件是指由弹性材料制成的敏感元件。在传感器的工作过程中常采用弹性敏感元件把力、压力、力矩、振动等被测参量转换成应变量或位移量,然后再通过各种转换元件把应变量或位移量转换成电量。弹性敏感元件一般包括弹簧管、膜盒、波纹管等。

(1)压力弹簧管(Pressure Spring Tube)

压力弹簧管又称为布尔顿管(Bourdon Tube)。它的管体呈圆弧形、螺旋形、涡线形、麻花形,且截面为椭圆形或扁圆形,具有灵敏度高、刚度大、过载能力强的特点。压力弹簧管常用铜合金或不锈钢材料制作。常用的布尔顿管有 C 型和扭绞型两种,如图 2.9(a)和 2.9(b)所示。

(2)膜片和膜盒(Diaphragm and Capsule)

膜片是一种可以在垂直于它的挠性面(Flexible Surface)方向移动的敏感元件。它的作用

(a)C 型

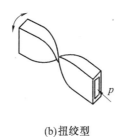
(b)扭绞型

(c)压力弹簧管实物图

图 2.9　压力弹簧管

是将被测力转换成膜片的中心位移或中心集中力输出,传给指示器或执行机构。具有重量轻、体积小、结构简单、性能可靠、输出位移范围大、价格低廉的优点。膜片及膜盒弹性敏感元件常用磷青铜、铍青铜或不锈钢材料制作。

　　通常为加大膜片中心的弹性位移,使测压灵敏度提高,将两个膜片对焊起来,成为膜盒。这样也便于和被测压力连接,只要把被测压力接到盒内,使盒外为环境大气压,膜盒中心的位移便能反映被测压力值。若将膜盒内部抽成真空,并且密封起来,当外界大气压力变化时,膜盒中心位移就反映大气的绝对压力值。便携式气象仪器(Portable Meteorological Instruments)常用这种原理测大气压力。又因为大气压力与海拔高度有一定的关系,所以航空仪表中的高度计也常由真空膜盒构成。

　　常用的膜片和膜盒如图 2.10 所示。

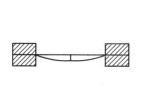
(a)膜片

(b)膜盒

(c)膜片和膜盒实物图

图 2.10　膜片和膜盒

（3）波纹管(Bellows)

　　波纹管是一种具有一定波纹形状的薄壁弹性元件,它具有受轴向力、径向力(或弯矩)作用下产生相应位移的特点。波纹管也是弹性金属制成的,材料和膜片、膜盒一样,特点是线性好而且弹性位移大。

　　波纹管的纵断面如图 2.11(a)所示。图中,R_e 为外半径;R_i 为内半径;α 为波纹的倾角;P 为被测压力。波纹管的结构很像手风琴的风箱,当管内接入被测压力时,随着被测压力的增大,引起管壁波纹变形,管将在轴线方向上伸长。

2. 电阻应变片的应用种类

（1）第一类:应变片粘贴于被测构件上,直接用来测定构件的应力或应变。

　　例如,为了研究或验证机械、桥梁、建筑等某些构件在工作状态下的受力、变形情况,可利用形状不同的应变片,粘贴在构件的预测部位,测得构件的拉、压应力,扭矩(Torque)或弯矩(Bending Moment)等(见图 2.12)。

（2）第二类:应变片粘贴于弹性元件上,与弹性元件一起构成应变式传感器。

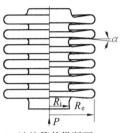
(a)波纹管的纵断面

(b)金属波纹管实物图

图2.11　波纹管

(a)柱式测力传感器

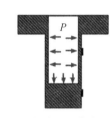
(b)筒式测力传感器

图2.12　电阻应变式传感器测构件的拉、压应力

这种传感器常用来测量力、位移、压力、加速度等物理参数(见图2.13)。在这种情况下,弹性元件将得到与被测量成正比的应变,再通过应变片转换成电阻的变化后输出。

(a)位移传感器

(b)加速度传感器

图2.13　电阻应变式传感器测量位移、加速度

用于位移传感器时,当被测物体产生位移时,悬臂梁随之产生与位移相等的挠度(Deflection),因而应变片产生相应的应变。在小挠度情况下,挠度与应变情况成正比。将应变片接入桥路,输出与位移成正比的电压信号。

用于加速度传感器测量时,基座固定在振动体上。振动(Vibration)加速度使质量块产生惯性力,悬臂梁则相当于惯性系统中的弹簧,在惯性力的作用下产生弯曲变形。因此,梁的应变在一定的频率范围内与振动体的加速度成正比。

3. 电阻应变片的粘贴处理

电阻应变片的粘贴一般分为五个步骤:去污(Decontamination)、贴片(Patch)、测量(Measurement)、焊接(Welding)和固定(Fixed)(见图2.14)。

(a)去污

(b)贴片

(c)测量

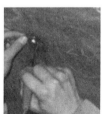
(d)焊接

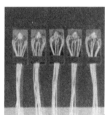
(e)固定

图2.14　电阻应变片粘贴的五个步骤

首先采用手持砂轮工具除去构件表面的油污、漆、锈斑等,并用细纱布交叉打磨出细纹以增加粘贴力,用浸有酒精或丙酮的纱布片或脱脂棉球擦洗。然后在应变片表面和处理过的粘贴表面上,涂一层均匀的粘贴胶,用镊子将应变片放上去,并调好位置,盖上塑料薄膜,用手指糅合滚压,排出下面的气泡。接下来从分开的端子处,预先用万用表测量应变片的电阻,发现端子折断和坏的应变片。然后将引线和端子用烙铁焊接起来,注意不要把端子扯断。最后用胶布将引线和被测对象固定在一起,防止损坏引线和应变片。

4. 电阻应变式传感器应用实例

作为质量测量仪器,智能电子秤(Electronic Scale)因其测量准确、测量速度快、易于实时测量和监控等优点,在各行各业成为测量领域的主流产品。这里介绍基于电阻应变式传感器的智能电子秤的设计。

(1)系统功能分析

要求设计的电子秤以单片机为主要部件,用汇编或 C 语言进行软件设计,硬件则以电阻应变式传感器和桥式测量电路为主,量程为 0 ~ 500 g。

(2)系统整体结构分析

电阻应变式传感器经直流电桥组成的测量电路后,输出的电量是模拟量,数值比较小,达不到 A/D 转换接收的电压范围,所以送 A/D 转换之前要对其进行前端放大处理。然后,A/D 转换的结果送单片机进行数据处理并显示,其数据显示部分采用 LCD 显示,系统整体结构示意图如图 2.15 所示。

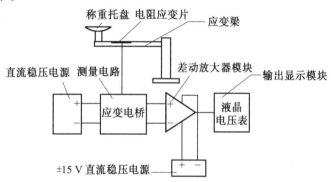

图 2.15 电子秤系统整体结构示意图

(3)系统硬件电路设计

① 电阻应变式传感器选用 PB-5 金属箔式应变片,测量电路采用直流半桥电路。

② 放大电路采用三运放结构。三运放结构具有差动输入阻抗高、共模抑制比高、偏置电流低、良好的温度稳定性、低噪音端输出和增益调整方便等优点。

③ 数据采集系统的核心是计算机,对整个系统进行控制和数据处理,由采样/保持器、放大器、A/D 转换器、计算机组成(见图 2.16)。

采样/保持电路:低速场合采用继电器作为开关,可以减小开关漏电流的影响;高速场合也采用晶体管、场效应管作为开关。

A/D 转换器:采用 8 路 8 位逐次逼近式 ADC0809 A/D 转换器,结果为 8 位二进制数据,转换时间短,且转换精度在 0.1% 上下,比较适中,适用于一般场合。

④ 显示部分可以将处理得出的信号在显示器上显示,让人们直观地看到被测体的质量,

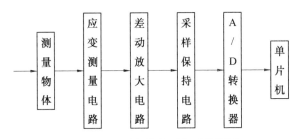

图 2.16　电子秤数据采集系统框图

也可以进行报警提示。采用极低功耗的汉字图形型 LCD 液晶显示模块。

⑤ 键盘电路可选择电子秤工作模式、设定测量上限等。键盘部分采用矩阵式的键盘,这种结构的特点是把检测线分为两组,一组为行线,一组为列线,按键放在行线和列线的交叉点上。

（4）系统软件设计

① 监控程序的设计:实时地响应来自系统的各种信息,按信息的类别进行处理。当系统出现故障时,能自动地采取有效的措施,消除故障,保证系统能够继续进行正常工作。

② 数据处理子程序的设计:整个程序的核心。主要用来调整输入值系数,使输出满足量程要求。另外完成 A/D 的采样结果从十六进制数向十进制数形式转化。

③ 数据采集子程序设计:数据采集用 A/D0809 芯片来完成,主要分为启动、读取数据、延时等待转换结束、读出转换结果、存入指定内存单元、继续转换（退出）几个步骤。ADC0809 初始化后,就具有将某一通道输入的 0~5 模拟信号转换成对应的数字量 00H-FFH,然后再存入 8031 内部 RAM 的指定单元中。在控制方面有所区别,可以采用程序查询方式、延时等待方式和中断方式。

④ 显示子程序的设计:是字符显示,首先调用事先编好的键盘显示子程序,然后输出写显示命令。在显示过程中一定要调用延时子程序。当输入通道采集了一个新的过程参数,或仪表操作人员键入一个参数,或仪表与系统出现异常情况时显示管理软件应及时调用显示驱动程序模块,以更新当前的显示数据显示符号。

2.2　热电阻传感器

热电阻传感器（Thermal Resistor）是采用热电阻（Thermal Resistance）（电阻值随温度变化的温度检测元件）作为测量温度敏感元件的传感器,主要用于对温度和与温度有关的参量进行检测。测量精度高,在低温（300 ℃以下）范围内,比热电偶的灵敏度要高,广泛用于中低温（-200~650 ℃）范围内的温度测量;便于远距离测量和多点测量。

2.2.1　热电阻工作原理

物质的电阻率随温度变化的物理现象称为热阻效应（Thermal Resistance Effect）。利用电阻的热阻效应制成的传感器称为热电阻传感器。

按热电阻的材料来分,可分为金属热电阻和半导体热电阻两大类,前者通常简称为热电阻,后者称为热敏电阻（Thermistor）。大多数金属热电阻在温度升高 1 ℃时,其阻值将增加 0.4%~0.6%;热敏电阻阻值一般随温度升高而减小,在温度增加 1 ℃时,其阻值将减少2%~

6%。大多数金属热电阻阻值随温度的升高而增加的原因在于:温度升高时,自由电子的动能增加,从而改变自由电子的运动方式,使之做定向运动所需要的能量增加,反映在电阻上阻值会增加。一般电阻和温度之间的关系为

$$R_T = R_0 [1 + \alpha(T - T_0)] \tag{2.25}$$

式中,R_T 为温度 T 时的电阻值,Ω;R_0 为温度 T_0 时的电阻值,Ω;α 为热电阻温度系数,$1/℃$。

α 一般表示单位温度引起的电阻相对变化,不是常数,它随温度的变化而变化,只能在一定的温度范围内看做常数。

热电阻灵敏度为

$$K = \frac{1}{R_0} \frac{dR_T}{dt} = \alpha \tag{2.26}$$

由式(2.25)可知,热电阻阻值和温度变化之间的关系一般为非线性,为了方便计算被测温度,将热电阻测量的温度 T 与电阻阻值 R_T 的对应关系形成表格,这就是热电阻分度表(见附录1)。在分度表中,一般要规定初始电阻 R_0 和初始温度 T_0 的值。这样,如果知道被测温度 T,可以查到对应的热电阻的阻值 R_T;反之,如果知道热电阻的阻值 R_T,可以查到对应被测温度 T。

2.2.2　热电阻结构类型

1. 金属热电阻

（1）金属热电阻材料

金属热电阻感温材料种类较多,应用最多的是铂丝,此外还有铜、镍、铁、铁-镍、钨、银等。我国按统一国家标准规定生产的标准化热电阻有铂热电阻、铜热电阻和镍热电阻。

① 铂热电阻:铂的物理化学性能稳定,尤其是耐氧化,甚至在很宽的温度范围内(1 200 ℃以下)保持上述特性。铂热电阻温度计是目前测温仪表中精确度最高的一种。我国目前生产三种初始电阻值的铂电阻,即 $R_0 = 10\ \Omega, 100\ \Omega, 1\ 000\ \Omega$,相应分度号分别为 Pt10,Pt100 和 Pt1000。

② 铜热电阻:铜容易提纯,工艺性好,价格便宜,电阻率低但电阻温度系数比铂高。由于电阻率低,制成一定阻值的热电阻时,体积较大,热惯性(Thermal Inertia)增大。我国工业用铜热电阻有两种初始电阻值,即 $R_0 = 50\ \Omega, 100\ \Omega$,相应分度号分别为 Cu50 和 Cu100,其测温范围为$-50 \sim 150\ ℃$。

③ 镍热电阻:镍的电阻温度系数较大,电阻率也较高,纯镍丝做成的镍热电阻比铂热电阻的灵敏度高。但随温度变化的非线性较严重,提纯也较难。我国已将其规定为标准化的热电阻。初始电阻值有 $R_0 = 100\ \Omega, 300\ \Omega, 500\ \Omega$ 三种,测温范围为$-60 \sim 180\ ℃$。

（2）金属热电阻类型

工业用金属热电阻有普通型(Normal Type)热电阻、铠装(Armor Type)热电阻、薄膜(Film Type)热电阻以及隔爆型(Flameproof Type)热电阻等。

① 普通型热电阻:普通型热电阻结构如图 2.17 所示,主要结构包括接线盒、接线端子、保护管、绝缘套管、感温元件(电阻体)。电阻体如图 2.18 所示,实物如图 2.19(a)所示。

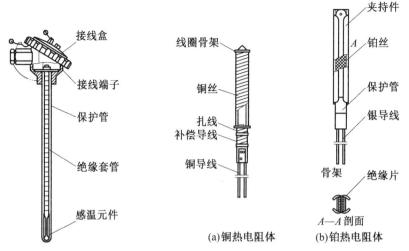

图 2.17　普通型热电阻基本结构　　　图 2.18　热电阻体结构图

铂电阻体结构有三种基本形式：

a. 玻璃烧结（Glass Sintering）式：把细铂丝（直径 0.03 ~ 0.04 mm）用双绕法绕在刻有螺纹的玻璃管架上，最外层再套以直径 4 ~ 5 mm 的薄玻璃管，烧结在一起，起保护作用。引出线也烧结在玻璃棒上。这种结构的热惯性小。

b. 陶瓷管架（Ceramic Pipe Rack）式：其工艺特点同玻璃烧结式一样。采用陶瓷管架，其外护层采用涂釉方法，有利于减小热惯性，缺点是电阻丝的热应力较大，影响稳定性、复现性，其次易碎，尤其引线易断。

c. 云母管架（Mica Pipe Rack）式：铂丝绕在侧边做有锯齿形的云母片基体上，以避免铂丝滑动短路或电阻不稳定，在绕有铂丝的云母片外面覆盖一层绝缘保护云母片，其外再用银带缠绕固定。为了改善传热条件，一般在云母管架电阻体装入外保护管时，两边再压上具有弹性的导热支撑片。

铜热电阻体通常采用管形塑料做骨架，用漆包铜电阻丝（直径 0.07 ~ 0.1 mm）双线无感地绕在管架上，由于铜的电阻率较小，所以需要多层绕制。它的热惯性也就比前几种大很多。铜电阻体上还有锰铜补偿绕组，是为了调整铜电阻体的电阻温度系数用的。整个电阻体绕制后经过酚醛树脂漆的浸渍处理，以提高其导热性和机械紧固作用。

② 铠装热电阻：铠装热电阻是由感温元件（电阻体）、引线、绝缘材料、不锈钢套管组合而成的坚实体，实物如图 2.19（b）所示，它的外径一般为 2 ~ 8 mm。与普通型热电阻相比，铠装热电阻体积小，内部无空气隙，热惯性小，测量滞后小；机械性能好、耐振，抗冲击；能弯曲，便于安装；使用寿命长。

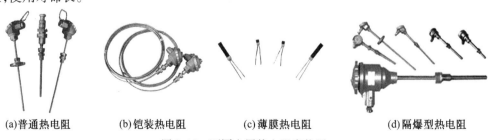

(a)普通热电阻　　　(b)铠装热电阻　　　(c)薄膜热电阻　　　(d)隔爆型热电阻

图 2.19　不同金属热电阻实物图

③ 薄膜热电阻:薄膜热电阻也称端面热电阻,感温元件由真空蒸镀特殊处理的电阻丝绕制,紧贴在传感器端面,实物如图 2.19(c)所示。它与一般轴向热电阻相比,能更正确和快速地反映被测端面的实际温度,适用于测量轴和其他机件的端面温度。

④ 隔爆型热电阻:通过特殊结构的接线盒,把其外壳内部爆炸性混合气体因受到火花或电弧等影响而发生的爆炸局限在接线盒内,生产现场不会引起爆炸,实物如图 2.19(d)所示。隔爆型热电阻可用于具有爆炸危险场所的温度测量。

2. 半导体热电阻

(1)半导体热电阻材料及特点

半导体热电阻又称为热敏电阻,常用来制造热敏电阻的材料为锰、镍、铜、钛、镁等的氧化物,将这些材料按一定比例混合,经高温烧结而成热敏电阻,其主要特点是:

① 灵敏度较高,电阻温度系数比金属大 10 ~ 100 倍以上,能检测出 10^{-6} ℃的温度变化;

② 工作温度范围宽,常温器件适用于 −55 ~ 315 ℃,高温器件最高可达到 2 000 ℃,低温器件适用于 −273 ~ −55 ℃;

③ 体积小,能够测量其他温度计无法测量的空隙、腔体及生物体内血管的温度;

④ 使用方便,电阻值可在 0.1 ~ 100 kΩ 间任意选择;

⑤ 易加工成复杂的形状,可大批量生产;

⑥ 稳定性好、过载能力强。

(2)热敏电阻类型

热敏电阻按其电阻阻值随温度变化的基本性能的不同可分为三种类型:负温度系数(Negative Temperature Coefficient,NTC)型、正温度系数(Positive Temperature Coefficient,PTC)型和临界温度(Critical Temperature Resistor,CTR)型。

① NTC 型:NTC 型随温度上升电阻呈指数关系减小,电阻值与温度关系可近似表示为

$$R_T = R_0 e^{\left[\beta\left(\frac{1}{T} - \frac{1}{T_0}\right)\right]} \tag{2.27}$$

式中,R_T,R_0 表示温度为 T,T_0 时的电阻值,Ω;β 为材料的材料常数。

NTC 型热敏电阻材料一般是半导体陶瓷和非氧化物系材料,测温范围为 −10 ~ 300 ℃,广泛用于测温、控温、温度补偿等方面。

② PTC 型:PTC 型随温度上升电阻急剧增加,电阻值与温度关系可近似表示为

$$R_T = R_0 e^{\left[\gamma(T - T_0)\right]} \tag{2.28}$$

式中,R_T,R_0 表示温度为 T,T_0 时的电阻值,Ω;γ 为材料的材料常数。

PTC 热敏电阻是以半导体化的 $BaTiO_3$ 等材料,并添加增大其正电阻温度系数的 Mn,Fe,Cu,Cr 的氧化物,采用陶瓷工艺成形、高温烧结而成。在工业上可用于温度的测量与控制,也用于汽车某部位的温度检测与调节,还大量用于民用设备,如控制瞬间开水器的水温、空调器与冷库的温度等方面。

③ CTR 型:CTR 型具有负电阻突变特性,在某一温度下,电阻值随温度的增加急剧减小。其构成材料是钒、钡、锶、磷等元素氧化物的混合烧结体,是半玻璃状的半导体。一般作为控温报警等应用。

三种热敏电阻与铂热电阻随温度变化的特性曲线比较如图 2.20 所示。

(3)热敏电阻命名

热敏电阻在电路中的文字符号用字母"R_t"表示。在我国,敏感电阻元件的产品型号组成

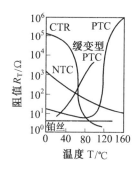

图 2.20　热敏电阻三种类型与铂热电阻的特性比较

包括：主称（用字母表示）；类别（用字母表示）；用途或特征（用字母或数字表示）；序号（用数字表示）。国产热敏电阻的命名见表 2.3。

表 2.3　国产热敏电阻命名

主　　称					类　　别				
符号	意义				符号	意义			
M	温度敏感元件				F	负温度系数热敏电阻器（NTC）			
					Z	正温度系数热敏电阻器（PTC）			
序号	0	1	2	3	4	5	6	7	8	9
NTC 型	特殊	普通	稳压	微波	旁热	测温	控温	/	线性	/
PTC 型	/	普通	限流	/	延迟	测温	控温	消磁	/	恒温

例如，MZ21-N8R0RMJ 表示开关温度为 100 ℃±5 ℃，标称零功率电阻值为 8 Ω（8R0R＝8 Ω），误差等级为±20%，瓷片直径为 ϕ10 mm 的过电流保护用的直热式阶跃型正温度系数（PTC）热敏电阻。

（4）热敏电阻结构

热敏电阻的结构形式常做成棒状、珠状、片状等，其外形、结构及符号如图 2.21 所示。棒状的保护管外径为 1.5～2 mm，长度为 5～7 mm；珠状的外径为 1～3 mm；圆片状的直径在 3～10 mm 间，厚度为 1～3 mm。热敏电阻常用于测量–100～–300 ℃之间的温度。

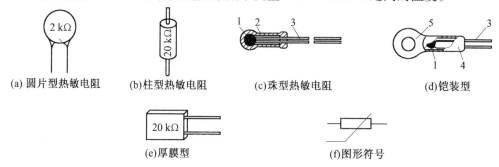

图 2.21　热敏电阻的外形、结构及符号

1—热敏电阻；2—玻璃外壳；3—引出线；4—紫铜外壳；5—传热安装孔

2.2.3　热电阻测温线路

利用热电阻测温实际是测量热电阻在工作状态下的阻值,然后再由电阻和温度之间的关系,查询分度表得到被测温度,所以热电阻测温线路主要包括热电阻传感器、电阻测量桥路、显示仪表及连接导线。工业用热电阻常与动圈式仪表(Moving Coil Meter)或自动平衡电桥(Automatic Balance Bridge)配套使用,当与动圈式仪表配套使用时,其测量电桥都是不平衡电桥。

由于热电阻的阻值,除了半导体热敏电阻的阻值很大,高达兆欧以上外,一般金属热电阻的阻值都在几欧到几十欧范围内。这样,热电阻本体的引线电阻和连接导线的电阻都会给温度测量结果带来很大影响。尤其是热电阻引线常处于被测温度的环境中,受到被测温度的影响,其电阻值也随温度变化,且难以估计和修正。为了消除导线电阻对温度测量的影响,热电阻传感器与桥式电路的连接线路从二线制发展到三线制和四线制接法。

1. 二线制接法

二线制接法如图 2.22 所示。热电阻 R_t 的两根引线 r 通过连接导线 r' 接入不平衡电桥,热电阻 R_t 所在桥臂的电阻包括引线电阻 $2r$、连接导线电阻 $2r'$ 及热电阻 R_t。由于引线及连接导线的电阻与热电阻处于电桥的一个桥臂之中,它们随环境温度的变化全部加入热电阻的变化之中,直接影响热电阻温度计测量温度的准确性。

由于二线制接法简单,实际工作中仍有应用,为使误差不致过大,要求引出线的电阻值为:对铜电阻而言,不应超过 R_0 的 0.2%;对铂电阻而言,不应超过 R_0 的 0.1%。

2. 三线制接法

三线制接法如图 2.23 所示。热电阻 R_t 有三根引线,两根引线及其连接导线的电阻分别加到电桥相邻两桥臂中,增加的一根导线用以补偿连接导线的电阻引起的测量误差。三线制要求三根导线的材质、线径、长度一致且工作温度相同,使三根导线的电阻值相同。

3. 四线制接法

作为精密测温用的热电阻,经常用四根引线,这是为了更好地消除引线电阻变化对测温的影响。在实验室测温和计量标准工作中,采用四引线热电阻,配合用的仪表为精密电位差计或精密测温电桥。在用精密电桥测温时电桥本身就要求有四根引线。图 2.24 为用电位差计(Potentiometer)精密测量热电阻值的四线制线路。

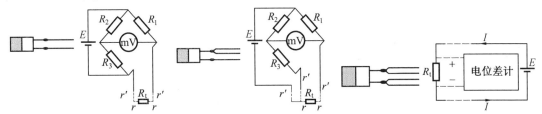

图 2.22　二线制接法　　　图 2.23　三线制接法　　　图 2.24　四线制接法

在利用电位差计平衡读数时,电位差计不取电流,热电阻的电位测量线(与接线端子相接的导线与引线)没有电流流过,所以热电阻引线和连接导线的电阻无论怎样变化也不会影响热电阻 R_t 的测量,因而完全消除了引线电阻变化对测温精度的影响。

利用四线制的电位差计法测量热电阻操作比较麻烦,而且应保持工作电流稳定,故多用于实验室的测温工作中。

4.实际测量电路

（1）动圈式仪表

动圈式仪表是一种小型模拟式显示仪表。常与热电偶、热电阻等配合，测量、监视和控制温度。测量机构是根据法国达松伐耳（D'Arsonval）于1882年提出的检流计原理设计而成（见图2.25）。

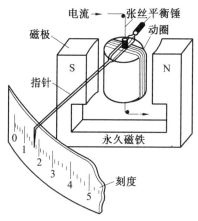

图2.25　动圈式仪表

由细导线绕成的可动线圈，靠金属张丝或轴尖支承在永久磁铁极靴的间隙中。当电流通过可动线圈时感生磁场与永久磁场相互作用产生力矩，驱动线圈偏转，使张丝或游丝变形而产生反力矩，当二力矩平衡时指针稳定在某一位置。指针转角的大小与流过线圈的电流成正比，指针在标尺上指示出被测值。动圈式仪表原理简单，成本较低，测量指示精确度较高。

（2）测量电路

如图2.26所示，动圈式仪表的测量机构连接在桥路的对角线上，桥路采用稳压电源（Stabilized Voltage Supply）供电，33 V交流电压经过桥式整流（Bridge Rectifier）滤波后再经稳压管稳压，以40 V的输出电压供给电桥。桥路在平衡时，回路参数应满足

$$R_3 = R_4, \quad R_t + R_0 + r_0 = R_2 + r_2 \tag{2.29}$$

式中，R_t为热电阻在测温下限时的电阻值，Ω；r_0，r_2分别为R_0，R_2的微调电阻，Ω。

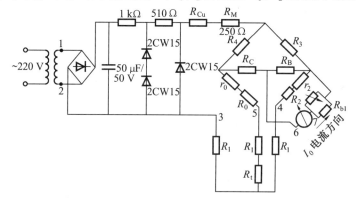

图2.26　热电阻与动圈式仪表组成测温线路

当温度变化使R_t变化时，$R_t + R_0 + r_0 \neq R_2 + r_2$，但此时，$R_3 = R_4$，故桥路不平衡，且有电流从仪表动圈流入，使表头产生偏转。

热电阻仪表采用三线制连接。图 2.26 中，R_{b1} 为仪表附加电阻，用来和连接导线的电阻匹配后达到仪表的规定值（一般规定为 5 Ω），R_C 用于限制满量程电流。

5. 测温误差

（1）热电阻基本误差

工业用热电阻已定型生产，并且采用统一的分度表，实际热电阻参数值偏离标准值，允许有一定误差，对于偏离标准值引起的误差可以通过单独标定加以减小，但由于电阻本身的不稳定性及标准仪器的传递误差，这是减小不了的。

此外，热电阻测温时总要通过电流，增大电流可以提高输出信号，但这要引起热电阻的自热，使测量产生附加误差。为此对热电阻的工作电流有一定限制。一般要求工作电流不超过 6 mA，与此相配合使用的显示仪表也应满足这一要求，此时热电阻自热现象所引起的测温误差一般不会超过 0.1 ℃，实际工作中热电阻的工作电流常用 2 ~ 4 mA。

（2）引线电阻误差

金属热电阻本身的阻值不大，因而热电阻到显示仪表间的引线电阻将直接影响测量误差。为此，工业测量中在可能情况下应尽量采用三线制接法连接热电阻。采用二线制接法时，应严格限制引线电阻值。

（3）显示仪表误差

对于工业用电阻温度计配套使用的显示仪表，如动圈式仪表、自动平衡电桥或电位差计，这些仪表一般均根据不同测量范围以温度值分度，其误差以精度等级形式给出。应当注意的是，这个误差不是温度误差，而是指电阻测量误差，在使用具体仪表时，要按上述方法计算电阻测量误差，再根据这个误差求出对应的温度误差。

2.2.4 热敏电阻传感器应用实例

图 2.27 所示为一个由温度检测控制电路、尿床检测电路和语音报警电路三部分电路组成的婴幼儿踢被、尿床报警器电路。

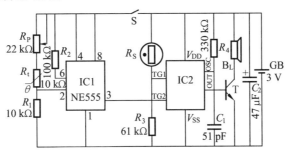

图 2.27 婴幼儿踢被、尿床报警器电路

温度检测电路由 NTC 型热敏电阻器 R_t、电阻器 R_1、R_2、电位器 R_P 和时基集成电路 IC1 组成。当婴幼儿踢被时，R_t 由低阻状态变为高阻状态，使 IC1 的 2 脚变为低电平（低于 1 V），3 脚输出高电平，IC2 受触发工作，其输出的语音电信号经三极管 T 放大后，驱动 B_L 发出"注意保温"的语音报警声。调整 R_P 的阻值，可改变温度检测控制（即踢被报警动作）的灵敏度。R_1 ~ R_4 均选用 1/8 W 的碳膜电阻器，R_t 选用负温度系数的热敏电阻器，R_P 选用膜式可变电阻器或有机实心电阻器。IC1 选用 NE555（定时器）型时基集成电路，IC2 选用 HFC5221 型语音

集成电路。B_L 选用 0.25 W、8 Ω 的电动式扬声器。S 选用单极拨动式开关。R_S 为湿敏电阻,当婴幼儿尿床时,尿液使 R_S 的阻值变小,IC2 的 TG1 端变为高电平触发工作,其 OUT 端输出的语音信号经放大后,驱动 B_L 发出"注意换尿布"的语音报警。

2.3 其他电阻式传感器

2.3.1 电位器传感器

电位器(Potentiometer)是具有三个引出端、阻值可按某种变化规律调节的电阻元件。1827年,德国物理学家乔治·西蒙·欧姆(Georg Simon Ohm)提出欧姆定律,可变电阻器得到应用。1871年,带有绝缘金属丝和滑动触电的可变电阻器获得专利。1907年,旋转变电阻器获得专利。1945年,10圈精密电位器获得专利。现在,电位器在许多领域得到广泛应用。

1. 基本结构及原理

(1) 基本结构

电位器传感器由电阻体及电刷(活动触点)两个基本部分组成。电刷相对于电阻体的运动可以是直线运动、旋转运动和螺旋运动,如图 2.28 所示。当电刷沿电阻体移动时,在输出端即获得与位移量成一定函数关系的电阻或电压输出。电位器既可作为三端元件使用,也可作为二端元件使用。后者可视为可变电阻器(Variable Resistor)。

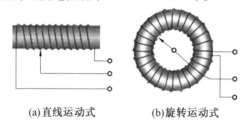

(a)直线运动式　　　　(b)旋转运动式

图 2.28　常用电位器结构示意图

(2) 工作原理

图 2.29 所示为直线运动式电位器,其触点与末端之间的电阻为

$$R = \frac{\rho}{A}x = \frac{\rho l}{A}\alpha \tag{2.30}$$

式中,ρ 为导线电阻率,Ω·m;A 为骨架的截面面积,m^2;l 为电位器电阻元件的总长度,m;x 为活动触点相对于末端移动的距离,m;α 为 x 与 l 之比。

由式(2.30)可见,电阻正比于滑动触头的移动距离,前提是假设长度 l 内电阻是均匀的。实际中并非如此,原因有:电位器难以保证是线性的;滑动触头给出的是平滑电阻变化而不是阶跃变化,也就是分辨率无限大;机械移动的行程通常大于电参量的变化。

2. 常用电位器

电位器按其结构形式不同,可分为线绕式(Wire Wound Type)、薄膜式(Film Type)、光电式(Photoelectric Type)等。在线绕电位器中又有单圈式和多圈式两种,按其特性曲线不同,则可分为线性电位器和非线性(函数)电位器。下面介绍几种常用电位器。

①线绕式电位器:其电阻体是由电阻丝绕在涂有绝缘材料的金属或非金属板上制成的。

其优点是功率大、噪声低、精度高、稳定性好,缺点是高频特性较差。其品种包括普通线绕电位器、普通多圈线绕电位器、精密多圈线绕电位器、直滑式精密多圈线绕电位器、函数式精密多圈线绕电位器等。

②光电电位器:一种非接触式电位器,用光束代替电刷,如图 2.30 所示。主要结构包括电阻体、光电导层和导电电极。无光照时,电阻体和导电电极之间由于光电导层电阻很大而呈现绝缘状态。当光束照射在电阻体和导电电极的间隙上时,光电导层被照射部位的亮电阻很小,使电阻体被照射部位和导电电极导通,于是输出端就有电压输出,电压的大小与光束位移照射到的位置有关,从而实现将光束位移转换为电压信号输出。其优点是非接触型,不存在磨损问题,不会对传感器系统带来任何有害的摩擦力矩,提高了传感器的精度、寿命、可靠性及分辨率。其缺点是接触电阻大,线性度差;输出阻抗较高,需要配接高输入阻抗的放大器;阻值范围窄,温度系数较大,一般在 $-22 \sim 70$ ℃范围内便高达 $0.001 \sim 0.01$ ℃$^{-1}$。

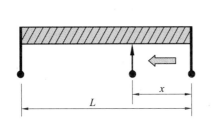 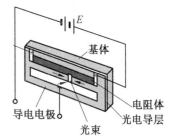

图 2.29　直线运动式电位器工作原理示意图　　图 2.30　光电电位器工作原理示意图

③薄膜式电位器:常用的有合成碳膜电位器和金属膜电位器。合成碳膜电位器是目前使用最多的一种电位器。其电阻体是用炭黑、石墨、石英粉、有机黏合剂等配制的混合物,涂在胶木板或玻璃纤维板上制成的。其优点是分辨率高、阻值范围宽,缺点是滑动噪声大、耐热耐湿性不好。金属膜电位器的电阻体是用金属合金膜、金属氧化膜、金属复合膜、氧化钽膜材料通过真空技术沉积在陶瓷基体上制成的。其优点是分辨率高、滑动噪声较合成碳膜电位器小,缺点是阻值范围小、耐磨性不好。

④单圈(Single Turn)电位器与多圈(Multi-turn)电位器:单圈电位器的滑动臂只能在不到360°的范围内旋转,一般用于音量控制;多圈电位器的转轴每转一圈,滑动臂触点在电阻体上仅改变很小一段距离,其滑动臂从一个极端位置到另一个极端位置时,转轴需要转动多圈,一般用于精密调节电路中。

⑤单联(Single Joint)电位器与双联(Double Joint)电位器:单联电位器由一个独立的转轴控制一组电位器;双联电位器通常是将两个规格相同的电位器装在同一转轴上,调节转轴时,两个电位器的滑动触点同步转动。

⑥贴片(Patch)电位器:也称片状电位器,是一种无手动旋转轴的超小型直线式电位器,调节时需使用螺钉旋具等工具。

⑦函数转换型(Function Transformation)电位器:在某些电位器中,有意识地使输出相对于位移呈非线性,这就构成了函数转换型电位器。其输出电阻(或电压)与电刷位移(包括线位移或角位移)之间具有的非线性函数关系,可以是指数函数、三角函数、对数函数等各种特定函数,也可以是其他任意函数。

例如,骨架为三角形的电位器,如图 2.31 所示。设电位器总长度为 $AB = L$,滑动端距固定端长度为 $AC = x$,倾角为 α,则电位器输出电阻 R_{AC} 与电刷位移 x 之间的函数关系为

$$R_{AC} = R_{AB}\frac{\int_0^x 2\pi\left(\frac{x\tan a}{2}\right)\mathrm{d}x}{\int_0^L 2\pi\left(\frac{x\tan a}{2}\right)\mathrm{d}x} = \frac{x^2}{L^2}R_{AB} \tag{2.31}$$

函数转换型电位器可以应用于测量控制系统、解算装置及对某些传感器某些环节非线性进行补偿等。

3. 电路符号及命名

电位器在电路中用字母"R_P"表示,在电路中的符号如图 2.32 所示。电位器的命名由四部分组成:第一部分(主称)用字母表示;第二部分(材料)用字母表示;第三部分(分类特征)用字母或数字表示;第四部分(序号)用数字表示,具体见表 2.4。

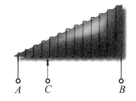

图 2.31　骨架为三角形的电位器函数图　　　图 2.32　电位器在电路中的符号

表 2.4　国产电阻器和电位器命名

第一部分:主称		第二部分:材料		第三部分:特征		第四部分
符号	意义	符号	意义	符号	意义	序号
R	电阻器	T	碳膜	1	普通	表示同类产品不同品种,区分产品外形尺寸和性能指标
		P	硼碳膜	2	普通	
		U	硅碳膜	3	超高频	
		H	合成膜	4	高阻	
		I	玻璃釉膜	5	高温	
		J	金属膜(箔)	7	精密	
		Y	氧化膜	8	电阻:高压;电位器:特殊	
W	电位器	S	有机实芯	9	特殊	
		N	无机实芯	G	高功率	
		X	线绕	T	可调	
		C	沉积膜	X	电阻:小型	
		G	G 光敏	L	电阻:测量用	
				W	电位器:微调	
				D	电位器:多圈	

4. 电位器传感器应用实例

利用电位器作为传感元件可制成各种电位器式传感器,除可以测量线位移或角位移外,还可以测量一切可以转换为位移的其他物理量参数,如压力、加速度等。

倒立摆控制系统(Inverted Pendulum Control System)是一个复杂的、不稳定的、非线性系统,是进行控制理论教学及开展各种控制实验的理想实验平台。对倒立摆系统的研究能有效地反映控制中的许多典型问题,如非线性(Nonlinear)问题、鲁棒性(Robustness)问题、镇定(Stabilization)问题、随动(Servo)问题及跟踪(Tracking)问题等。通过对倒立摆的控制,用来检验新的控制方法是否有较强的处理非线性和不稳定性问题的能力。

图 2.33 所示为一个实际旋转式倒立摆系统的组成示意图。系统采用 DSP 作为核心控制器,完成数据传送,A/D、D/A 转换,运算,数据处理等功能。执行机构是由专门驱动电路驱动的直流力矩电机(DC Torque Motor),控制倒立摆的运动。

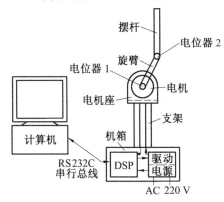

图 2.33　旋转式倒立摆组成示意图

倒立摆由两部分构成,即旋臂(Cantilever)和摆杆(Pendulum)。旋臂由转轴处的直流力矩电机驱动,可绕转轴在垂直于电机转轴的铅直平面内转动。旋臂和摆杆之间与电位器的活动转轴相连,摆杆可绕转轴在垂直于转轴的铅直平面内转动。由两个单圈电位器测量得到的两个角位移信号(旋臂与铅直线的夹角 α,摆杆和旋臂之间的相对角度 θ),作为系统的两个输出量被送入 DSP 控制器。由角位移的差分可得到角速度信号,然后根据一定的状态反馈控制算法,计算出控制律,并转化为电压信号提供给驱动电路,以驱动直流力矩电机的运动,通过电机带动旋臂的转动来控制摆杆的运动。系统结构图如图 2.34 所示。

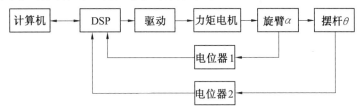

图 2.34　旋转式倒立摆系统结构图

2.3.2　气敏电阻传感器

在现代社会的生产和生活中,人们往往会接触到各种各样的气体,需要对它们进行检测和控制。比如,化工生产中气体成分的检测与控制,煤矿瓦斯浓度的检测与报警,环境污染情况的监测,煤气泄漏,火灾报警,燃烧情况的检测与控制等。气敏电阻传感器(Gas Sensitive Sensor)就是一种将检测到的气体的成分和浓度转换为电信号的传感器。

1. 工作原理及基本结构

(1) 工作原理

实验证明,氧化性气体(如 O_2,NO_x 等)吸附到 N 型半导体,使半导体载流子减少,电阻值增大;吸附到 P 型半导体,载流子增多,电阻值下降。还原性气体(如 H_2、CO、碳氢化合物和醇类等)吸附到 N 型半导体,载流子增多,电阻值下降;吸附到 P 型半导体,载流子减少,电阻值增大。若气体浓度发生变化,阻值将随之发生变化。根据这一特性,可以从阻值的变化得知吸附气体的种类和浓度。

（2）材料

气敏电阻的材料不是硅或锗材料,而是金属氧化物。金属氧化物半导体分 N 型半导体(如氧化锡、氧化铁、氧化锌、氧化钨等)和 P 型半导体(如氧化钴、氧化铅、氧化铜、氧化镍等)。为提高某种气敏元件对某些气体成分的选择性和灵敏度,合成这些材料时,还掺入催化剂,如钯(Pd)、铂(Pt)、银(Ag)等。

（3）基本结构

气敏电阻通常工作在高温状态(200～450 ℃),目的是为加速氧化还原反应。氧化锡、氧化锌材料气敏元件输出电压与温度的关系如图 2.35 所示。

由上述分析可以看出,气敏元件工作时需要本身的温度比环境温度高很多。因此,气敏电阻传感器通常由烧结体(Sintered Body)、加热器(Heating Apparatus)和封装体(Packaging Body)三部分组成(见图 2.36)。

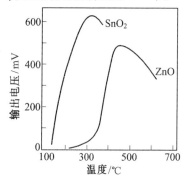

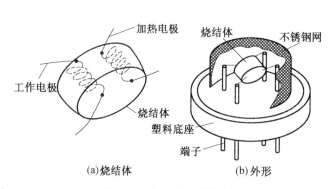

图 2.35　气敏元件输出电压与温度关系曲线　　　　　图 2.36　气敏电阻结构图

加热器的作用是将附着在敏感元件表面上的尘埃、油雾等烧掉,加速气体的吸附,提高其灵敏度和响应速度。加热器的温度一般控制在 200～400 ℃,加热方式一般有直热式(Heater)和旁热式(Heaterless)两种,因而形成了直热式和旁热式气敏元件(见图 2.37)。

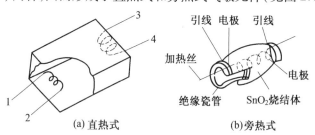

图 2.37　气敏电阻不同加热方式示意图

① 直热式:将加热丝直接埋入 SnO_2、ZnO 粉末中烧结而成,常用于烧结型气敏结构。其优点是制造工艺简单,成本低,功耗小,可以在高电压回路中使用。其缺点是热容量小,易受环境气流的影响,测量回路和加热回路没有隔离,相互影响。

② 旁热式:将加热丝和敏感元件同置于一个陶瓷管内,管外涂梳状金电极作为测量极,在

金电极外再涂 SnO_2 等材料。其优点是避免测量和加热回路相互影响；器件热容量大，降低了环境温度对器件加热温度的影响；器件的稳定性、可靠性比直热式好。

2. 电路符号及命名

气敏电阻在电路中的文字符号用字母"R_Q"表示，在电路中的符号如图 2.38 所示。

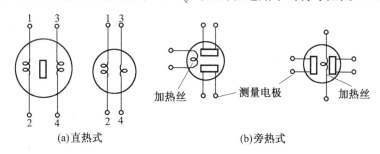

(a)直热式　　　　　　　　(b)旁热式

图 2.38　不同加热方式的气敏电阻在电路中的符号

气敏电阻的命名与热敏电阻类似，包括：主称（用字母表示）；类别（用字母表示）；用途或特征（用字母或数字表示）；序号（用数字表示）。国产气敏电阻的命名见表 2.5。

表 2.5　国产气敏电阻命名

主称		类别		序号
符号	意义	符号	意义	用数字或数字与字母混合表示序号，以区别不同的外形尺寸及性能参数
MQ	气敏电阻	J	酒精检测用	
		K	可燃气体检测用	
		Y	烟雾检测用	
		N	N 型气敏元件	
		P	P 型气敏元件	

例如，MQ-J1 表示用于对乙醇气体检漏、监控等。

3. 基本测量电路

气敏元件的基本测量电路如图 2.39 所示。图中，1 和 2 是加热电极，3 和 4 是气敏电阻的一对电极。E_H 为加热电源，E_C 为测量电源，电阻中气敏电阻值的变化引起电路中电流的变化，输出电压（信号电压）由电阻 R_0 上取出。特别在低浓度下灵敏度高，而高浓度下趋于稳定值。

一般气体浓度可以用两种方式表示，即质量浓度（Mass Concentration），每立方米空气中所含污染物的质量数，单位为 mg/m^3；体积浓度（Volume Concentration），一百万体积的空气中所含污染物的体积数，单位为 ppm。大部分气体检测仪器测得的气体浓度都是体积浓度。

按我国规定，特别是环保部门，要求气体浓度以质量浓度给出。两种气体浓度单位 mg/m^3 与 ppm 之间的换算关系是

$$mg/m^3 = (M/22.4) \cdot ppm \cdot [273/(273+T)] \cdot (P/101\,325) \qquad (2.32)$$

式中，M 为气体分子量；ppm 为测定的体积浓度值单位；T 为温度，K（开尔文）；P 为压力，Pa。

4. 气敏电阻应用实例

气敏电阻传感器主要用于制作报警器及控制器。作为报警器，超过报警浓度时，发出声光

报警;作为控制器,超过设定浓度时,输出控制信号,由驱动电路带动继电器(Relay)或其他元件完成控制动作。

图2.40是以气敏电阻传感器为检测元件的矿灯瓦斯报警器电路原理图。

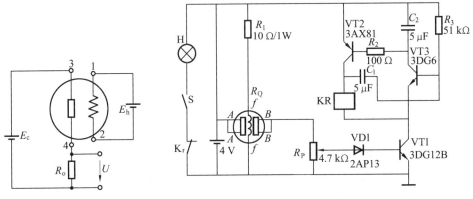

图2.39　气敏电阻测量电路图　　　图2.40　矿灯瓦斯报警器电路原理图

瓦斯探头由 MQ-N5 型(以金属氧化物 SnO_2 为主体材料的 N 型半导体气敏元件,当元件接触还原性气体时,其电导率随气体浓度的增加而迅速升高)气敏元件、R_1 及 4 V 矿灯蓄电池等组成。R_P 为瓦斯报警设定电位器。当瓦斯浓度超过某一设定值时,R_P 输出信号通过二极管 VD1 加到三极管 VT1 基极上,VT1 导通,三极管 VT2 和 VT3 便开始工作。VT2、VT3 为互补式自激多谐振荡器,它们的工作使继电器吸合与释放,信号灯闪光报警。

本章小结

本章主要介绍电阻应变式传感器、热电阻传感器、电位器传感器和半导体电阻式传感器等几种常见电阻式传感器的工作原理和应用电路。特别要注意几种半导体电阻式传感器的电路符号以及命名的区别。通过本章的学习,应具有根据不同要求选择不同的电阻式传感器进行相应检测电路设计的能力。

思考与练习

1.什么是电阻式传感器?

2.说明电阻应变测试技术具有的独特优点。

3.简述电阻应变片的主要特性。

4.一应变片的电阻 $R_0 = 120\ \Omega$,$K = 2.05$,用作应变为 0.005 的传感元件。

(1)求 ΔR 与 $\Delta R/R$;

(2)若电源电压 $E = 3$ V,求测量电桥的非平衡输出电压 U_o。

5.电阻应变效应做成的传感器可以测量哪些物理量?

6.解释应变效应、压阻效应。试说明金属应变片与半导体应变片的相同和不同之处。

7.简述电阻应变式传感器在单臂电桥测量转换电路中测量时由于温度变化产生误差的过程。电阻应变式传感器进行温度补偿的方法是什么?

8.有一吊车的拉力传感器如题图2.1所示,电阻应变片贴在 R_1,R_2,R_3,R_4 等截面轴上,已知 4 个电阻的标称阻值为 120 Ω,桥路电压 2 V,物重 m 引起 R_1,R_2,R_3,R_4 变化增量均为

1.2 Ω。请画出应变片电桥电路,计算出测得的输出电压和电桥输出灵敏度。

9. 热电阻传感器主要分为几种类型？它们应用在什么不同场合？

10. 热电阻与热敏电阻的电阻−温度特性有什么不同？

11. 热电阻测量时采用何种测量电路？为什么要采用这种测量电路？说明这种电路工作原理。

12. 收集一个电冰箱温控电路实例,剖析其工作原理。

13. 用分度号为 Pt100 铂电阻测温,在计算时错用了 Cu100 的分度表,查得的温度为 140 ℃,则实际温度为多少？

14. 某热敏电阻,其 β 值为 2 900 K,若冰点电阻为 500 kΩ,求热敏电阻在 100 ℃ 时的阻值。

15. 电位器传感器有哪些种类？

16. 电位器传感器的转换电路是什么？

17. 电位器传感器能测量哪些物理量？

18. 题图 2.2 为酒精测试仪电路,LM3914 是显示驱动器。问:TGS−812 是什么传感器？ 2、5 脚是传感器哪个部分,有什么作用？分析电路工作原理,调节电位器 R_P 有什么意义？

19. 为什么气敏电阻都附有加热器？

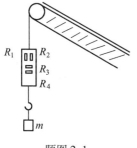

题图 2.1

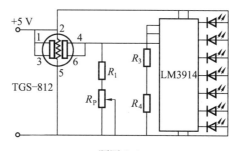

题图 2.2

第3章 电抗式和霍尔传感器

本章摘要:电抗式传感器(Reactance Type Sensor)是把位移、力、压力等非电物理量转换为电容、电感等电抗值变化的传感器,主要包括电容式传感器和电感式传感器。霍尔传感器(Hall Effect Sensor)是把力、位移、速度、转速等非电物理量利用霍尔效应转换为电信号输出的传感器。

本章重点:电容式传感器和霍尔传感器的工作原理、测量电路和应用实例。

3.1 电容式传感器

电容式传感器(Capacitance Sensor)是将被测非电量的变化转换为电容量变化的一种传感器。其结构简单、分辨力高、可非接触测量,并能在高温、辐射和强烈振动等恶劣条件下工作。随着集成电路技术和计算机技术的发展,促使它扬长避短,成为一种很有发展前途的传感器。

3.1.1 电容式传感器工作原理

如图3.1所示,两平行极板组成一个电容器,若忽略其边缘效应,它的电容量为

$$C = \varepsilon A / \delta = \varepsilon_0 \varepsilon_r A / \delta \tag{3.1}$$

式中,C 为电容器电容量,F;A 为极板相互遮盖面积,m^2;δ 为两平行极板间的距离,m;ε_r 为极板间介质相对介电常数(Dielectric Constant)(无量纲);ε_0 为真空介电常数,F/m;ε 为极板间介质绝对介电常数,F/m。

由式(3.1)可见,在 ε,A,δ 三个参量中,只要保持其中任意两个不变,改变另外一个,均可使电容器的电容量 C 改变,这就是电容式传感器的工作原理。

3.1.2 电容式传感器结构形式

根据工作原理,电容式传感器可分为极距变化型、面积变化型、介质变化型三类。极距变化型一般用来测量微小的线位移或由于力、压力、振动等引起的极距变化,如电容式压力传感器。面积变化型一般用于测量角位移或较大的线位移。介质变化型常用于物位测量和各种介质的温度、密度、湿度的测定。

1. 极距变化型

图3.2为极距(Polar Distance)变化型电容式传感器的原理图。由式(3.1)可知电容器的初始电容量 C_0 为

$$C_0 = \varepsilon A / \delta_0 = \varepsilon_0 \varepsilon_r A / \delta_0 \tag{3.2}$$

式中,C_0 为电容器初始电容量,F;δ_0 为两平行极板间初始极距,m。

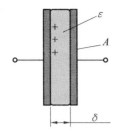 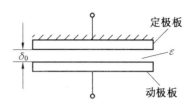

图 3.1 平行板电容器结构示意图 图 3.2 变极距型电容式传感器原理图

当动极板因被测量变化而向上移动使极距 δ_0 减小 $\Delta\delta$ 时,电容量增大了 ΔC,则有

$$C_0 + \Delta C = \varepsilon_0\varepsilon_r A/(\delta_0 - \Delta\delta) = C_0/(1 - \Delta\delta/\delta_0) \qquad (3.3)$$

可见,传感器输出特性 $C = f(\delta)$ 是非线性的,如图 3.3 所示。此时,电容相对变化量为

$$\Delta C/C_0 = \frac{\Delta\delta}{\delta_0}\left(1 - \frac{\Delta\delta}{\delta_0}\right)^{-1} \qquad (3.4)$$

如果满足条件 $\Delta\delta/\delta_0 \ll 1$,式(3.4)可按泰勒级数(Taylor Series)展开成

$$\Delta C/C_0 = \frac{\Delta\delta}{\delta_0}\left[1 + \frac{\Delta\delta}{\delta_0} + \left(\frac{\Delta\delta}{\delta_0}\right)^2 + \left(\frac{\Delta\delta}{\delta_0}\right)^3 + \cdots\right] \qquad (3.5)$$

式(3.5)略去高次(非线性)项,可得近似的线性关系和灵敏度 S 分别为

$$\Delta C/C_0 \approx \frac{\Delta\delta}{\delta_0} \qquad (3.6)$$

$$S = \Delta C/\Delta\delta = C_0/\delta_0 = \varepsilon_0\varepsilon_r A/\delta_0{}^2 \qquad (3.7)$$

如果考虑式(3.5)中的线性项及二次项,则

$$\Delta C/C_0 \approx \frac{\Delta\delta}{\delta_0}\left(1 + \frac{\Delta\delta}{\delta_0}\right) \qquad (3.8)$$

式(3.6)的特性如图 3.4 中的直线 1 所示,而式(3.8)的特性如图 3.4 中的曲线 2 所示。

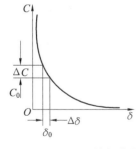 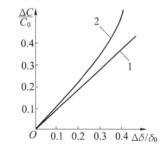

图 3.3 $C = f(\delta)$ 特性曲线 图 3.4 变极距型电容式传感器的非线性特性

由以上讨论可知:

(1)变极距型电容式传感器只有在 $|\Delta\delta/\delta_0|$ 值很小时,才有近似的线性输出。

(2)灵敏度 S 与初始极距 δ_0 的平方成反比,故可用减少 δ_0 的办法来提高灵敏度。例如在电容式压力传感器中,常取 $\delta_0 = 0.1 \sim 0.2$ mm,$C_0 = 20 \sim 100$ pF。由于变极距型的分辨力极高,可测小至 0.01 μm 的线位移,故在微位移检测中应用最广。

(3)根据式(3.8),δ_0 的减小会导致非线性误差增大;δ_0 过小还可能引起电容器击穿或短路。为此,极板间可采用高介电常数的材料(云母、塑料膜等)做介质(见图 3.5)。设两种介质的相对介电质常数为 ε_{r1} 和 ε_{r2}($\varepsilon_{r1} = 1$,为空气;ε_{r2} 为高介电常数的材料),相应的介质厚度为

δ_1 和 δ_2 ,则有

$$C_0 = \frac{\varepsilon_0 A}{\delta_1 + \delta_2/\varepsilon_{r2}}$$ (3.9)

显然,初始电容值明显增大。

(4) 为提高传感器灵敏度,常采用差动结构(Differential Structure),如图 3.6 所示。动极板置于两个定极板之间,初始位置时,$\delta_1 = \delta_2 = \delta_0$,两边初始电容相等。当动极板向上移动位移 $\Delta\delta$ 时,两边极距分别变为 $\delta_1 = \delta_0 - \Delta\delta$ 和 $\delta_2 = \delta_0 + \Delta\delta$,两组电容一增一减,总的相对变化量为

$$\Delta C/C_0 = \frac{\Delta C_1 - \Delta C_2}{C_0} = 2\frac{\Delta\delta}{\delta_0}\left[1 + \left(\frac{\Delta\delta}{\delta_0}\right)^2 + \left(\frac{\Delta\delta}{\delta_0}\right)^4 + \cdots\right]$$ (3.10)

式中,ΔC_1 和 ΔC_2 分别为两个电容器的电容变化量,F。

略去式(3.10)中的高次项,可得近似的线性关系

$$\Delta C/C_0 \approx 2\frac{\Delta\delta}{\delta_0}$$ (3.11)

显然,差动式结构比普通的电容式传感器的灵敏度提高一倍,且能使非线性误差大为减小。由于结构上的对称性,还能有效地补偿温度变化所造成的误差。

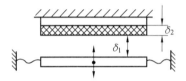

图 3.5　具有固体介质的变极距型电容式传感器

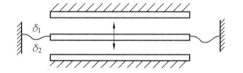

图 3.6　变极距型差动式结构

2. 变面积型

变面积型电容式传感器有三种类型,即平面线位移型、角位移型和柱面线位移型(见图 3.7)。

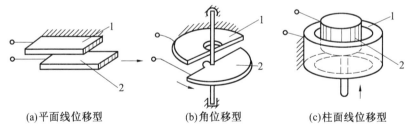

(a)平面线位移型　　　(b)角位移型　　　(c)柱面线位移型

图 3.7　变面积型电容式传感器的三种类型

1—定极板;2—动极板

以平面线位移型为例,介绍变面积型电容式传感器工作原理。如图 3.8(a)所示,与变极距型不同的是,被测量通过动极板移动,引起两极板有效覆盖面积 A 的改变,从而得到电容的变化。电容器初始电容量为 $C_0 = \varepsilon_0\varepsilon_r l_0 b_0$,动极板相对于定极板沿长度 l_0 的方向平移 Δl,则此时电容量为

$$C = C_0 - \Delta C = \frac{\varepsilon_0\varepsilon_r(l_0 - \Delta l)b_0}{\delta_0}$$ (3.12)

式中,l_0 为极板初始长度,m;Δl 为动极板沿长度方向平移距离,m;b_0 为极板宽度,m。

电容的相对变化量为

$$\Delta C/C_0 = \frac{\Delta l}{l_0} \qquad (3.13)$$

灵敏度为

$$S = \Delta C/\Delta l = \frac{\varepsilon_0 \varepsilon_r b_0}{\delta_0} \qquad (3.14)$$

很明显,这种电容式传感器的输出特性呈线性,因而其量程不受线性范围的限制,适合于测量较大的直线位移和角位移。必须指出,上述讨论只在初始极距 δ_0 精确保持不变时成立,否则将导致测量误差。

变面积型电容式传感器与变极距型相比,其灵敏度较低。因此,在实际应用中,也采用差动式结构,以提高灵敏度,如图 3.8(b) 所示。

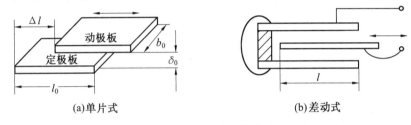

(a)单片式　　　　　　　　　　　　　(b)差动式

图 3.8　变面积型电容式传感器原理图

3. 变介质型

图 3.9 为变介质(Medium)型电容式传感器原理结构图。图中两平行极板固定不动,极距为 δ_0,初始电介质的相对介电常数为 ε_{r1}。当相对介电常数为 ε_{r2} 的电介质以不同深度插入电容器中,会改变两种介质的极板覆盖面积,此时传感器的总电容量 C 为

$$C = C_1 + C_2 = \frac{\varepsilon_0 b_0}{\delta_0}[\varepsilon_{r1}(l_0 - l) + \varepsilon_{r2} l] \qquad (3.15)$$

式中,C_1、C_2 为介质插入前后的电容量;l_0、b_0 为极板长度和宽度;l 为第二种电介质进入极间的长度。

若介质 1 为空气($\varepsilon_{r1} = 1$),当 $l = 0$ 时电容式传感器的初始电容 $C_0 = \varepsilon_0 \varepsilon_{r1} l_0 b_0/\delta_0$;当介质 2 进入极间后引起电容的相对变化为

$$\Delta C/C_0 = \frac{C - C_0}{C_0} = \frac{\varepsilon_{r2} - 1}{l_0} l \qquad (3.16)$$

可见,传感器的电容量的变化与介质 2 的移动量 l 成线性关系。表 3.1 为几种常用介质的相对介电常数。

表 3.1　几种介质的相对介电常数

介质名称	相对介电常数 ε_r	介质名称	相对介电常数 ε_r	介质名称	相对介电常数 ε_r
真空	1	玻璃釉	3 ~ 5	聚丙烯	2 ~ 2.2
空气	略大于1	SiO_2	38	聚苯乙烯	2.4 ~ 2.6
其他气体	1 ~ 1.2	云母	5 ~ 8	环氧树脂	3 ~ 10
变压器油	2 ~ 4	干的纸	2 ~ 4	高频陶瓷	10 ~ 160

上述原理可用于非导电散材物料的物位测量。如图 3.10 所示,将电容器极板插入被监测

的介质中,随着灌装量的增加,极板覆盖面积增大。由式(3.16)可知,测出的电容量即反映灌装高度 l。

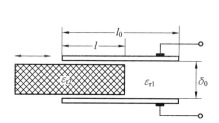

图 3.9　变介质型电容式传感器原理结构图

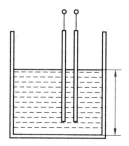

图 3.10　非导电散材物料物位的电容测量

3.1.3　电容式传感器测量电路

电容式传感器测量电路的主要作用是将传感器产生的电容量变化转换成电压信号输出,最常用的测量电路是交流电桥,还包括信号放大部分 —— 交流放大电路,交流信号转变为直流信号部分 —— 解调电路,高频干扰的滤除部分 —— 滤波电路等(见图3.11)。这里主要介绍交流电桥、交流放大器、调制解调电路,滤波电路将在第 7 章介绍。

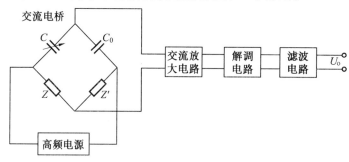

图 3.11　电容式传感器测量电路

1. 交流电桥

交流电桥(AC Bridge)一般采用正弦交流电压作为电桥电源,广泛用于测量交流等效电阻 R、电感 L、电容 C、电容损耗系数 D、电感品质因数 Q 等参数,其测量结果较为准确。

(1)交流电桥平衡条件

交流电桥的形式如图 3.12 所示。四个桥臂可以为电阻、电感、电容或三者任意组合起来的复阻抗,设分别以 Z_1,Z_2,Z_3,Z_4 表示。每一个复阻抗都包括实部和虚部,即电阻分量和电抗分量。复阻抗的表达形式为 $Z = R + jX = |Z| \angle \varphi = |Z| e^{j\varphi}$,其中,$R$ 为实部,X 为虚部,$|Z|$ 为模,φ 为初相角。交流电桥输出电压

$$\dot{U}_o = \frac{Z_2 Z_3 - Z_1 Z_4}{(Z_1 + Z_2)(Z_3 + Z_4)} \dot{U} \tag{3.17}$$

所以交流电桥平衡条件是

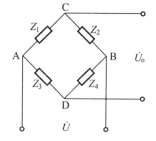

图 3.12　交流电桥一般形式

$$Z_2 Z_3 = Z_1 Z_4 \tag{3.18}$$

也可表示为

$$\begin{cases} R_2R_3 - X_2X_3 = R_1R_4 - X_1X_4 \\ R_2X_3 + X_2R_3 = R_1X_4 + X_1R_4 \end{cases} \qquad (3.19)$$

用极坐标形式表示为

$$\begin{cases} |Z_2| \cdot |Z_3| = |Z_1| \cdot |Z_4| \\ \varphi_2 + \varphi_3 = \varphi_1 + \varphi_4 \end{cases} \qquad (3.20)$$

由以上公式可见：

① 不是任何四个阻抗组成的交流桥式电路都可达到平衡状态,为达到电桥平衡状态,必须满足两个平衡条件。

② 实际操作交流电桥使其达到平衡状态时,必须至少调两个标准元件的量值。

③ 调节平衡的次数越少越好,说明电桥有较好的收敛性。

④ 电桥平衡时,与电源的幅值无关,但是否与电源频率有关,决定于四个桥臂的配置。

交流电桥与直流电桥对比如下：

① 直流电桥采用直流电源作为激励电源,稳定性好;电桥的平衡电路简单,输出为直流电,可用直流仪表测量,精度高;电桥的连接导线不会形成分布电容(Distributed Capacitance),对连接导线的连接方式要求低。缺点是易引入工频干扰(Power Frequency Interference);做直流放大时,直流放大器比较复杂,易受零漂和接地电位的影响。

② 交流电桥输出为交流信号,外界工频干扰不易被引入,但要求供桥电源稳定性要好;交流放大器比较简单,没有零漂的影响。

（2）交流电桥用于电容式传感器

① 电容器损耗角。

实际电容器的两极板间所充介质并不是理想介质,而存在"漏电"现象,在电路中要消耗一定的能量。实际电容器相当于两极板间并联有一只很大的电阻,如图 3.13(a) 所示。

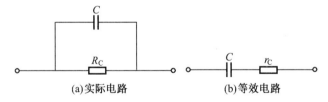

(a)实际电路　　　　　　(b)等效电路

图 3.13　实际电容器电路及其等效电路

图 3.13 所示阻抗为

$$Z_C = R_C // \frac{1}{j\omega C} = \frac{R_C(1 - j\omega CR_C)}{1 + (\omega CR_C)^2} \overset{R_C \gg \frac{1}{\omega C}}{\approx} \frac{1}{R_C(\omega C)^2} + \frac{1}{j\omega C} \qquad (3.21)$$

令

$$r_C = \frac{1}{R_C(\omega C)^2} \qquad (3.22)$$

将式(3.22)代入式(3.21),得到

$$Z_C = r_C + \frac{1}{j\omega C} \qquad (3.23)$$

上式表明,实际电容器也等于理想电容与一个阻值为 r_C(称为损耗电阻)的电阻串联,如图 3.13(b)所示。当 $R_C \to \infty$ 时,电容器成为理想电容器。一般情况 R_C 为一个较大的阻值,所以正弦交流电通过时,电容器两端电压和通过的电流之间的相位角不是 $\pi/2$,而是 $\pi/2 - \sigma$。如图 3.14 所示,σ 为电容器损耗角(Loss Angle),是衡量实际电容器与理想电容器差别的重要参数,是材料本征特性,不依赖于电容器几何尺寸。为方便起见,一般用 $\tan \sigma$ 来表示电容器的损耗,表示为

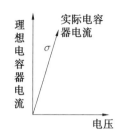

图 3.14　电容器电压电流关系

$$\tan \sigma = \frac{1}{\omega C R_C} = r_C \omega C \tag{3.24}$$

② 交流平衡电桥用于电容式传感器测量。

图 3.15 所示为测量电容的交流平衡电桥电路,待测电容式传感器 C_x 接在一个桥臂上,R_x 为待测电容量对应的串联损耗电阻,C_2 为标准电容,其串联损耗电阻可以不考虑,R_2 为标准电阻箱。当电桥平衡时,可得

$$R_x + \frac{1}{j\omega C_x} = \frac{R_4}{R_3}\left(R_2 + \frac{1}{j\omega C_2}\right) \tag{3.25}$$

求得

$$C_x = \frac{R_3}{R_4}C_2, \quad R_x = \frac{R_4}{R_3}R_2, \quad \tan \sigma = \omega R_x C_x = R_2 C_2 \omega \tag{3.26}$$

③ 交流不平衡电桥用于电容式传感器测量。

如图 3.16 所示,待测电容式传感器 C_x 接在交流电桥的一个桥臂上,C_0 为标准电容,R_3 和 R_4 为电阻,$\dot{U} = U_{max}\cos \omega t$ 为交流电源,则根据式(3.17),电桥输出为

$$\dot{U}_o = \frac{\dfrac{R_3}{j\omega C_0} - \dfrac{R_4}{j\omega C_x}}{\left(\dfrac{1}{j\omega C_x} + \dfrac{1}{j\omega C_0}\right)(R_3 + R_4)} U_{max}\cos \omega t \tag{3.27}$$

化简得到

$$\dot{U}_o = \frac{R_3 C_x - R_4 C_0}{(C_x + C_0)(R_3 + R_4)} U_{max}\cos \omega t \tag{3.28}$$

式(3.28)表明,电桥输出信号为交流信号,被测电容量会改变输出交流信号的幅值,因此可以通过测量输出信号幅值得到被测电容量的值。

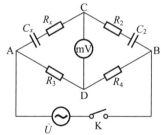

图 3.15　测量电容的交流平衡电桥电路

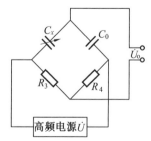

图 3.16　电容式传感器交流不平衡电桥测量电路

2. 交流放大器

交流不平衡电桥用于电容传感器测量时,其输出是交流电压信号,为便于显示和测量,后

面还需要对信号进行适当放大。此时可以采用交流放大器(AC Amplifier)实现放大功能。

交流放大器的优点是每级之间有电容器隔直,因此每一级电路的静态工作点与前后级无关,电路便于调整;缺点是输入输出的隔直电容(Blocking Capacitor)的频带有限,会造成信号一定的变形,级联越多失真也就越大。

(1)集成交流放大器 LM324

LM324 内含 4 个独立的高增益、频率补偿的运算放大器,既可接单电源使用(3 ~ 30 V),也可接双电源使用(±1.5 ~ ±15 V),驱动功耗低,可与 TTL 逻辑电路相容。图 3.17 为芯片管脚连接图。

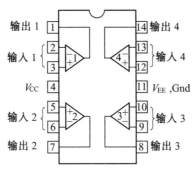

图 3.17　LM324 管脚连接图

(2)LM324 做反相交流放大器

如图 3.18(a)所示,放大器采用单电源供电,由 R_1,R_2 组成 $\frac{1}{2}U$ 正偏置,C_1 为消振电容(Damping Capacity)(消除放大器可能出现的高频啸叫)。电压放大倍数 A_u 为

$$A_u = -\frac{R_f}{R_i} \tag{3.29}$$

一般情况下先取 R_i 与信号源内阻相等,然后根据要求的放大倍数选定 R_f。C_o 和 C_i 为耦合电容(隔直通交)。

(3)LM324 做同相交流放大器

如图 3.18(b)所示,电压放大倍数 A_u 为

$$A_u = 1 + \frac{R_f}{R_4} \tag{3.30}$$

显然,同相交流放大器的输入电阻比反相交流放大器大。

3.调制解调电路

工程中被测物理量,如力、位移等,经过电容或其他传感器变换后,常常输出一些缓变的微小电信号。从放大处理来看,直流放大有零漂和级间耦合等问题。为此,往往把缓变信号先变为频率适当的交流信号,然后利用交流放大器放大,最后再恢复为原缓变信号。这样的变换过程称为调制与解调(Modulation and Demodulation),它广泛用于传感器的调理电路中。

(1)调制解调基本概念

① 调制(Modulation)是用一个信号去控制另一个作为载体的信号(后面称为载波信号),让后者的某一特征参数(如幅值、相位、频率等)按前者变化的过程。

② 载波信号(Carrier Signal)是给被测量信号赋予一定特征,这个特征由作为载体的信号

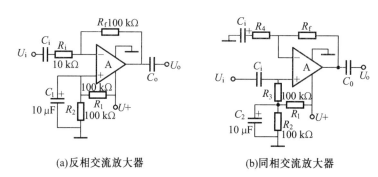

(a)反相交流放大器　　　　　(b)同相交流放大器

图 3.18　LM324 构成的交流放大器

提供。常以一个高频正弦信号或脉冲信号作为载体,这个载体称为载波信号。

③ 调制信号(Measuring Signal)是用来改变载波信号特征的信号(即被测量信号)。

④ 已调信号(Modulated Signal)是经过调制的载波信号。

⑤ 解调(Demodulation)是指信号被调制,并和噪声分离,经放大等处理后,还要从已经调制的信号中提取反映被测量值的测量信号的过程。

调制解调的过程可用图 3.19 表示。

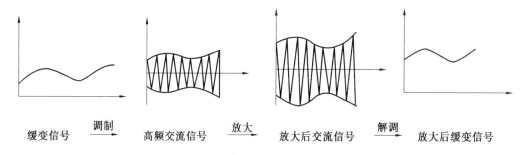

缓变信号　$\xrightarrow{调制}$　高频交流信号　$\xrightarrow{放大}$　放大后交流信号　$\xrightarrow{解调}$　放大后缓变信号

图 3.19　调制解调过程

(2) 常用调制方法

在调制过程中,当载波信号是高频正弦或余弦信号时,其特征量主要是幅值、频率和相角,相应的调制方法被称为调幅(Amplitude Modulation, AM)、调频(Frequency Modulation, FM)和调相(Phase Modulation, PM);当载波信号是脉冲信号时,其特征量主要是脉冲宽度,相应的调制方法被称为脉冲宽度调制(Pulse Width Modulation, PWM)。在检测与转换系统中用得最多的是调幅和脉冲宽度调制。

① 幅值调制(调幅)。用被调制信号 $x(t)$ 去控制高频载波信号 $u_c(t)$ 的幅值,得到调幅波 $u_s(t)$(见图 3.20)。

设载波信号为

$$u_c(t) = A\cos(2\pi ft + \varphi) \tag{3.31}$$

式中,A 为载波信号的幅值;f 为载波信号的频率;φ 为载波信号初相位。

调幅信号的一般表达式可写为

$$u_s(t) = Ax(t)\cos(2\pi ft + \varphi) \tag{3.32}$$

② 脉冲宽度调制。脉冲宽度调制中,载波信号通常由一列占空比(Duty Ratio)不同的矩形脉冲构成,其中,占空比是指在一串理想的脉冲周期序列中(如方波),正脉冲的持续时间与

脉冲总周期的比值(见图 3.21)。

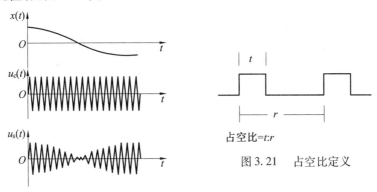

图 3.20　调幅信号波形

图 3.21　占空比定义

图 3.22 所示为脉冲宽度调制电路的原理框图和波形图。该系统由一个比较器(Comparator)和一个周期为 T_s 的锯齿波发生器(Saw-tooth Wave Generator)组成。当被调制信号 $x(t)$ 的幅值大于锯齿波信号,比较器输出正脉冲(正脉冲的宽度反应了被调制信号 $x(t)$ 的幅值的大小),否则输出 0。

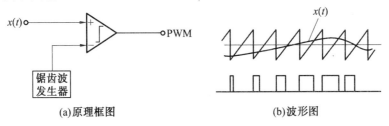

(a)原理框图

(b)波形图

图 3.22　脉冲宽度调制电路的原理框图和波形图

(3) 调制解调电路

① 调制电路 —— 调幅电路。

幅值调制电路实质上是一个乘法器。由式(3.28)看出,交流电桥本质上也是一个乘法器,因此在实际应用中常以交流电桥作为调制装置。图 3.23 所示为使用交流电桥作为电阻应变式传感器的测量电路的原理图。供桥电源电压 $\dot{U} = U_{\max}\cos 2\pi f_0 t$,为载波信号。

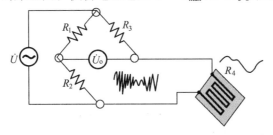

图 3.23　交流电桥作为电阻应变式传感器测量电路

设应变片为金属材料,则根据式(2.22),单臂电桥的输出电压为

$$\dot{U}_o = \frac{1}{4}\frac{\Delta R}{R}U_{\max}\cos 2\pi f_0 t \tag{3.33}$$

式中,ΔR 为应变片的电阻变化量;R 为应变片初始电阻值。

根据式(2.7),应变电阻的电阻变化量和被测外力引起的应变 $\varepsilon(t)$ 之间的关系为

$$\frac{\Delta R}{R} = K\varepsilon(t) \tag{3.34}$$

式中,K 为应变片的灵敏系数;R 为应变片初始电阻值。

所以有

$$\dot{U}_o = \frac{1}{4}KU_{max}\varepsilon(t)\cos 2\pi f_0 t \tag{3.35}$$

上式表明,载波信号 $\dot{U}$ 经电桥调幅后,输出的信号 $\dot{U}_o$ 幅值为 $0.25KU_{max}\varepsilon(t)$,即余弦载波信号的幅值被应变 $\varepsilon(t)$ 所调制。而且随着调制信号 $\varepsilon(t)$ 正负半周的改变,调幅波的相位也随着改变:当调制信号 $\varepsilon(t)$ 为正时,调幅波与载波同相;当 $\varepsilon(t)$ 为负时,调幅波与载波反相。

② 解调电路 —— 相敏检波电路。

经过调制后,被测量的缓变信号变成了交流信号,经交流放大,还需要把原来的缓变信号提取出来,这就是解调。工程上用得最多的解调电路就是相敏检波电路(Phase Sensitive Demodulation Circuit)。常用的有半波相敏检波电路和全波相敏检波电路。

图 3.24 所示为一个开关式全波相敏检波实验电路。(1) 端为被调制信号的输入端(调幅波 $x_m(t)$);(2) 端为载波信号 $u_C(t)$ 的输入端;(3) 端为被解调的信号 $x_0(t)$ 的输出端(被解调的信号);(4) 端为直流参考电压输入端。各信号的波形如图所示。

N2 为过零比较器,载波信号 $u_C(t)$ 经过 N2 后转换为方波信号 $u(t)$。D 为开关二极管(Switch Diode),将 N2 输出的方波信号 $u(t)$ 加在场效应管(Mosfet)G 上。各元件的型号和取值如图 3.24 所示。

当 $u(t) < 0$ 时,G 截止,N1 同相端高电平,调幅波 $x_m(t)$ 从 N1 同相端和反相端同时输入,N1 的放大倍数为

$$A_{v1} = \left[-\frac{R_W}{R_3} + \left(1 + \frac{R_W}{R_3}\right)\right] = 1 \tag{3.36}$$

输出信号 $x_0(t)$ 的波形是一个幅值与被调制信号 $x_m(t)$ 相同的,位于正半周的波形。

当 $u(t) > 0$ 时,G 导通,N1 同相端接地,为低电平,调幅波 $x_m(t)$ 从 N1 反相端输入,N1 的放大倍数为

$$A_{v1} = -\frac{R_W}{R_3} = -\frac{51}{30} = -1.7 \tag{3.37}$$

输出信号 $x_0(t)$ 的波形是一个幅值与被调制信号 $x_m(t)$ 相反且略大的,位于正半周的波形。

3.1.4 电容式传感器应用实例

随着材料、工艺、电子技术,特别是集成技术的发展,使电容式传感器的优点得到发扬而缺点不断地被克服,可以测力、压力、位移、加速度、物位等物理量。下面以电容式汽车油量传感器为例说明电容式传感器的应用。

如图 3.25 所示为电容式传感器在汽车油箱油量计量中的应用原理图。

变介质型电容式传感器垂直插入到油箱中,极板间有两种不同介质,上面为空气,下面为燃油。电容器的电容量相当于两个电容并联,电容值为

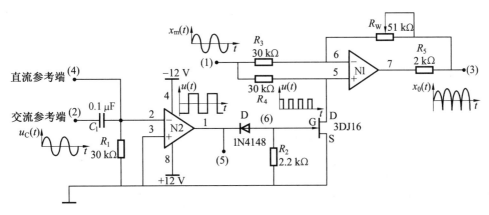

图 3.24 开关式全波相敏检波实验电路原理图

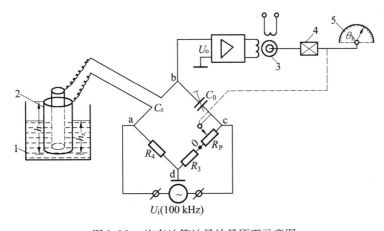

图 3.25 汽车油箱油量计量原理示意图

1— 汽油;2— 变介质型电容式传感器;3— 交流伺服电机;4— 减速器;5— 仪表盘

$$C_x = C_{\text{气}} + C_{\text{油}} = \frac{2\pi\varepsilon_1(h - h_x)}{\ln\dfrac{R_2}{R_1}} + \frac{2\pi\varepsilon_2 h_x}{\ln\dfrac{R_2}{R_1}} = \frac{2\pi\varepsilon_1 h}{\ln\dfrac{R_2}{R_1}} + \frac{2\pi h_x(\varepsilon_2 - \varepsilon_1)}{\ln\dfrac{R_2}{R_1}} \quad (3.38)$$

式中,h,h_x 分别为满油高度和当前油面高度;R_1,R_2 为内外圆通半径;ε_1,ε_2 为空气和燃油在标准条件下的绝对介电常数。

由式(3.38)可知,传感器的电容值是油面高度的线性函数。

当满油时,即油位为 h,指针停留在转角为 θ_h 处,交流电桥处于平衡状态;当油位降低为 h_x 时,电容传感器的电容量 C_x 减小,电桥失去平衡,输出为

$$\dot{U}_o = \frac{(R_3 + R_P)C_x - R_4 C_0}{(C_x + C_0)(R_3 + R_4 + R_P)} U_{\max}\cos\omega t \quad (3.39)$$

输出电压经交流放大器放大后,使交流伺服电动机反转,指针逆时针偏转,同时带动 R_P 的滑动臂移动。当 R_P 阻值达到一定值时,电桥又达到新的平衡状态,伺服电动机停转,指针停留在新的位置 θ_x 处。此类油量表的主要误差来源是温度变化引起的极板间介质介电常数和燃油体积的改变,需要进行适当的修正。

3.2 霍尔传感器

霍尔传感器是磁电传感器的一种,是利用霍尔效应将被测物理量转换成电压信号输出的。由于霍尔元件在静止状态下具有感受磁场的独特能力,并且结构简单、体积小、噪声小、频率范围宽(从直流到微波)、动态范围大(输出电势变化范围可达 1 000∶1)、寿命长等,因此获得了广泛应用。在检测技术中用于将位移、力、加速度等量转换为电量;在计算技术中用于作加、减、乘、除、开方、乘方以及微积分等运算的运算器等。

3.2.1 霍尔传感器工作原理

一块长为 l、宽为 b、厚为 d 的半导体薄片置于磁感应强度为 $\boldsymbol{B}$ 的磁场(磁场方向垂直于薄片)中,如图 3.26 所示。当有电流 I 流过时,在垂直于电流和磁场的方向上将产生电势 U_H。这种现象称为霍尔效应,相应的电势被称为霍尔电势,半导体薄片称为霍尔元件。

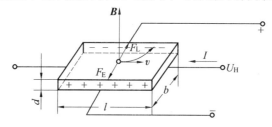

图 3.26 霍尔效应原理图

假设薄片为 N 型半导体,在其左右两端通以电流 I(称为控制电流)。那么半导体中的载流子(电子)将沿着与电流 I 相反的方向运动。由于外磁场 $\boldsymbol{B}$ 的作用,使电子受到洛仑兹力 F_L 作用而发生偏转。结果在半导体的后端面上电子有所积累,而前端面缺少电子,因此后端面带负电,前端面带正电,在前后端面间形成电场。该电场产生的电场力阻止电子继续偏转。当 F_L 与 F_E 相等时,电子积累达到动态平衡。这时,在半导体前后两端面之间(即垂直于电流和磁场方向)建立电场,称为霍尔场 E_H,相应的电势就称为霍尔电势 U_H,其大小为

$$U_H = \frac{K_H I \boldsymbol{B}}{d} \tag{3.40}$$

式中,K_H 为霍尔常数;I 为控制电流,A;$\boldsymbol{B}$ 为磁感应强度,T(特斯拉);d 为霍尔元件的厚度,m。

令

$$S_H = K_H/d \tag{3.41}$$

则

$$U_H = S_H I \boldsymbol{B} \tag{3.42}$$

若磁场强度 $\boldsymbol{B}$ 不垂直于材料表面,而是与其法线成某一角度 θ 时,则此时霍尔电势为

$$U_H = S_H I \boldsymbol{B} \cos\theta \tag{3.43}$$

由上式可知,霍尔电势的大小正比于控制电流 I 和磁感应强度 $\boldsymbol{B}$ 的乘积。S_H 称为霍尔元件的灵敏度,它表征在单位磁感应强度和单位控制电流时输出霍尔电压大小的一个重要参数,一般要求它越大越好。霍尔元件的灵敏度与元件材料的性质和几何尺寸有关。此外,元件的厚度 d 对灵敏度的影响也很大,元件的厚度越薄,灵敏度就越高。所以,霍尔元件的厚度一般

都比较薄。上式还说明,当控制电流的方向或磁场的方向改变时,输出电势的方向也将改变。但当磁场与电流同时改变方向时,霍尔电势并不改变原来的方向。

3.2.2　霍尔元件

1. 霍尔元件材料

基于霍尔效应工作的半导体器件称为霍尔元件(Hall Element)。材料的选择对霍尔元件的灵敏度十分重要,由式(3.41)可知,霍尔元件的灵敏度 S_H 和霍尔系数 K_H 都与材料的单位体积的载流子数 n 成反比。因为金属材料中的自由电子密度很高,即材料的单位体积内的载流子数很大,所以不能用来制作霍尔元件。

另外,还可证明材料中载流子的迁移率 μ 越大,元件的灵敏度越高(载流子的迁移率:单位电场强度作用下的载流子的平均速度)。因为电子的迁移率大于空穴的迁移率,所以霍尔元件宜用 N 型半导体,不用 P 型半导体。一般采用 N 型锗(Ge)、锑化铟(InSb)和砷化铟(InAs)等半导体单晶材料制成。锑化铟元件的输出较大,但受温度的影响也较大。锗元件的输出虽小,但它的温度性能和线性度却比较好。砷化铟元件的输出信号没有锑化铟元件大,但是受温度的影响却比锑化铟的要小,而且线性度也较好。因此,采用砷化铟为霍尔元件的材料受到普遍重视。

2. 霍尔元件结构

霍尔元件的结构很简单,由霍尔片、引线和壳体组成。

霍尔片是一个半导体四端薄片,几何形状为长方形,在薄片的相对两侧对称地焊上两对电极引出线,如图3.27(a),其中一对为控制电流端,另外一对为霍尔电势输出端。一般来讲,前者的焊接面占整个宽度和厚度;后者的焊点很小,只占长度的1/10以下。两组引线的焊接均是纯电阻性(欧姆接触),即无 PN 结特性,否则影响输出。霍尔片一般用非磁性金属、陶瓷或环氧树脂封装。图3.27(b)所示为霍尔元件的基本外形。

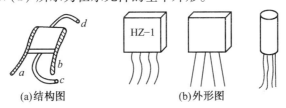

(a)结构图　　　　　　　　(b)外形图

图3.27　霍尔元件结构和外形图

3. 霍尔元件特性参数

在使用霍尔元件时,除了注意灵敏度外,还应了解霍尔元件的几个特性参数,主要包括:

① 输入阻抗 R_i:是指控制电流 I 进出霍尔片两端之间的阻抗。其数值从几欧到几百欧。一般来说,温度变化会导致输入阻抗发生变化,从而使输入电流改变,最终引起霍尔电势变化,故在选用激励源时多选用恒流源。

② 输出阻抗 R_o:是指霍尔电势输出的正负端子间的内阻,其数值与输入阻抗为同一数量级,也随温度变化而变化。外接的负载阻抗最好和它相等,以便达到最佳匹配。

③ 霍尔电势温度系数:在一定磁场强度和控制电流作用下,温度每变化 1 ℃ 时霍尔电势变化的百分数称为霍尔电势温度系数,它与霍尔元件的材料有关,一般约为 $0.1\% \text{℃}^{-1}$ 左右。

④ 最大控制电流 I_M:由于霍尔元件的输出电势随控制电流的增大而增大,故在应用中希

望选择的控制电流要大一些。但随着控制电流增大,元件功耗也增大,元件的温度也升高,从而电势的温漂增大,因此霍尔元件均规定了最大控制电流,数值从几毫安到几十毫安。

⑤ 最大磁感应强度 B_M:磁感应强度超过 B_M 时,输出的霍尔电势的非线性误差会明显增大,所以一般的 B_M 的数值小于零点几特斯拉。

4. 霍尔元件驱动电路和放大电路

在电路中,霍尔元件可用两种符号表示(见图 3.28)。用 H 代表霍尔元件,后面的字母代表元件的材料,数字代表产品序号。如 HZ – 1 元件,说明是用锗材料制成的霍尔元件;HT – 1 元件,说明是用锑化铟材料制成的元件。

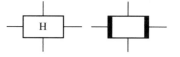

图 3.28　霍尔元件电路符号

(1)驱动电路

霍尔元件的驱动电路有恒压(Constant Pressure)和恒流(Constant Current)电路两种,恒流驱动是使流过元件内的电流保持恒定的电路;恒压驱动是使加在元件输入端的电压保持恒定的电路。两种驱动电路各有优缺点,需要根据使用目的以及电路设计的要求而定。

图 3.29(a)给出采用运算放大器的恒压驱动电路。电路利用稳压二极管 VDZ 获得基准电压,该电压经放大器 A1 放大后加到三极管 VT1 的基极,使霍尔元件两端加上恒定 2 V 电压。

恒压驱动的特点是施加的电压恒定不变,因此不平衡电压的温度变化小,但霍尔电流发生变化,输出电压 U_H 的温度变化大。但对于 InSb 材料的霍尔元件,选用恒压驱动温度特性反而变好。

图 3.29(b)给出采用运算放大器的恒流驱动电路。同样利用稳压二极管 VDZ 获得基准电压,而通过霍尔元件的电流 I_H 由 VDZ 的电压和电阻 R_E 决定

$$I_H/mA = 5.1\ V/R_E \tag{3.44}$$

式中,5.1 V 为 VDZ 的稳定电压。

图 3.29(b)中,三极管 VT1 接在运算放大器 A1 反馈环内,可以吸收三极管 U_{BE} 的变化,抑制特性随温度变化。

恒流驱动的特点是:即使霍尔元件的内阻随外部各种条件变化,但霍尔电流保持恒定,因此输出电压的温度系数变小。然而,元件间电压降是变化的,不平衡电压的温度变化大,电压 U_H 的温度变化大,温度特性变坏。但对于 GaAs 材料的霍尔元件,温度系数非常小,适合采用恒流驱动方式。

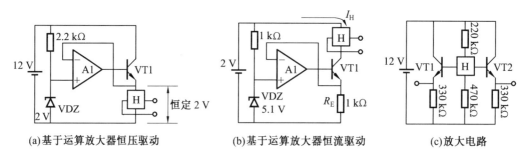

(a)基于运算放大器恒压驱动　　(b)基于运算放大器恒流驱动　　(c)放大电路

图 3.29　霍尔元件驱动电路和放大电路

（2）放大电路

图 3.29（c）是霍尔元件的放大电路。霍尔元件输出端接 NPN 型三极管 VT1 和 VT2 上，VT1 和 VT2 接成射极跟随器方式，对霍尔元件的阻抗进行变换，以便于后级信号处理。采用这种电路，霍尔元件的输出端几乎不流经电流，可获得较大的霍尔输出电压，减小波形失真，有利于后级电路设计。

5. 霍尔元件电磁特性

霍尔元件的电磁特性包括控制电流（直流或交流）与输出电势之间的关系 $U_H - I$（见图 3.30（a））；霍尔输出（恒定或交变）与磁场之间的关系 $U_H - B$（见图 3.30（b））等特性。

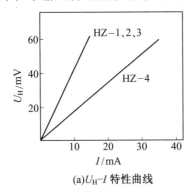
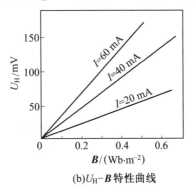

(a) $U_H - I$ 特性曲线　　　　(b) $U_H - B$ 特性曲线

图 3.30　霍尔元件特性曲线

（1）$U_H - I$ 特性

在磁场和环境温度一定时，霍尔输出电势 U_H 与控制电流 I 之间呈线性关系（见图 3.30（a））。则控制电流灵敏度为 $S = (U_H/I)_{B=\text{const}} = S_H B$。可见，霍尔元件灵敏度 S_H 越大，控制电流灵敏度 S 也就越大。但灵敏度大的元件，其霍尔输出并不一定大。这是因为霍尔电势还与控制电流有关。因此，即使灵敏度较低的元件，如果在较大的控制电流下工作，则同样可以得到较大的霍尔输出。

（2）$U_H - B$ 特性

当控制电流一定时，元件的开路霍尔输出电势随磁场的增加并不完全呈线性关系，只有当元件工作在一定磁场强度范围内，线性度才比较好（见图 3.30（b））。

3.2.3　集成霍尔器件

随着微电子技术的发展，目前的霍尔器件多已集成化。霍尔集成电路有很多优点，如体积小、灵敏度高、温漂小、输出电势大、对电源稳定性要求低等。根据功能的不同，集成霍尔器件（Integrated Hall Device）可分为线性型和开关型两大类。

1. 线性型集成霍尔器件

线性型集成霍尔器件是将霍尔元件与直接耦合多级放大电路集成在一起，构成对磁感应强度敏感的双端输出器件，当被测磁场与器件的标志面相对时，其输出电压在一定范围内与磁感应强度成正比关系，且输出电压较高，使用非常方便，可广泛用于无触点电位器、无刷直流电机、位移传感器等场合。

霍尔线性电路的功能框图如图 3.31（a）所示，磁电转换特性曲线如图 3.31（b）所示，图 3.31（c）所示为其实物图。较典型的线性型霍尔器件如 UGN3501、DN835、CS825 等。表 3.2

为某些线性型霍尔器件的特性参数。

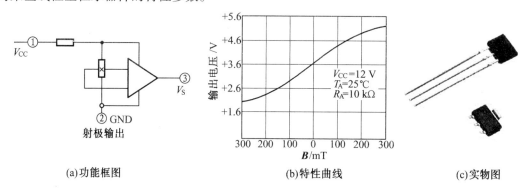

(a)功能框图　　　　　　　　　(b)特性曲线　　　　　　　　(c)实物图

图 3.31　　线性型集成霍尔器件

表 3.2　　线性型霍尔器件的特性参数

型号	V_{CC}/V	线性范围 /mT	工作温度 /℃	灵敏度 S mV/mT			静态输出电压 V_o/V			I_{OUT} /mA
				min	Type	max	min	Type	max	
UGN3501	8 ~ 12	± 100	− 20 ~ 85	3.5	7.0	—	2.5	3.6	5.0	4.0
UGN3503	4.5 ~ 6	± 90	− 20 ~ 85	7.5	13.5	30.0	2.25	2.5	2.75	—

型号	R_0 /kΩ	I_{CC}/mA		乘积灵敏度 V/A·0.1T	输出形式	引脚排列				外形
		Type	max			1	2	3	4	
UGN3501	0.1	10	20	–	射极输出	V_{CC}	地	V_o	–	CIP
UGN3503	0.05	9.0	14	–	射极输出	V_{CC}	地	V_o	–	CIP

2. 开关型集成霍尔器件

开关型集成霍尔器件是将霍尔元件、稳压电路、放大器、施密特触发器(Schmitt Trigger)、OC 门等电路做在同一芯片上。其功能框图如图 3.32(a) 所示,输出电压与磁场的关系曲线如图 3.32(b) 所示。在外磁场的作用下,当磁感应强度超过导通阈值 B_{OP} 时,霍尔电路输出管导通,输出低电平。之后,B 再增加,仍保持导通态。若外加磁场的 B 值降低到 B_{RP} 时,输出管截止,输出高电平。称 B_{OP} 为工作点,B_{RP} 为释放点,$B_{OP} − B_{RP} = B_H$ 称为回差。回差的存在使开关电路的抗干扰能力增强。图 3.32(c) 所示为其实物图。

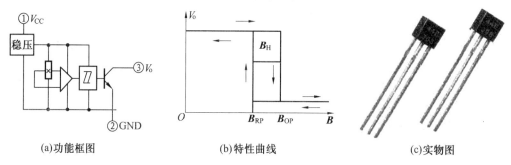

(a)功能框图　　　　　　　　(b)特性曲线　　　　　　　　(c)实物图

图 3.32　　开关型集成霍尔器件

较典型开关型霍尔器件如 UGN3020 等。表 3.3 为某些开关型霍尔器件的特性参数。

表 3.3　开关型霍尔器件的特性参数

型号	V_{CC}/V	B_{OP}/mT	B_{RP}/mT	B_H/mT	I_{CC}/mA	I_o/mA	V_o/sat	I_{OFF}/μA	备注
CS1018	4.8 ~ 18	−14 ~ 20	−20 ~ 14	≥6	≤12	5	≤0.4	≤10	
CS1028	4.5 ~ 24	−28 ~ 30	−30 ~ 28	≥2	≤9	25	≤0.4	≤10	
CS2018	4.0 ~ 20	10 ~ 20	−20 ~ −10	≥6	≤30	300	≤0.6	≤10	互补输出
CS302	3.5 ~ 24	0 ~ 6	−6 ~ 0	≥6	≤9	5	≤0.4	≤10	
UGN3119	4.5 ~ 24	16.5 ~ 50	12.5 ~ 45	≥5	≤9	25	≤0.4	≤10	
A3144	4.5 ~ 24	7 ~ 35	5 ~ 33	≥2	≤9	25	≤0.4	≤10	
UGN3140	4.5 ~ 24	7 ~ 20	5 ~ 18	≥2	≤9	25	≤0.4	≤10	
A3121	4.5 ~ 24	13 ~ 35	8 ~ 30	≥5	≤9	20	≤0.4	≤10	
UGN3175	4.5 ~ 24	1 ~ 25	−25 ~ −10	≥2	≤8	50	≤0.4	≤10	锁定

　　∗ :V_o/sat 表示输出电压的饱和值。

3.2.4　霍尔传感器的应用

　　霍尔元件输出的霍尔电势为 $U_H = S_H I B \cos θ$。利用这个关系将 $I,B,θ$ 三个变量中任意两个量不变,将第三个量作为变量,或者固定其中一个量不变,改变其他两个量,可以形成多种霍尔传感器。归纳有如下三个方面的用途:

　　(1) 保持 $I,θ$ 不变,则 $U_H = f(B)$,可应用于测量磁场强度的高斯计、磁性产品计数器、测量转速的霍尔转速表、无刷电机以及霍尔式加速度计、微压力计等;

　　(2) 保持 I,B 不变,则 $U_H = f(θ)$,可应用于角位移测量仪等;

　　(3) 保持 $θ$ 不变,则 $U_H = f(IB)$,可应用于模拟乘法器、霍尔式功率计等。

　　霍尔传感器已被广泛应用到工业、汽车业、电脑、手机以及新兴消费电子领域。与此同时,霍尔传感器的相关技术也在不断完善中,可编程霍尔传感器、智能化霍尔传感器以及微型霍尔传感器将会有更好的市场前景。

　　图 3.33 所示为霍尔传感器构成的卫生间自动照明电路原理图。图中系统为简化结构,采用电容限压。交流 220 V 市电经 C 降压为 18 V 左右的交流电(接好电路后才可测出),然后经二极管 VD1 ~ VD4 组成的桥式整流器整流,C_2 用做滤波,获得直流电源。其中 R_2、氖灯 ND 为火线指示电路,其作用是确保降压电容器 C_1 串接在火线上,以保安全。R_3、VDZ、C_3 构成 5 V 稳压电路,为霍尔集成电路 CIC 和单 D 触发器 IC 供电。

　　每当磁铁靠近霍尔集成电路时,CIC 的输出端 3 脚就会发出一个矩形波信号。这个信号输送到 D 触发器的 13 脚,作为时钟 CP 信号,IC 就被触发翻转。当卫生间的门在关闭时,IC 的输出端 6 脚为低电位,晶体管 VT 处于截止状态,继电器 KA 释放。当门推开再关上后,CIC 便产生一个触发信号送给 IC,IC 电路翻转,其 6 脚输出的高电平促使 VT 导通,继电器吸合,使电灯 ZD 点亮。人要离开卫生间时,拉开门再关上,CIC 又会产生一个触发信号送至 IC 的 CP 端,电路再次翻转,其输出端电位由高变低,促使 VT 由饱和导通状态进入截止状态,KA 释放,照明灯 ZD 自行熄灭。

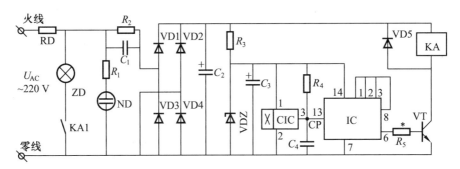

图 3.33　霍尔传感器构成的卫生间自动照明电路原理图

3.3　其他电抗式传感器

除了电容外,电感也是最常见的电抗。以此制成的电感式传感器也是最常用的电抗式传感器。电感式传感器是把被测量如位移、压力等,转换为电感量变化的一种装置。这部分将介绍自感式传感器、互感式传感器和电涡流式传感器的工作原理及应用。

3.3.1　自感式传感器

1. 工作原理

图 3.34 为一种简单的自感式传感器(Inductance Transducer),由线圈(Coil)、铁芯(Iron Core)和衔铁(Armature)等组成。当衔铁随被测量变化(如外力)而上、下移动时,铁芯气隙、磁路磁阻随之变化,引起线圈电感量的变化,然后通过测量电路转换成与位移成比例的电量,实现非电量到电量的变换。可见,自感式传感器实质上是一个具有可变气隙的铁芯线圈。

铁芯线圈的主要电路参数有线圈电感 L、铜耗电阻 R_c、铁芯涡流损耗电阻 R_e、磁滞损耗电阻 R_H、并联寄生电容 C。下面对电路参数进行简单讨论。

(1)线圈电感 L

$$L = W^2 \cdot \mu S/l = W^2 \cdot \mu_0 \mu_e S/l \tag{3.45}$$

式中,W 为线圈匝数;S 为磁通截面积;μ_0 为真空磁导率;μ_e 为磁路相对磁导率;μ 为磁路等效磁导率。

(2)铜损电阻 R_c

R_c 取决于导线材料及线圈的几何尺寸。

(3)涡流损耗电阻 R_e

由频率为 f 的交变电流激励产生的交变磁场,会在线圈铁芯中造成涡流及磁滞损耗。根据经典的涡流损耗计算公式可知,为降低涡流损耗,叠片式铁芯的片厚应薄;高电阻率有利于损耗的下降,而高磁导率却会使涡流损耗增加。

(4)磁滞损耗电阻 R_H

铁磁物质在交变磁化时,磁分子来回翻转要克服阻力,类似摩擦生热的能量损耗。

(5)并联寄生电容 C

并联寄生电容主要由线圈绕组的固有电容与电缆分布电容构成。并联电容 C 的存在,使有效串联损耗电阻与有效电感均增加,有效品质因素 Q 值下降并引起电感的相对变化增加,即灵敏度提高。实际使用中因大多数电感传感器工作在较低的激励频率下($f \leqslant 10 \text{ kHz}$),上述影响常可忽略,但对于工作在较高激励频率下的传感器(如反射式涡流传感器),上述影响必须引起充分重视。

2. 类型及特性

自感式传感器实质上是一个带气隙的铁芯线圈。按磁路几何参数变化形式的不同,目前常用的自感式传感器有变气隙式、变面积式(见图 3.35)与螺管式三种;按磁路的结构形式又有 Ⅱ 型、E 型或罐型等等;按组成方式有单一式与差动式两种。

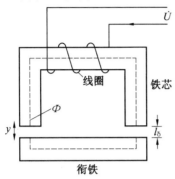

图 3.34 变气隙式自感传感器　　　　图 3.35 变面积式自感传感器

(1) 变气隙式自感传感器

变气隙(Air Gap)式自感传感器的结构原理如图 3.34 所示,衔铁沿竖直方向移动。由于传感器的气隙通常较小,可以认为气隙磁场是均匀的,若忽略磁路铁损,则磁路总磁阻为

$$R_{\mathrm{m}} = \frac{l_1}{\mu_1 S_1} + \frac{l_2}{\mu_2 S_2} + \frac{l_\delta}{\mu_0 S} \tag{3.46}$$

式中,R_{m} 为磁路总磁阻,m^2;l_1,l_2 分别为铁芯和衔铁的磁路长度,m;S_1,S_2 分别为铁芯和衔铁的截面积,m^2;μ_1,μ_2 分别为铁芯和衔铁的磁导率,H/m;S 为气隙磁通截面积,m^2;l_δ 为气隙厚度,m。

将式(3.46)代入式(3.45),可得线圈电感为

$$L = W^2 \Big/ \left(\frac{l_1}{\mu_1 S_1} + \frac{l_2}{\mu_2 S_2} + \frac{l_\delta}{\mu_0 S} \right) \tag{3.47}$$

由式(3.47)可知,当铁芯、衔铁的材料和结构与线圈匝数确定后,若保持 S 不变,则 L 为 l_δ 的单值函数,这就是变气隙式传感器的工作原理。

变气隙式传感器的输出特性是非线性的,灵敏度随气隙增加而减小,欲增大灵敏度,应减小 l_δ,但受到工艺和结构的限制。为保证一定的测量范围与线性度,对变气隙式传感器,常取 $l_\delta = 0.1 \sim 0.5\ \mathrm{mm}$,$\Delta l_\delta = (1/5 \sim 1/10) l_\delta$。

(2) 变面积式自感传感器

若图 3.35 所示自感式传感器的气隙长度 l_δ 保持不变,令磁通截面积随被测非电量而变(衔铁水平方向移动),即构成变面积式自感传感器。线圈电感为

$$L = \frac{W^2 \mu_0}{l_\delta + l/\mu_r} S = KS \tag{3.48}$$

式中,l 为磁路长度,m;μ_r 为铁芯和衔铁的相对磁导率(无量纲),通常 $\mu_r \gg 1$;$K = \mu_0 W^2/(l_\delta + l/\mu_r)$ 为一常数。

变面积式传感器在忽略气隙磁通边缘效应的条件下,输出特性呈线性,因此可望得到较大的线性范围。与变气隙式相比较,其灵敏度较低。欲提高灵敏度,需减小 l_δ,但同样受到工艺

和结构的限制。l_8 值的选取与变气隙式相同。

（3）螺管式自感传感器

图 3.36 为螺管（Spiral Tube）式自感传感器结构原理图。它由平均半径为 r 的螺管线圈、衔铁和磁性套筒等组成。随着衔铁插入深度的不同将引起线圈泄漏路径中磁阻变化，从而使线圈的电感发生变化。

（4）差动式自感传感器

绝大多数自感式传感器都运用与差动式电容传感器类似的技术来改善性能：由两个单一式结构对称组合，构成差动式自感传感器。采用差动式结构，除了可以改善非线性、

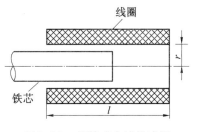

图 3.36　螺管式自感传感器

提高灵敏度外，对电源电压与频率的波动及温度变化等外界影响也有补偿作用，从而提高了传感器的稳定性。图 3.37（a）所示为差动式自感传感器的结构示意图，图 3.37（b）所示为传感器非线性改善的情况。

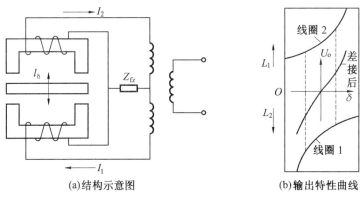

(a)结构示意图　　　　　　(b)输出特性曲线

图 3.37　差动式自感传感器

3.3.2　互感式传感器

互感式传感器（Mutual Induction Sensor）是一种线圈互感随衔铁位移变化的电感式传感器。其原理类似于变压器。不同的是，后者为闭合磁路，前者为开磁路；后者初、次级间的互感为常数，前者初、次级间的互感随衔铁移动而变，且两个次级绕组按差动方式工作，因此又称为差动变压器（Differential Transformer）。它与自感式传感器统称为电感式传感器。

1. 工作原理

差动变压器的基本组成部分包括一个线框和一个铁芯。在线框上，设置一个初级绕组（Primary Winding）和两个对称的次级绕组（Secondary Winding），铁芯放在线框中央的圆柱形孔中。在忽略线圈寄生电容与铁芯损耗的情况下，差动变压器结构示意图和原理图如图 3.38（a）和 3.38（b）所示。

设 $\dot{U}$，$\dot{I}$ 分别为初级线圈交流激励电压与电流（频率为 ω）；L_1，R_1 分别为初级线圈电感与电阻；M_1，M_2 分别为初级与次级线圈 1,2 间的互感；L_{21}，L_{22} 和 R_{21}，R_{22} 分别为两个次级线圈的电感和电阻；$\dot{E}_{21}$，$\dot{E}_{22}$ 分别为两个次级线圈的感应电动势。

当初级线圈加以适当频率的电压激励时，根据变压器的作用原理，在两个二次线圈中就会产生感应电动势。当衔铁在中间位置时，若两次级线圈参数与磁路尺寸相等，则 $M_1 = M_2 = M$，

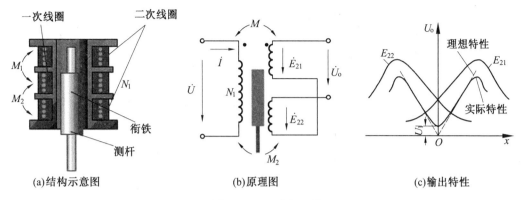

图 3.38　差动变压器

$\dot{U}_o = 0$。当铁芯向上移动时,在上边次级线圈内所穿过磁通比下边次级线圈多些,所以互感 $M_1 = M + \Delta M_1$ 大些,感应电动势 $\dot{E}_{21}$ 增加;下边次级线圈内所穿过磁通变小,所以互感 $M_2 = M - \Delta M_2$ 小些,感应电动势 $\dot{E}_{22}$ 减小。在一定范围内, $\Delta M_1 = \Delta M_2 = \Delta M$,差值 ΔM 与衔铁位移 x 成比例。于是,在负载开路情况下,输出电压 $\dot{U}_o$ 及其有效值 U_o 分别为

$$\dot{U}_o = -\mathrm{j}\omega(M_1 - M_2)\dot{I} = -\mathrm{j}\omega\frac{2\dot{U}}{R_1 + \mathrm{j}\omega L_1}\Delta M \tag{3.49}$$

$$U_o = \frac{2\omega\Delta M U}{\sqrt{R_1^2 + (\omega L_1)^2}} = 2E_{SO}\frac{\Delta M}{M} \tag{3.50}$$

式中, E_{SO} 为衔铁在中间位置时,单个次级线圈的感应电动势,可表示为

$$E_{SO} = \omega M U / \sqrt{R_1^2 + (\omega L_1)^2} \tag{3.51}$$

输出阻抗

$$Z = R_{21} + R_{22} + \mathrm{j}\omega L_{21} + \mathrm{j}\omega L_{22} \tag{3.52}$$

差动变压器衔铁位移 x 与输出电压有效值 U_o 关系曲线如图3.38(c)所示。当两线圈的阻抗相等时,传感器输出电压为零。由于传感器阻抗是一个复数阻抗,电感也有电阻,为了达到电桥平衡,就要求两个次级线圈的电感和电阻都相等。实际上,这种情况是难以精确达到的,就是说不易达到电桥的绝对平衡。图中,虚线为理想特性曲线,实线为实际特性曲线,在零点总有一个最小的输出电压。一般把这个最小的输出电压称为零点残余电压(Residual Voltage at Zero)。

如果零点残余电压过大,会使灵敏度下降,非线性误差增大,不同挡位的放大倍数有显著差别,甚至造成放大器末级趋于饱和,致使仪器电路不能正常工作,甚至不再反映被测量的变化。因此,零点残余电压的大小是判别传感器质量的重要标志之一。造成零残电压的原因,总的来说,是由于两电感线圈的等效参数不对称。

2. 类型

差动变压器也有变气隙式、变面积式与螺管式三种类型。变气隙式差动变压器结构示意图和等效电路图如图3.39(a)和3.39(b)所示。

$\dot{U}, \dot{I}$ 分别为初级线圈交流激励电压与电流(频率为 ω);L_1, R_1 分别为初级线圈电感与电阻;M_1, M_2 分别为初级与次级线圈1,2间的互感;L_{21}, L_{22} 和 R_{21}, R_{22} 分别为两个次级线圈的电感和电阻;$\dot{E}_{21}, \dot{E}_{22}$ 分别为两个次级线圈的感应电动势。

在初始状态时,次级线圈1与2一致,它们的初级线圈电感为

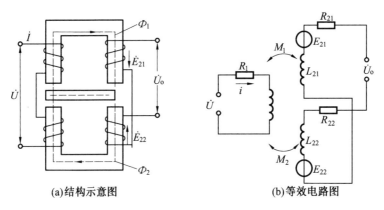

(a)结构示意图　　　　　　　　　(b)等效电路图

图 3.39　变气隙式差动变压器

$$L_{210} = L_{220} = \frac{N_1^2}{R_{m0}} \tag{3.53}$$

式中,N_1 为初级线圈匝数;R_{m0} 为初始状态时磁路磁阻。

初级线圈中的电流为

$$\dot{I} = \frac{\dot{U}}{2(R_1 + j\omega N_1^2 / R_{m0})} \tag{3.54}$$

当有空气的气隙厚度变化为 Δl_δ 时,两个次级线圈的磁阻、电感分别为

$$\begin{cases} R_{m1} = R_{m0} + \dfrac{2\Delta l_\delta}{\mu_0 S} \\[2mm] R_{m2} = R_{m0} - \dfrac{2\Delta l_\delta}{\mu_0 S} \end{cases} \tag{3.55}$$

$$\begin{cases} L_{11} = \dfrac{N_1^2}{R_{m1}} \\[2mm] L_{12} = \dfrac{N_1^2}{R_{m2}} \end{cases} \tag{3.56}$$

初级线圈的阻抗分别为

$$\begin{cases} Z_{11} = R_1 + j\omega L_{11} \\ Z_{12} = R_1 + j\omega L_{12} \end{cases} \tag{3.57}$$

此时初级线圈的电流为

$$\dot{I}_1 = \frac{\dot{U}}{Z_{11} + Z_{12}} = \frac{\dot{U}}{2R_1 + j\omega \dfrac{2R_{m0}N_1^2}{R_{m0}^2 - \left(\dfrac{2\Delta l_\delta}{\mu_0 S}\right)^2}} \tag{3.58}$$

由于 $\dot{I}_1$ 的存在,在铁芯和线圈中产生磁通 $\Phi_1 = \dfrac{\omega_1 \dot{I}_1}{R_{m1}}$ 和 $\Phi_2 = \dfrac{\omega_1 \dot{I}_1}{R_{m2}}$,在二次线圈中感应出电动势,其值分别为

$$\begin{cases} \dot{E}_{21} = -j\omega M_1 \dot{I}_1 \\ \dot{E}_{22} = -j\omega M_2 \dot{I}_1 \end{cases} \tag{3.59}$$

式中,互感系数 M_1 和 M_2 分别为

$$\begin{cases} M_1 = \dfrac{N_2 \Phi_1}{\dot{I}_1} = \dfrac{N_2 N_1}{R_{m1}} \\[3mm] M_2 = \dfrac{N_2 \Phi_2}{\dot{I}_1} = \dfrac{N_2 N_1}{R_{m2}} \end{cases} \tag{3.60}$$

式中,N_2 为次级线圈匝数。

因此,得到空载输出电压 $\dot{U}_o$ 为

$$\dot{U}_o = \dot{E}_{21} - \dot{E}_{22} = - \mathrm{j}\omega(M_1 - M_2)\dot{I}_1 \tag{3.61}$$

一般情况下,$R_1 \ll \omega L_1$,可将 R_1 忽略,化简后 $\dot{U}_o$ 输出为

$$\dot{U}_o = \frac{N_2}{N_1} \frac{2\Delta l_\delta}{\mu_0 S R_{m0}} \dot{U} = \frac{N_2}{N_1} \frac{\Delta l_\delta}{l_{\delta 0}} \dot{U} \tag{3.62}$$

显然,输出电压 $\dot{U}_o$ 随气隙 Δl_δ 的变化而变化。

3. 电感式传感器的应用

电感式传感器主要用于测量位移与尺寸,也可测量能转换成位移变化的其他参数,如力、张力、压力、压差、振动、应变、转矩、流量、比重等。图 3.40 给出电感式传感器在仿型机床(Copying Machine Tool)中的应用。

仿形机床是指按照样板或靠模控制刀具或工件的运动轨迹进行切削加工的半自动机床。如配以机床上下料装置,仿形机床可实现单机自动化或纳入自动生产线中。仿形运动可分为平面仿形和立体仿形等。仿形机床的加工精度因切削用量不同而异,一般在 $- 0.1 \sim - 0.03$ mm 或 $0.03 \sim 0.1$ mm 范围内,表面粗糙度一般为 $R_a 1.25 \sim 5\ \mu\mathrm{m}$。

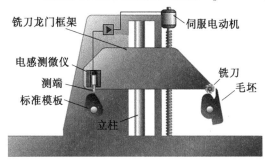

图 3.40　电感传感器在随动作用式仿形机床中应用原理图

仿形机床的工作原理有直接作用式(如机械仿形)和随动作用式(如液压仿形、电仿形、电液仿形和光电仿形等)两种。直接作用式仿形把仿形触头与刀具(图 3.40 中为铣刀)刚性相连,弹簧力或重锤使仿形触头与样板保持接触。机床工作台纵向移动时,样板曲面就将力传递至仿形触头,使刀具执行仿形运动。这种控制形式的缺点是样板上承受压力大,仿形精度不高。图 3.40 所示为随动作用式仿形原理图。其原理是把标准模板给仿形触头的位移信号,通过电感式传感器转换成电信号(电压),经功率放大后驱动机床执行部件(伺服电动机),使车刀执行仿形运动。

3.3.3　电涡流式传感器

根据法拉第电磁感应原理,块状金属导体置于变化的磁场中或在磁场中作切割磁力线运动时,导体内将产生呈涡旋状的感应电流,此电流为电涡流,这一现象被称为电涡流效应。而

根据电涡流效应制成的传感器称为电涡流式传感器(Eddy Current Sensor)。由于其结构简单、灵敏度高、频响范围宽、不受介质的影响,并能进行非接触测量,因此适用范围广。目前,这种传感器已广泛用来测量位移、振动、厚度、转速、温度、硬度等参数,以及用于无损探伤领域。

1. 工作原理

如图3.41(a)所示,有一通以交变电流 $\dot{I}_1$ 的线圈,由于电流 $\dot{I}_1$ 的存在,线圈周围会产生一个交变磁场 H_1。若被测导体置于该磁场范围内,导体内便产生电涡流 $\dot{I}_2$,$\dot{I}_2$ 也将产生一个新磁场 H_2,H_2 与 H_1 方向相反,力图削弱原磁场 H_1。为分析方便,将被测导体上形成的电涡流等效为一个短路环中的电流。这样,线圈与被测导体便等效为相互耦合的两个线圈,如图3.41(b)所示。

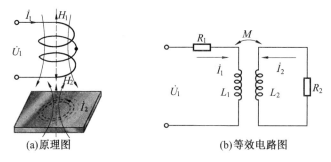

(a)原理图   (b)等效电路图

图 3.41   电涡流式传感器

设通电线圈的电阻为 R_1,电感为 L_1,阻抗为 $Z_1 = R_1 + j\omega L_1$;短路环的电阻为 R_2,电感为 L_2;线圈与短路环之间的互感系数为 M。M 随它们之间的距离 x 减小而增大。加在线圈两端的激励电压为 $\dot{U}_1$。

根据基尔霍夫定律,可列出电压平衡方程组为

$$\begin{cases} R_1\dot{I}_1 + j\omega L_1\dot{I}_1 - j\omega M\dot{I}_2 = \dot{U}_1 \\ -j\omega M\dot{I}_1 + R_2\dot{I}_2 + j\omega L_2\dot{I}_2 = 0 \end{cases} \tag{3.63}$$

解之得

$$\begin{cases} \dot{I}_1 = \dfrac{\dot{U}_1}{R_1 + R_2\dfrac{\omega^2 M^2}{R_2^2 + (\omega L_2)^2} + j\omega\left[L_1 - \dfrac{\omega^2 M^2}{R_2^2 + (\omega L_2)^2}L_2\right]} \\ \dot{I}_2 = M\dfrac{\omega^2 L_2 + j\omega R_2}{R_2^2 + (\omega L_2)^2}\dot{I}_1 \end{cases} \tag{3.64}$$

由此可求得线圈受金属导体涡流影响后的等效阻抗为

$$Z = R_1 + R_2\frac{\omega^2 M^2}{R_2^2 + (\omega L_2)^2} + j\omega\left[L_1 - \frac{\omega^2 M^2}{R_2^2 + (\omega L_2)^2}L_2\right] \tag{3.65}$$

线圈的等效电感为

$$L = L_1 - L_2\frac{\omega^2 M^2}{R_2^2 + (\omega L_2)^2} \tag{3.66}$$

从式(3.65)和(3.66)可知,等效阻抗 Z 和电感都是线圈-金属导体系统的互感系数 M 平方的函数,导致线圈中品质因数 Q 也发生变化。而互感系数又是距离 x 的非线性函数,同时与金属的几何形状、电导率、磁导率、线圈的几何参数,电流的频率有关。如果控制上述参数中一个参数改变,其余皆不变,就能构成测量该参数的传感器。如:可以作为非接触式测量位移 x 的传感器;检测与表面电导率有关的表面温度、表面裂纹等参数;检测与材料磁导率有关的材

料型号、表面硬度等参数。

2. 类型及结构

在电涡流式传感器中,当通电线圈通以交变电流时,会在被测导体上形成电涡流,导体产生的电涡流在其纵深方向不是均匀分布,而是与激励源的交变电流频率有关。交变电流频率越低,电涡流纵深方向越深;交变电流频率越高,电涡流纵深方向越浅,当频率高到一定程度,电涡流只集中在导体表面。这种现象称为集肤效应(Skin Effect)(也称趋肤效应)(见图 3.42)。显然控制激励源的交变电流频率,可以控制电涡流纵深方向的深度,即控制检测深度。

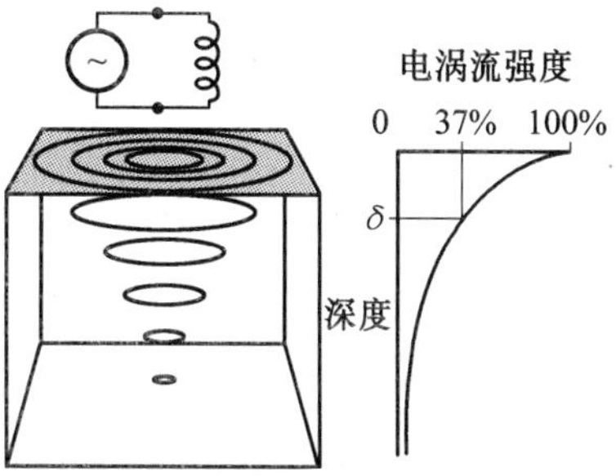

根据激励源的交变电流频率的不同,电涡流式传感器一般分为高频反射式和低频透射式。

（1）高频反射式

图 3.43(a) 所示是高频反射(High Frequency Reflection) 式涡流传感器。高频（大于 1 MHz）激励电流,产生的高频磁场作用于金属导体的表面,由于集肤效应,在金属板表面将形成涡电流。与此同时,该涡流产生的交变磁场又反作用于线圈,引起线圈自感 L 或阻抗 Z 的变化,其变化与距离、金属板的电阻率、磁导率、激励电流及角频率等有关。若只改变距离 x 而保持其他系数不变,则可将位移的变化转换为线圈自感的变化,通过测量电路转换为电压输出。高频反射式涡流传感器多用于位移测量。

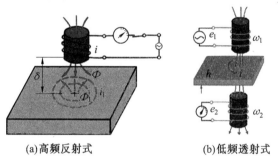

图 3.42　电涡流式传感器集肤效应

(a)高频反射式　　(b)低频透射式

图 3.43　不同类型电涡流式传感器

（2）低频透射式

图 3.43(b) 所示为低频透射(Low Frequency Transmission) 式涡流传感器结构原理图。在被测金属的上方安装有发射传感器线圈 L_1,在被测金属板下方安装有接收传感器线圈 L_2。当在 L_1 上加低频电压 e_1 时,L_1 上产生交变磁通 Φ_1,若两线圈间无金属板,则交变磁场直接耦合至 L_2 中,L_2 产生感应电压 e_2。如果将被测金属板放入两线圈之间,则 L_1 线圈产生的磁通将导致在金属板中产生电涡流。此时磁场能量受到损耗,到达 L_2 的磁通将减弱为 Φ_2,从而使 L_2 产生的感应电压 e_2 下降。金属板越厚,涡流损失就越大,e_2 电压就越小。因此,可根据 e_2 电压的大小得知被测金属板的厚度,透射式涡流传感器检测范围可达 1 ~ 100 mm,分辨率为 0.1 μm,线性度为 1%。

电涡流式传感器一般结构和实物如图 3.44 所示。用电涡流式传感器进行位移测量的测量电路如图 3.45 所示。

当被测金属与探头之间的距离发生变化时,探头中线圈的 Q 值也发生变化,Q 值的变化引

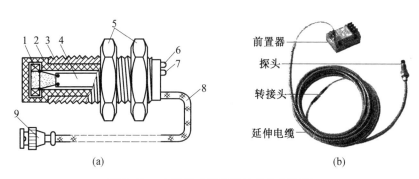

图 3.44　电涡流式传感器结构和实物图

1— 电涡流线圈;2— 探头壳体;3— 壳体上位置调节螺纹;4— 印制线路板;5— 夹持螺母;6— 电源指示灯;

7— 阈值指示灯;8— 输出屏蔽电缆线;9— 电缆插头

起振荡电压幅度的变化,而这个随距离变化的振荡电压经过检波、滤波、线性补偿、放大归一处理转化成电压(电流)变化,最终完成机械位移(间隙)转换成电压(电流)。由上所述,电涡流传感器工作系统中被测体可看做传感器系统的一半,即一个电涡流传感器的性能与被测体有关。

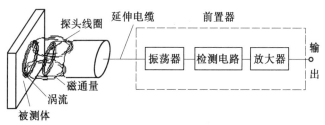

图 3.45　用电涡流式传感器进行位移测量的电路图

3. 电涡流式传感器的应用

电涡流式传感器的最大特点是能对位移、厚度、表面温度、速度、应力、材料损伤等进行非接触式连续测量,另外还具有体积小、灵敏度高、频率响应宽等特点,广泛应用于电力、石油、化工、冶金等行业和科学研究中。对汽轮机、水轮机、鼓风机、压缩机、空分机、齿轮箱、大型冷却泵等大型旋转机械轴的径向振动、轴向位移、轴转速、胀差、偏心以及转子动力学研究和零件尺寸检验等进行在线测量和保护。

电涡流式传感器的主要用途之一是可用来测量金属件的静态或动态位移。凡是可转换为位移量的参数,都可以测量,如机器转轴的轴向窜动、金属材料的热膨胀系数、钢水液位、纱线张力、流体压力等。目前电涡流位移传感器最大量程达数百毫米,分辨力最高已做到 $0.05~\mu m$。如图 3.46 所示,是用电涡流式传感器构成的液位监控系统。通过浮子 3 与杠杆带动涡流板 1 上下位移,由电涡流式传感器 2 发出信号控制电动泵的开启而使液位保持一定。

图 3.46　液位监控系统

本章小结

本章主要介绍电抗式传感器(包括电容式传感器和电感式传感器(自感式传感器、互感式传感器和电涡流式传感器))以及霍尔传感器的工作原理和应用特点。特别要注意电抗式传感器的测量电路中,交流电桥、交流放大电路以及调制解调电路的作用。通过本章的学习,应具有分析电抗式传感器和霍尔传感器工作电路基本过程,并能根据具体功能需求设计霍尔传感器测量电路的能力。

思考与练习

1. 电容式传感器的类型有哪些? 可以测量哪些物理量? 有哪些优点和缺点?

2. 电容式传感器的转换电路有哪些?

3. 极距变化型电容传感器的测量电路为运算放大器电路,如题图 3.1 所示。$C_0 = 200$ pF,传感器的起始电容量 $C_{x0} = 20$ pF,定动极板距离 $d_0 = 1.5$ mm,运算放大器为理想放大器,R_f 极大,输入电压 $u_i = 5\sin \omega t$ V。求当电容传感器动极板上输入一位移量 $\Delta x = 0.15$ mm 使 d_0 减小时,电路输出电压 u_o 为多少?

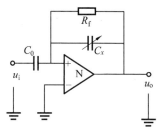

题图 3.1

4. 已知平板电容式传感器极板间介质为空气,极板面积 $S = 4$ cm^2,间隙 $d_0 = 0.1$ mm。(1) 求传感器的初始电容值;(2) 若由于装配关系,使传感器极板一侧间隙为 d_0,而另一侧间隙为 $(d_0 + 0.01)$ mm,求此时传感器的电容值。

5. 简述交流放大电路和直流放大电路的区别和特点。

6. 如题图 3.2 所示为一开关式全波相敏检波滤波电路,输入已调波 $x_m(t)$ 和载波 $y(t)$ 如题图 3.3 所示,画出 $x_o(t)$,$x(t)$ 的波形。

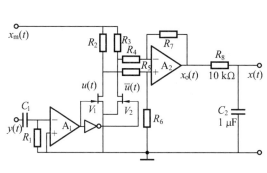

题图 3.2

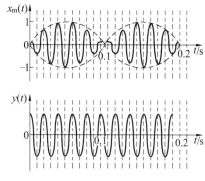

题图 3.3

7. 霍尔传感器的物理基础是什么? 由哪几部分组成? 有哪些用途?

8. 什么是霍尔元件的温度特性? 如何进行补偿?

9. 霍尔集成电路有哪几种?

10. 说明霍尔式位移传感器的结构。

11. 自感式传感器和互感式传感器由哪几部分组成? 可分为哪几种形式?

12. 说明电涡流式传感器的基本工作原理和优点。

13. 列举电涡流式传感器的应用范围。

第4章 有源传感器

本章摘要: 有源传感器(Active Transducer)是指不依靠外加能源工作的传感器,常常基于某种物理效应,将非电能量转化为电能量。在转化过程中,只转化能量本身,并不转化能量信号,也称为能量转换型传感器。它主要包括光电式传感器、热电式传感器、压电式传感器。

本章重点: 介绍常用的几种有源传感器的工作原理、测量及应用电路。

4.1 光电式传感器

光电式传感器(Photoelectric Sensor)是各种光电检测系统中把光信号(红外、可见及紫外光辐射等)转变成为电信号的关键部件。光电式传感器具有非接触、响应快、性能可靠等特点,因此在工业自动化装置和机器人中获得广泛应用。近年来,CCD 图像传感器的广泛应用,高分子光电材料及发光器件的研制都为光电传感器的进一步应用开创了新的一页。

4.1.1 光电式传感器物理基础

光电式传感器的物理基础是光电效应(Photoelectric Effect)。光照射到某些物质上,引起物质的电性质发生变化,也就是光能量转换成电能,这类光致电变的现象被人们称为光电效应。这一现象是 1887 年德国物理学家赫兹在实验研究时偶然发现的,但直到 1905 年,爱因斯坦在《关于光的产生和转化的一个启发性观点》一文中,用光量子理论对光电效应进行了全面的解释,光电效应才得到人们更深刻的认识。

光电效应分为光电子发射(Photoelectron Emission)效应、光电导(Photoconductive)效应和光生伏特(Photovoltaic)效应。前一种现象发生在物体表面,又称外光电效应。后两种现象发生在物体内部,称为内光电效应。

1. 外光电效应

在光的照射下,使电子逸出物体表面而产生光电子发射的现象称为外光电效应。

由光的量子说(Light Quantum Theory),光是以光速运动着的粒子(光子)流,一种频率 f 的光由能量相同的光子组成,每个光子的能量 hf 为

$$hf = E_{\max} + W \tag{4.1}$$

式中,h 为普朗克常数,$h = 6.63 \times 10^{-34}$ J·s;f 为入射光的频率,1/s;W 为电子的溢出功,J;$E_{\max}$ 为电子最大初动能,J。

式(4.1)称为爱因斯坦光电效应方程式。由式(4.1)可见,光的频率越高(即波长越短),光子的能量越大。

根据爱因斯坦假设,一个电子只能接受一个光子的能量。可见,要使一个电子从物体表面

逸出,必须使光子能量 hf 大于该物体的表面逸出功 W。不同的材料具有不同的逸出功,因此对某种特定材料而言,将有一个频率限 f_0(或波长限 λ_0),称为"红限",当入射光的频率低于 f_0 时,不论入射光有多强,也不能激发电子;当入射频率高于 f_0 时,不管它多么微弱也会使被照射的物体激发电子,光越强则激发出的电子数目越多。红限频率和红限波长可表示为

$$f_0 = W/h \tag{4.2}$$

$$\lambda_0 = hc/W \tag{4.3}$$

式中,c 为光在真空中传播的速度,$c = 3 \times 10^8 \text{ m/s}$。

外光电效应从光开始照射至金属释放电子几乎在瞬间发生。基于外光电效应原理工作的光电元件有光电管(Photoelectric Tube)和光电倍增管(Photomuliplier Tube)。

2. 内光电效应

光照射在半导体材料上,材料中处于价带(Ralence Band)的电子吸收光子能量,通过禁带(Forbidden Band)跃入导带(Conduction Band),使导带内电子浓度和价带内空穴增多,即激发出光生电子-空穴对,从而使半导体材料产生电效应。内光电效应按其工作原理可分为两种:光电导效应和光生伏特效应。

(1)光电导效应

半导体材料受到光照时会产生光生电子-空穴对,使导电性能增强,光线越强,阻值越低。这种光照后电阻率变化的现象称为光电导效应。基于这种效应的光电器件有光敏电阻(Photosensitive Resistance)以及由光敏电阻制成的光导管(Light Pipe)等。

(2)光生伏特效应

光生伏特效应是光照引起半导体材料PN结两端产生电动势的效应。当PN结两端没有外加电场时,在PN结势垒区内存在着内建结电场,其方向是从N区指向P区。当光照射到结区时,光照产生的电子-空穴对在结电场作用下,电子推向N区,空穴推向P区。电子在N区积累和空穴在P区积累使PN结两边的电位发生变化,PN结两端出现一个因光照而产生的电动势,如图4.1所示。基于光生伏特效应的光电元件主要有光电池(Photocell)、光敏二极管(Photosensitive Diode)和光敏三极管(Photosensitive Triode)等。

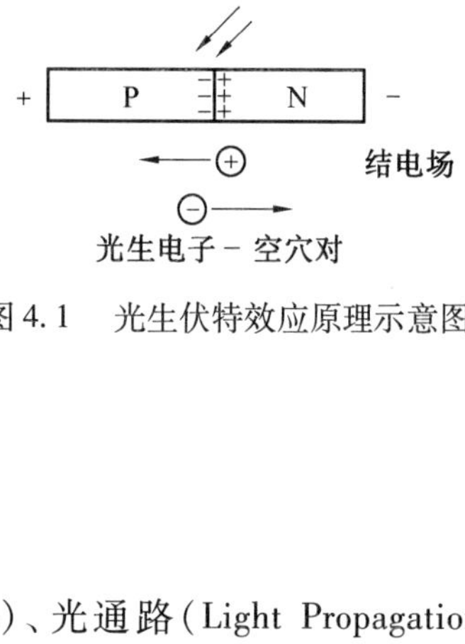

图4.1　光生伏特效应原理示意图

4.1.2　光电式传感器基本组成

光电式传感器通常由四部分组成,即光源(Light Source)、光通路(Light Propagation Path)、光电元件(Photoelectric Element)和测量电路(Measuring Circuit),如图4.2所示。图中 x_1 表示被测量能直接引起光量变化的检测方式,x_2 表示被测量在光传播过程中调制光量的检测方式。不同的检测方式构成了不同种类的光电式传感器。

1. 光源

(1)光源定义

自身能够发光的物体称为光源。光源可以分为自然(天然)光源和人造光源。作为电磁波谱中的一员,不同波长的光的分布如图4.3所示。这些光的频率(波长)各不相同,但都具有反射、折射、散射、衍射、干涉和吸收等性质。

图 4.2　光电式传感器的组成

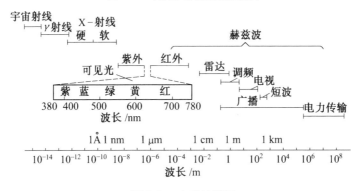

图 4.3　电磁波谱图

（2）常用光源

① 白炽（Incandescent）光源：电流流经导电物体，使之在高温下辐射光能。白炽光源中最常用的是钨丝灯，它产生的光，谱线较丰富，包含可见光与红外光。使用时，常加用滤色片来获得不同窄带频率的光。

② 气体放电（Gas Discharge）光源：电流流经气体或金属蒸气，使之产生气体放电而发光。气体放电有弧光放电和辉光放电两种；放电电压有低气压、高气压和超高气压三种。弧光放电光源包括荧光灯、低压钠灯等。低气压气体放电灯有高压汞灯、高压钠灯、金属卤化物灯等。

③ 发光二极管（Light Emitting Diode，LED）：一种电致发光的半导体器件，在电场作用下，使固体物质发光，电能直接转变为光能。与钨丝白炽灯相比具有体积小、功耗低、寿命长、响应快、便于与集成电路相匹配等优点，因此得到广泛应用。其缺点是发光效率低，发出短波光（如蓝紫色）的材料极少。

目前常用的发光二极管有：磷化镓发光二极管，发光中心波长为 0.69 μm，带宽为 0.1 μm；砷化镓发光二极管，中心波长为 0.94 μm，带宽为 0.04 μm；磷砷化镓发光二极管，其发光光谱可从 0.565 μm 变化到 0.91 μm。图4.4所示为不同种类 LED 光源在温度为 25 ℃ 下的光谱特性曲线。

④ 激光（Laser）光源：是高亮度光源，由各类气体、固体或半导体激光器产生的频率单纯的光。激光是相干光源，它具有单色性和方向性、能量高度集中等特点。

（3）光源特性

光源的辐射特性（例如白炽灯为非相干光源，激光器为相干光源）、光谱特性（辐射的中心波长 λ_p 和谱宽 $\Delta\lambda$ 之间关系，纵坐标为相对灵敏度，用 $S_r/\%$ 表示，如图 4.4 所示）、光电转换特性（光源的电偏置与光源辐射的光学特性之间的关系）以及光源环境特性（热系数、长时间漂移和老化等）是光源的重要参量。

① 对光谱特性要求：光源发出的光应在光电元件接收灵敏度最高的频率范围内。

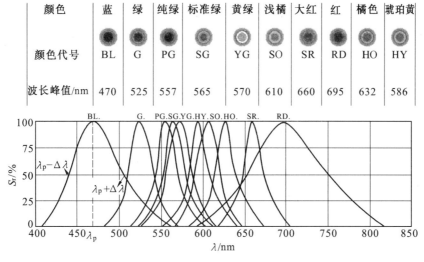

颜色	蓝	绿	纯绿	标准绿	黄绿	浅橘	大红	红	橘色	琥珀黄
颜色代号	BL	G	PG	SG	YG	SO	SR	RD	HO	HY
波长峰值/nm	470	525	557	565	570	610	660	695	632	586

图 4.4　LED 光源光谱特性曲线

② 对发光强度要求:强度太高造成饱和与非线性;太弱则会处于死区。

③ 对稳定性要求:一般要求时,可采用稳压电源供电;当要求较高时,可采用稳流电源供电;当有更高要求时,可对发出光进行采样,然后反馈控制光源的输出。

④ 其他方面:任何发出光辐射(紫外光、可见光和红外光)的物体都可以称为光辐射源。把发出可见光为主的物体称为光源,而把发出非可见光为主的物体称为辐射源。

2.光电元件

(1)光电管

① 种类:光电管是基于外光电效应制成的光电元件,主要包括真空光电管和充气光电管。

真空光电管(Vacuum Photoelectric Tube)是装有光阴极和阳极的真空玻璃管,其结构如图 4.5(a)所示。图 4.5(b)所示为光电管基本电路(注意光电管在电路中的图形符号),阳极通过负载电阻 R_L 与电源连接,在管内形成电场。光电管的阴极受到适当的照射后便发射光电子,这些光电子在电场作用下被具有一定电位的阳极吸引,在光电管内形成空间电子流。电阻 R_L 上产生的电压降正比于空间电流,其值与照射在光电管阴极上的光成函数关系。

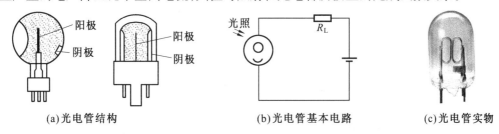

(a)光电管结构　　　　(b)光电管基本电路　　　　(c)光电管实物

图 4.5　光电管结构、基本电路及实物图

如果在玻璃管内充入惰性气体(如氩、氖等)即构成充气光电管(Inflatable Photoelectric Tube)。由于光电子流对惰性气体进行轰击,使其电离,产生更多的自由电子,从而提高光电变换的灵敏度。图 4.5(c)所示为紫外光电管实物。

② 特性:

a.伏安特性:真空光电管和充气光电管的伏安特性如图 4.6(a)和图 4.6(b)所示。图中

lm(流明)是光通量单位,描述单位时间内光源辐射产生视觉响应强弱的能力。伏安特性是选用光电式传感器的主要依据。当极间电压高于 50 V 时,光电流开始饱和,因为所有光电子都达到了阳极。真空光电管一般工作在伏安特性的饱和区,内阻达几百兆欧。

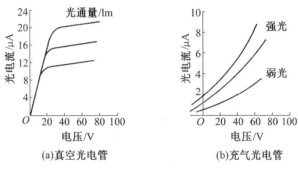

图 4.6 真空光电管和充气光电管的伏安特性

b. 光照特性:光电管的光照特性是指当光电管的阳极和阴极之间所加电压一定时,光通量与光电流之间的关系,其特性曲线如图 4.7 所示。曲线 1 表示氧化铯阴极光电管的光照特性,光电流与光通量呈线性关系。曲线 2 为锑化铯阴极光电管的光照特性,呈非线性关系。光照特性曲线的斜率称为光电管的灵敏度。

c. 光谱特性:一般光电阴极材料不同的光电管,有不同的红限频率 f_0,因此它们可用于不同的光谱范围。除此之外,即使照射在阴极上的入射光的频率高于红限频率,并且强度相同,随着入射光频率的不同,阴极发射的光电子的数量也会不同,即同一光电管对于不同频率的光的敏感度不同,这就是光电管的光谱特性,其特性曲线如图 4.8 所示。所以,对各种不同波长区域的光,应选用不同材料的光电阴极。特性曲线的峰值对应的波长称为峰值波长,特性曲线占据的波长范围称为光谱响应范围。

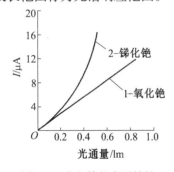

图 4.7 光电管的光照特性

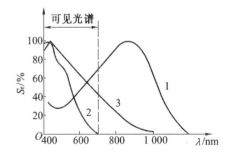

图 4.8 光电管的光谱特性

③ 应用:光电管在各种自动化装置中有很多应用,街道的路灯自动控制开关就是其应用之一。图 4.9 所示为光电管用于街道路灯自动控制的原理图。图中,A 为光电管,B 为电磁继电器,C 为照明电路,D 为路灯。白天,控制开关合上,光电管在可见光照射下有电子逸出,从光电管阴极逸出的电子被加速到达阳极,使电路接通,电磁铁中的强电流将衔铁吸下,照明电路断开,灯泡不亮;夜晚,光电管无电子逸出,电路断开,弹簧将衔铁拉上,照明电路接通。这样就达到日出路灯熄、日落路灯亮的效果。

(2)光敏电阻

① 结构:光敏电阻是基于光电导效应制成的光电元件,是一种电阻器件。光敏电阻几乎

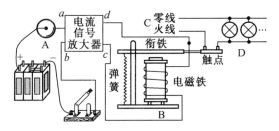

图4.9 光电管用于街道路灯自动控制的原理图

都是用半导体材料制成的,其结构如图4.10(a)所示。在玻璃底板上均匀地涂上薄薄的一层半导体物质,半导体的两端装上金属电极,使电极与半导体层可靠地接触,压入塑料封装体内。为防止周围介质的污染,在半导体光敏层上覆盖一层漆膜,漆膜成分的选择应该使它在光敏层最敏感的波长范围内透射率最大。如果把光敏电阻连接到外电路中,在外加电压(可加直流偏压(无固定极性)或加交流电压)的作用下,用光照射就能改变电路中电流的大小。接线电路如图4.10(b)所示(注意光敏电阻在电路中的图形符号)。图4.10(c)所示为硫化镉(CdS)光敏电阻实物图。

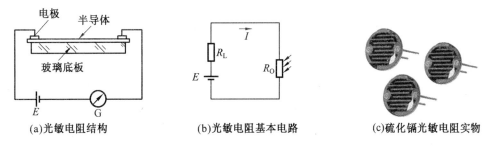

(a)光敏电阻结构　　　　　(b)光敏电阻基本电路　　　　(c)硫化镉光敏电阻实物

图4.10　光敏电阻结构、基本电路及实物图

② 特性:

a. 光电流:光敏电阻在不受光照射时的阻值称"暗电阻",对应的电流就是"暗电流";在受光照射时的阻值称"亮电阻",对应的电流就是"亮电流";亮电流与暗电流之差就是"光电流"(Light Current)。一般希望光敏电阻的暗阻越大越好,而亮阻越小越好,即光电流尽可能大,灵敏度就高。通常光敏电阻暗阻值在兆欧级,亮阻值在几千欧姆以下。

b. 伏安特性:光敏电阻两端所加电压和电流的关系称为光敏电阻的伏安特性,如图4.11所示。图中lx(勒克斯)是光照度单位,表示距离光源1 m处,1 m^2 面积接受1 lm光通量时的照度。由曲线可知:加的电压 U 越高,光电流 I 也越大,而且没有饱和现象,在给定的光照下,电阻值与外加电压无关;在给定的电压下,光电流的数值将随光照增强而增加。但不能无限制提高电压,任何光敏电阻都有最大额定功率、最大工作电压和最大额定电流的限制。

c. 光照特性:光敏电阻的光电流 I 和光强 F 的关系曲线,称为光敏电阻的光照特性。不同的光敏电阻的光照特性是不同的,但在大多数情况下,曲线如图4.12所示。由于光敏电阻的光照特性曲线是非线性的,因此不适宜做线性敏感元件,这是光敏电阻的缺点之一。在自动控制中它常用做开关量的光电传感器。

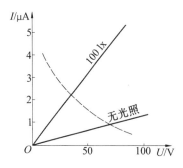

图 4.11　光敏电阻的伏安特性

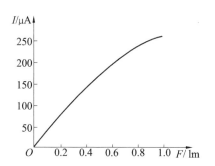

图 4.12　光敏电阻的光照特性

d. 光谱特性:光敏电阻对于不同波长的入射光,其相对灵敏度也是不同的。各种不同材料的光谱特性曲线如图 4.13 所示。从图中可以看出,硫化镉的峰值在可见光区域,而硫化铅的峰值在红外区域,因此,在选用光敏电阻时就应当把元件和光源结合起来考虑,才能获得满意的结果。

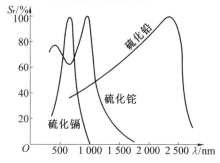

图 4.13　光敏电阻的光谱特性

e. 频率特性:在使用光敏电阻时,应当注意光电流并不是随光强改变而立刻变化,而是具有一定的惰性,这也是光敏电阻的缺点之一。这种惰性常用时间常数来描述,不同材料的光敏电阻具有不同的时间常数,因而它们的频率特性也就各不相同,图 4.14 为两种不同材料的光敏电阻的频率特性,即相对灵敏度 S_r 与光强度变化频率 f 间的关系曲线。

f. 光谱温度特性:光敏电阻和其他半导体器件一样,其光学与电学性质受温度影响较大,随着温度的升高,它的暗阻和灵敏度都下降。同时温度变化也影响它的光谱特性曲线,图4.15 所示为硫化铅的光谱温度特性,即在不同温度下的相对灵敏度 S_r 和入射光波长 λ 的关系曲线。从图中可以看出,硫化铅的峰值随着温度上升向短波方向移动。因此,有时为了提高元件灵敏度,或为了能接受远红外光(Far Infrared Light)而采取降温措施。

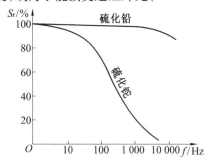

图 4.14　光敏电阻的频率特性

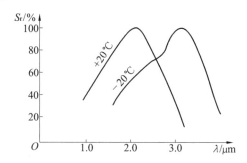

图 4.15　硫化铅光敏电阻的光谱温度特性

表 4.1 为常用硫化镉(CdS)型光敏电阻的技术参数。

表4.1　常用光敏电阻技术参数

型号	直径 /mm	最大电压 /V	最大功率 /mW	环境温度 /℃	光谱峰值 /nm	亮电阻 (10LUX/kΩ)	暗电阻 /MΩ	响应时间	
								上升/s	下降/s
GM3506	3	150	90	−30~70	540	2~5	≥0.2	30	30
GM4528	4	150	100	−30~70	540	8~20	≥1.0	20	30
GM5537	5	150	100	−30~70	540	18~50	≥2.0	20	30
GM9539	9	150	150	−30~70	540	30~90	≥5.0	20	30

③ 应用:光敏电阻主要用于各种光电控制系统,如光电自动开关门,航标灯、路灯和其他照明系统的自动亮灭,自动给水和自动停水装置,机械上的自动保护装置,照相机自动曝光装置,光电计数器,烟雾报警器,光电跟踪系统等方面。图 4.16 所示为光敏电阻用于光控调光电路的原理图。当周围光线变弱时引起光敏电阻 R_G 的阻值增加,使加在电容 C 上的分压上升,进而使可控硅(Silicon Controlled Rectifier)的导通角增大,达到增大照明灯两端电压的目的。反之,若周围的光线变亮,则 R_G 的阻值下降,导致可控硅的导通角变小,照明灯两端电压也同时下降,使灯光变暗,从而实现对灯光照度的控制。

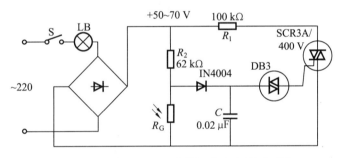

图 4.16　光敏电阻用于光控调光电路的原理图

(3)光敏二极管和光敏三极管

① 结构:光敏二极管是基于光生伏特效应制成的光电元件,其内部组成如图 4.17(a)所示,包括聚光镜、外壳、管芯、引脚四部分。图 4.17(b)所示为管芯内部结构。常用光敏二极管外形如图 4.17(c)所示。光敏二极管有 PN 结型、PIN 结型、雪崩型和肖特基结型,其中用得最多的是 PN 结型,价格便宜。光敏二极管在电路中的文字符号与普通二极管相同,用"VD"表示。

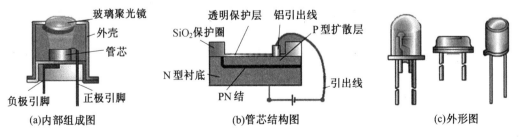

(a)内部组成图　　　　　(b)管芯结构图　　　　　(c)外形图

图 4.17　光敏二极管结构图

光敏三极管可以看成是一个 bc 结为光敏二极管的三极管。其内部组成如图 4.18 所示,外形与光敏二极管类似。光敏三极管的光电流要比相应的光敏二极管大 β 倍。光敏晶体管在电路中的文字符号与普通三极管相同,用"VT"表示。

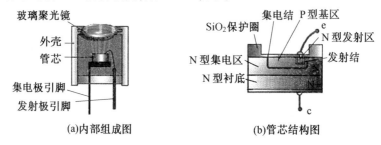

(a)内部组成图   (b)管芯结构图

图 4.18　光敏三极管结构图

光敏二级管和三极管均用硅(Si)或锗(Ge)制成。由于硅器件暗电流小、温度系数小,又便于用平面工艺大量生产,尺寸易于精确控制,因此硅光敏器件比锗光敏器件更为普通。

表 4.2 和表 4.3 分别为常用光敏二极管和光敏三极管的技术参数。

表 4.2　常用光敏二极管技术参数

型号	最大电压 /V	暗电流 /μA	光电流 /μA	光灵敏度 /(μA/μW)	结电容 /pF	响应时间 /s
2CU1A	10	≤0.2	≥80	≥0.4	≤5.0	≤10^{-7}
2CU2B	20	≤0.1	≥30	≥0.4	≤3.0	≤10^{-7}
2CU11A	30	≤10^{-1}	≥10	≥0.5	≤0.7	≤10^{-9}
2CU11B	50	≤10^{-2}	≥20	≥0.5	≤1.2	≤10^{-9}

表 4.3　常用光敏三极管技术参数

型号	反相击穿电压 /V	最高工作电压 /V	暗电流 /μA	光电流 /μA	峰值波长 /nm	最大功耗 /μW	环境温度 /℃
3DU11	≥15	≥10	≤0.3	0.5~1.0	880	30	-40~125
3DU32	≥45	≥30	≤0.3	>2.0	880	50	-40~125
3DU51	≥15	≥10	≤0.2	0.5	880	30	-55~125
3DU022	≥45	≥30	≤0.3	0.1~0.2	880	50	-40~85

光敏二极管和光敏三极管使用时应注意保持光源与光敏管的合适位置,因为只有在光敏管管壳轴线与入射光方向接近的某一方位(取决于透镜的对称性和管芯偏离中心的程度),入射光恰好聚焦在管芯所在的区域,光敏管的灵敏度才最大。为避免灵敏度变化,使用中必须保持光源与光敏管的相对位置不变。

② 应用:光敏二极管和光敏三极管与光敏电阻器相比具有灵敏度高、高频性能好、可靠性好、体积小、使用方便等优点。主要用于光电自动控制电路、光探测电路、激光接收电路、编码、译码电路等。图 4.19(a)和图 4.19(b)分别为光敏二极管和光敏三极管用于光电开关电路和光控继电器电路的原理示意图(注意二者在电路中的图形符号)。

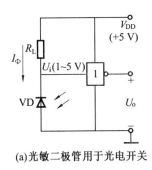
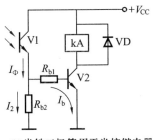

(a)光敏二极管用于光电开关　　　　(b)光敏三极管用于光控继电器

图4.19　光敏二极管和光敏三极管应用电路图

(4)光电池

① 结构:光电池是基于光生伏特效应制成的光电元件,常用的是硅光电池,其结构如图4.20(a)所示。基体材料为一薄片P型单晶硅,其厚度在0.44 mm以下,在其表面上利用热扩散法生成一层N型受光层,基体和受光层的交接处形成PN结。在N型受光层上制作有栅状负电极,另外在受光面上还均匀覆盖一层很薄的天蓝色一氧化硅抗反射膜,可以使对入射光的吸收率达到90%以上,并使光电池的短路电流增加25%~30%。实物如图4.20(b)所示。

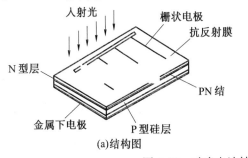

(a)结构图　　　　　　　　　　　(b)实物图

图4.20　硅光电池结构和实物图

② 应用:光电池与外电路的连接方式有两种(图4.21):一种是把PN结的两端通过外导线短接,形成流过外电路的电流,这电流称为光电池的输出短路电流,其大小与光强成正比;另一种是开路电压输出,开路电压与光照度之间呈非线性关系;光照度大于1 000 lx时呈现饱和特性。因此,使用时应根据需要选用工作状态。

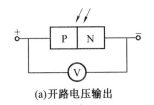
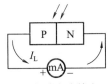

(a)开路电压输出　　　　　　(b)短路电流输出

图4.21　光电池与外电路的连接方式

硅光电池使用轻便、简单,不会产生气体污染或热污染,特别适用于宇宙飞行器做仪表电源。但其转换效率较低,适宜在可见光波段工作。

图4.22所示为基于光电池的报警电路工作原理图。感光元件采用两个硅光电池,放大电路由三只半导体管组成,R_1和R_2组成分压偏置电路。当无光照时,硅光电池不产生电压,只相当于一个电阻串接在放大器的基极电路上。当有光照时,硅光电池产生电压,该电压与R_2上的电压一起加在VT1的基极上,于是VT1导通,VT2和VT3也随之导通,继电器K_1工作,其

触点被吸合,蜂鸣器发出报警声。

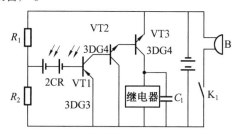

图 4.22　基于光电池的报警电路

4.1.3　光电式传感器类型

光电式传感器按其输出量性质可分为模拟式光电传感器和开关式光电传感器两大类。模拟式光电传感器将被测量转换成连续变化的光电流,要求光电元件的光照特性为单值线性,而且光源的光照均匀恒定。开关式光电传感器利用光电元件受光照或无光照时"有""无"电信号输出的特性,将被测量转换成断续变化的开关信号,要求光电元件灵敏度高,而对光照特性的线性要求不高。

依被测物、光源、光电元件三者之间的关系,又可以将光电式传感器分为辐射式(Radiation)、透射式(Transmission)、反射式(Reflection)、投射式(Projection)。

① 辐射式:被测物体本身是光辐射源,被测物发出的光投射到光电元件上,光电元件的输出反映了光源的某些物理参数,如图 4.23(a)所示。光电高温计、光电比色高温计、红外侦察、红外遥感和天文探测等均属于这一类。这种方式还可用于防火报警、火种报警和构成光照度计等。

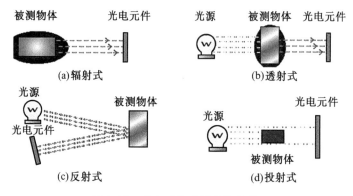

图 4.23　光电式传感器几种类型

② 透射式(吸收式):光源发射的光通量穿过被测物,一部分由被测物吸收,剩余部分投射到光电元件上,根据被测物对光的吸收程度或对其谱线的选择来测定被测参数,如图 4.23(b)所示。这种光电式传感器可以测量液体、气体的透明度、混浊度,对气体进行成分分析,测定液体中某种物质的含量等。也可用于防火报警、烟雾报警等。

③ 反射式:恒定光源释出的光投射到被测物体上,再从其表面反射到光电元件上,根据反射的光通量多少测定被测物表面性质和状态,如图 4.23(c)所示。这种光电式传感器可以测量零件表面粗糙度、表面缺陷、表面位移以及表面白度、露点、湿度等。

④ 投射式(遮光式):恒光源发出的光通量在到达光电元件的途中遇到被测物,照射到光电元件上的光通量被遮蔽掉一部分,光电元件的输出反映了被测物的尺寸,如图 4.23(d)所示。这种传感器将被测对象作为光闸,主要用于测小孔、狭缝、细丝直径等。

4.1.4　光电式传感器应用实例

以光电器件作为转换元件,光电式传感器可用于检测直接引起光量变化的非电量,如光强、光照度、辐射测温、气体成分分析等;也可用来检测能转换成光量变化的其他非电量,如零件直径、表面粗糙度、应变、位移、振动、速度、加速度,以及物体的形状、工作状态的识别等。下面以小车机器人循迹(Car Robot Tracking)为例介绍光电式传感器在实际中的应用。

这里的循迹是指小车在白色地板上循黑线行走,通常采取的方法是红外探测法。红外探测法,即利用红外发光二极管发出的红外线在不同颜色的物体表面具有不同的反射性质的特点。在小车行驶过程中不断地通过红外发光二极管向地面发射红外光,当红外光遇到白色纸质地板时发生漫反射,反射光被装在小车上的红外光敏接收管接收;如果遇到黑线则红外光被吸收,小车上的接收管接收不到红外光。单片机就是否收到反射回来的红外光为依据来确定黑线的位置和小车的行走路线。

1. 单管红外发送、接收基本电路

光电式传感器的光源选择红外发光二极管,光电元件选择光敏二极管或光敏三极管。

(1)红外发光二极管

选择红外辐射效率高的材料 GaAs(砷化镓)半导体制成的红外发光二极管。其发出的红外线波长为 940 nm 左右,外形与普通 $\Phi 5$ mm 发光二极管相同,颜色不同,有透明、黑色和深蓝色三种。其最大辐射强度在光轴的正前方,随辐射方向与光轴夹角的增加而减小。实际使用时,外面套上聚光罩。

(2)光敏三极管

光敏三极管使用时需加反向偏压。没有接收到红外光时,输出高电平;接收到红外光时,输出低电平。当光照强度发生变化时,输出电平的电压大小也会发生变化。

光敏三极管构成的基本电路和输入输出曲线如图 4.24 所示。图中 Input 为发送管输入信号端,R_D 用来调整红外发光二极管的发光强度,Output 为接收管信号输出端,R_L 为上拉电阻,V_{CC} 为工作电压,一般为 5 V。由于红外发光管的发射功率较小,红外接收管收到的信号较弱,所以接收端就要增加高增益放大电路。可以采用成品的一体化接收头代替单管接收管。

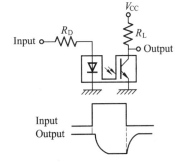

2. 一体化红外接收基本电路

红外一体化接收头集接收、放大、滤波和解调、输出等功能为一体,性能稳定、可靠。

图 4.24　单管红外发送、接收基本电路

HS0038 型红外线一体化接收头为直立侧面收光型。器件基本结构包括三只引脚:电源正 V_s、电源负 GND 和数据输出 OUT。主要参数:工作电压 4.8 ～ 5.3 V、工作电流 1.7 ～ 2.7 mA、接收频率 38 kHz、峰值波长 980 nm、静态输出为高电平、输出低电平不大于 0.4 V、输出高电平接近工作电压。内部结构框图如图 4.25(a)所示。当接收到 38 kHz 红外光时,OUT 低电平输出;当接收不到 38 kHz 红外光时,OUT 高电平输出。

为什么红外光电传感器在使用时,要以特定的频率(38 kHz)发射红外线和接收红外线呢? 这是因为所有物体只要温度高于 0 ℃,都会向外发送红外线,且太阳光和日光灯中最强,所以红外发光二极管发出的红外光很容易受到外界干扰。特定的频率发送和接收红外光能有效地减小外界干扰。

为实现特定的频率(38 kHz)红外线的发送,一般可以用单片机定时器产生频率为 38 kHz 的高频信号,加在红外发光二极管上,发送控制信号使红外发光二极管以 38 kHz 的发射频率发射红外信号。电路如图 4.25(b)所示。

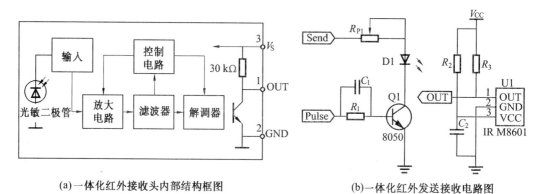

(a)一体化红外接收头内部结构框图   (b)一体化红外发送接收电路图

图 4.25　一体化红外传感器

图 4.25(b)中,Pulse 端为单片机定时器产生的 38 kHz 载波信号,Send 端为控制端。高电平时,Pulse 端发射 38 kHz 载波信号。R_{P1} 用来调节发光管的发光强度,三极管 Q1 起驱动作用。当连续收到 38 kHz 的红外线信号时,一体化接收头 U1 将产生脉宽 10 ms 左右的低电平;如果没有收到信号,便立即输出高电平。

4.2　热电式传感器

热电式传感器(Thermoelectric Sensor)是将温度变化转换为电量变化的装置,它利用某些材料或元件的性能随温度变化的特性进行测量。把温度变化转换为电势的热电式传感器称为热电偶,热电偶属于自发电型测量温度的传感器,测温范围广(-270 ~ 1 800 ℃以上)。本节主要介绍热电偶的工作原理和测量电路。

4.2.1　热电偶的物理基础

两种不同的金属材料组成一个闭合电路,就形成一个热电偶(Thermocouple),如图 4.26(a)所示。如果两个接点的温度不同,即 $T \neq T_0$,则在回路中就有电势存在,这种现象称为热电效应(Thermoelectric Effect)。通常称 T_0 端为参考端或冷端,称 T 端为测量端或工作端或热端。两种材料称为热电极(Thermal Electrode),所产生的电势称热电势(Thermoelectric Potential),用 $E_{AB}(T, T_0)$ 表示,其大小反映了两个接点的温度差。若保持 T_0 不变,则热电势随温度 T 而变化,因此测出热电势的值,就可知道温度 T 的值。热电势由两部分组成,即接触电势和温差电势。

1.接触电势

根据帕尔贴效应(Peltier Effect),两种不同的金属材料,当它们相互接触时,由于其内部电子密度不同,例如金属 A 的电子密度比 B 的电子密度大,则会有一些电子从 A 转移到 B 中去,A 失去电子带正电,B 得到电子带负电,这样便形成了一个由 A 向 B 的静电场,它将阻止电子进一步由 A 向 B 扩散。当扩散力和电场力达到平衡时,A,B 间就建立了一个固定的接触电势,如图 4.26(c)所示。接触电势的大小主要取决于温度和 A,B 材料的性质。据物理学有关理论推导,接触电势可用下式表示

$$e_{AB}(T) = \frac{KT}{e}\ln\frac{N_{AT}}{N_{BT}} \tag{4.4}$$

式中,e 为单位电荷,$e = 1.6 \times 10^{-19}$ C;K 为波尔兹曼常数,$K = 1.380\ 650\ 5 \times 10^{-23}$ J/K;N_{AT},N_{BT} 分别为导体 A,B 在温度为 T 时的自由电子密度。

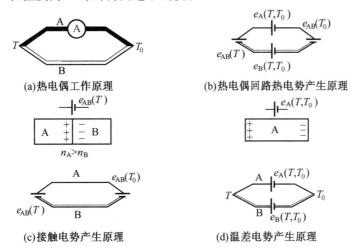

(a)热电偶工作原理　　　　　(b)热电偶回路热电势产生原理

(c)接触电势产生原理　　　　　(d)温差电势产生原理

图 4.26　热电偶工作原理

2. 温差电势

根据塞贝克效应(Seebeck Effect),温差电势是由于金属导体两端温度不同而产生的一种电势。由物理学可知,温度越高,电子的能量就越大。当 $T > T_0$ 时(如图 4.26(d)所示),电子会向能量较小的电子处移动,这就形成了一个由高温端向低温端的静电场,该静电场又阻止电子继续向低温端迁移,最后达到动平衡状态。温差电势的方向是由低温端向高温端,并与金属两端的温差有关。温差电势的大小可表示为

$$e_A(T,T_0) = \frac{K}{e}\int_{T_0}^{T}\ln\frac{1}{N_A}d(N_A t) \tag{4.5}$$

式中,N_A 为导体 A 的电子密度,是温度的函数;t 为导体沿各断面的温度;T,T_0 分别为导体两端的温度。

3. 回路总电势

对于如图 4.26(b)所示的由两种材料 A,B 组成的闭合电路,若 $T > T_0$,则存在两个接触电势 $e_{AB}(T)$ 和 $e_{AB}(T_0)$ 及两个温差电势 $e_A(T,T_0)$ 和 $e_B(T,T_0)$。回路总电势为

$$E_{AB}(T,T_0) = e_{AB}(T) - e_{AB}(T_0) + e_B(T,T_0) - e_A(T,T_0) \tag{4.6}$$

由式(4.4)、式(4.5)和式(4.6)可得

$$e_{AB}(T,T_0) = \frac{K}{e}\int_{T_0}^{T}\ln\frac{N_A}{N_B}dt \tag{4.7}$$

由于 N_A,N_B 是温度的单值函数,上式可以表示为

$$E_{AB}(T,T_0) = f(T) - f(T_0) \tag{4.8}$$

从上面分析可得以下几点结论:

① 热电势的大小只与构成热电偶材料和两端温度有关,与热电偶几何尺寸无关;

② 若两种热电极材料均匀相同,则回路中不会产生热电势,因为 $\ln(N_A/N_B) = 0$,所以 $E_{AB}(T,T_0) = 0$。

③ 材料确定以后,热电势的大小只与热电偶两端点的温度有关。如果使 $f(T_0)$ = 常数,则回路热电势只与温度 T 有关,且是 T 的单值函数,这就是利用热电偶测温的原理。

④ 注意热电偶产生的热电势 $E_{AB}(T,T_0) \neq E_{BA}(T,T_0)$,而是 $E_{AB}(T,T_0) = -E_{BA}(T,T_0)$。

4.2.2 热电偶材料及类型

1. 热电偶材料

根据热电效应理论,任何两种不同的导体,只要组成闭合回路的两端点有温差,都能产生热电势。但作为热电式传感器,必须要考虑到灵敏度、准确度、稳定性等条件。因此对作为热电式传感器的材料一般应满足以下要求:

① 在同样温度下产生的热电势要大,且热电势与温度间应成线性(或近似线性)关系;

② 材料要均匀,耐高温和抗辐射性能好,在较宽的温度范围内,化学及物理性能稳定;

③ 电导率高,电阻温度系数小,比热小;

④ 热工性能好,价格便宜。

常用做热电偶材料的主要有铂、铑、镍、铬、硅、铁、铜等。

那么在热电偶材料选择时,如何判断材料是否均匀呢?这里给出热电偶的几个基本定律之一——匀质导体定律,即由一种均匀导体组成的闭合回路,不论导体是否存在温度梯度,回路中都不会产生热电势;反之如果有热电势,则此材料一定非均匀。

2. 热电偶分度表及分度号

热电偶应用广泛,各国都有标准热电偶供应,标准热电偶有对应的热电偶分度号和相应的分度表,见附录Ⅱ。如果知道热电偶分度号,还知道输出电势的大小,通过查找相应分度表就能得到被测温度。但需要注意的是,与热电阻类似,热电偶在分度时,一般选择冷端(参考端)温度 $T_0 = 0 \ ℃$,如果冷端温度不为 $0 \ ℃$,则不能由分度表直接查得被测量温度。

常用热电偶分度号为铂铑10-铂(S 分度号)、铂铑13-铂(R 分度号)、铂铑30-铂铑6(B 分度号)、镍铬硅-镍硅(N 分度号)、镍铬-镍硅(K 分度号)、镍铬-铜镍(E 分度号)、铁-铜镍合金(康铜)(J 分度号)等几种,其中 S,R,B 分度号属于贵金属热电偶。表4.4为常用几种热电偶的分度号、测温范围、输出热电势、特点及用途。

3. 热电偶结构

为了保证热电偶的正常工作,提高使用寿命以及适应各种条件下的温度测量,对热电偶的结构提出了相应的要求。与热电阻传感器类似,热电偶结构可分为普通型热电偶、铠装热电偶、表面热电偶(Surface Thermocouple)和防爆隔离热电偶等。

表4.4 常用热电偶性能对比

分度号	名称	测量温度范围/℃	1 000℃ 热电势/mV	特点及用途
B	铂铑30-铂铑6	50～1 820	4.834	在室温下热电动势极小,一般不用补偿导线。可在氧化性或中性环境中及真空条件下短期使用
S	铂铑10-铂	−50～1 768	9.587	抗氧化性能强,宜在氧化性、惰性环境中连续使用。精确度等级最高,通常用做标准热电偶
R	铂铑13-铂	−50～1 768	10.506	与S分度号相比除热电动势大15%左右,其他性能完全相同
K	镍铬-镍硅(铝)	−270～1 370	41.276	抗氧化性能强,宜在氧化性、惰性环境中连续使用,使用最广泛
E	镍铬-铜镍(康铜)	−270～800	76.350	在常用热电偶中,其热电动势最大,即灵敏度最高。宜在氧化性、惰性环境中连续使用

(1)普通型热电偶

普通型热电偶主要用于工业上测量气体、蒸汽、液体等介质温度,具有多种通用标准,其结构如图4.27(a)所示。它主要由热电偶本体、绝缘瓷管、保护管套、接线盒、安装法兰五部分构成。

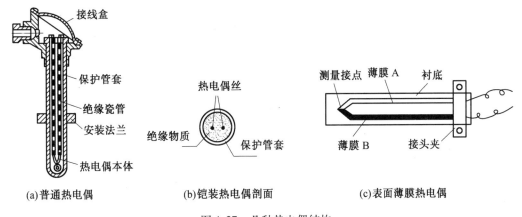

(a)普通热电偶   (b)铠装热电偶剖面   (c)表面薄膜热电偶

图4.27 几种热电偶结构

① 热电偶本体:贵金属电极一般选用0.5 mm直径,普通金属取1.5～3 mm;用于快速测量的,为减少惯性,有时可选用0.1～0.03 mm偶丝,长度视需要由几毫米到几米。热电偶结点用对焊连接或绞绕后再焊接。

② 绝缘瓷管:套于电极上,防止极间短路和电极与保护套管之间短路。有陶瓷与非陶瓷两类,前者适于高温测量之用。

③ 保护管套:防止热电偶机械损伤或化学腐蚀。保护管套材料具有足够的机械强度,耐高温,有良好的热震性(温度剧变)、气密性、导热性等。工业用热电偶,长期使用在1 000 ℃以下时,多用金属保护管,如铜合金、20#碳钢、不锈钢等;在1 000 ℃以上使用陶瓷保护管套。保

护管套直径有 20 mm、16 mm、12 mm、8 mm、6 mm 等几种;长度可选择,一般为 75 ~ 3 000 mm。

④ 接线盒:内有接线端板,方便导线与热电偶参比端的连接,接线盒兼有密封和保护接线端子的作用。

⑤ 安装法兰:内有接线端板,方便导线与热电偶参比端的连接,接线盒兼有密封和保护接线端子的作用。

（2）铠装热电偶

铠装热电偶是一种小型化、结构牢固、使用方便的特殊热电偶,结构剖面如图 4.27(b)所示。由热电偶丝、绝缘物质(氧化镁或氧化铍粉等)和保护套管三者组合后拉伸而成为坚实的一个整体。其套管直径一般从 2 mm 到 8 mm,长度根据需要可从 0.05 m 到 15 m 以上。其优点是:其热惰性小,反应快,时间常数可达 0.01 s,可用于快速测温或热容量很小的物体温度测量;结构坚实,可耐强烈的振动和冲击等。

（3）表面热电偶

表面热电偶是专用于测量各种固体表面温度的热电偶,一般做成便携式。近年来,发展了一种薄膜热电偶,结构如图 4.27(c)所示,用真空蒸镀的方法,将热电极材料(金属)蒸镀到绝缘基板上,形成薄膜电极。两种电极在一端牢固地结合在一起,形成薄膜状热结点(工作端),在薄膜表面再镀一层二氧化硅膜,既可防止电极氧化,又可使热电偶与被测物表面用黏接剂粘牢,因此测量时反应速度很快。表面薄膜热电偶主要用于要求测量准确、快速的地方,因其尺寸小,也可用来测量微小面积上的温度。

图 4.28 分别给出了三种常用热电偶的实物图。

(a)普通热电偶　　　　(b)铠装热电偶　　　　(c)表面热电偶

图 4.28　几种热电偶实物图

4.2.3　热电偶测温线路

1. 基本测温线路

热电偶在电路中的符号如图 4.29(a)所示,基本测温线路如图 4.29(b)所示。图 4.29(b)中,T 为被测量的温度;A,B 为热电偶的两个热电极;A′,B′为热电偶接线盒引出的连接导线,常称为补偿导线(Compensation Wire)或延长导线;T_n 为补偿导线与热电偶连接端温度,常称为中间温度;T_0 为补偿导线与测量仪表连接端温度,即冷端温度,一般为 0 ℃。

在上述热电偶基本测温线路中,接入的补偿导线有什么作用? 对接入的补偿导线有什么要求? 如何保持热电偶的冷端温度为 0 ℃? 接入补偿导线和测量仪表是否会影响热电势的输出? 加入补偿导线后热电偶输出的热电势如何计算? 下面分别讨论上述问题。

2. 热电偶补偿导线

（1）接入补偿导线原因

前面提到,标准热电偶有对应的热电偶分度号和相应的分度表,热电偶在分度时,一般选

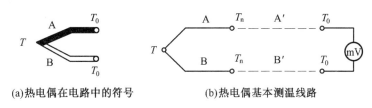

| (a)热电偶在电路中的符号 | (b)热电偶基本测温线路 |

图 4.29　热电偶基本测温线路

择冷端温度 $T_0 = 0$ ℃。如果冷端温度不为 0 ℃,则不能由分度表直接查得被测量温度。因此,热电偶测温时,要求冷端温度保持不变,通常要求 $T_0 = 0$ ℃;但如果冷端距离被测温度很近,很难保证 T_0 恒定,且为 0 ℃。

测温时,接入补偿导线可以使热电偶的冷端延伸,使之远离被测温度,不受被测量温度波动的影响,以便通过其他方式使 T_0 保持 0 ℃。这就是热电偶接入补偿导线的原因。

（2）补偿导线材料

热电偶补偿导线可以是热电偶热电极材料的直接延伸,但很少用,因为价格昂贵。一般用在一定温度范围内与热电偶热电极材料的热电特性一致（图 4.29（b）中,满足 $E_{AB}(T, T_0) = E_{A'B'}(T, T_0)$）的普通导线代替,一般是铁、铜、镍等非贵重金属,通常由补偿导线合金丝、绝缘层、护套、屏蔽层四部分组成,图 4.30 所示为补偿导线实物图,这样可以节约大量贵金属,易弯曲,便于敷设。表 4.5 为几种常用热电偶和与其配对的补偿导线。

图 4.30　热电偶补偿导线实物图

表 4.5　常用热电偶和与其配对的补偿导线

型号	配用热电偶 正-负	导线外皮颜色 正-负	100 ℃ 时的 热电势/ mV
RC	R(铂铑 13-铂)	红-绿	0.647
NC	N(镍铬硅-镍硅)	红-黄	2.744
EX	E(镍铬-铜镍)	红-棕	6.319
JX	J(铁-铜镍)	红-紫	5.264
TX	T(铜-铜镍)	红-白	4.279

（3）接入补偿导线对热电偶输出热电势的影响

在热电偶测温线路中,除了要接入补偿导线,还要接入测量仪表,可以证明它们的接入对热电偶测温不会带来影响。这里给出热电偶的几个基本定律之二——中间导体定律,即在热电偶中,当接入第三种导体（中间导体）时,只要被接入的中间导体所形成的两个新接点的温度相同（图 4.29（b）中,两个新接点温度均为 T_n）,则对回路输出的热电势没有影响。此定律的证明可参阅相关书籍。

根据中间温度定律推而广之,在回路中接入多种导体后,只要每种导体的两端温度相同,那么对回路的总热电势无影响。因此,补偿导线和连测量显示仪表的接入就可看做是中间导体接入的情况,对回路总热电势没有影响。

（4）接入补偿导线后热电偶输出总热电势的计算

图 4.29（b）所示的热电偶测温线路中,当接入补偿导线和测量仪表后,产生了两个接点温

度 T_n 和 T_0，回路总的输出热电势等于热电偶输出热电势与补偿导线输出热电势的代数和，即

$$E_{ABB'A'}(T,T_n,T_0) = E_{AB}(T,T_n) + E_{A'B'}(T_n,T_0) \tag{4.9}$$

因为热电偶的热电极 A 和 B 与补偿导线 A′ 和 B′ 热电特性相同，所以有

$$E_{ABB'A'}(T,T_n,T_0) = E_{AB}(T,T_n) + E_{AB}(T_n,T_0) \tag{4.10}$$

简记为

$$E_{AB}(T,T_0) = E_{AB}(T,T_n) + E_{AB}(T_n,T_0) \tag{4.11}$$

式(4.9)和式(4.11)分别被称为热电偶基本定律之三 —— 连接导体定律和基本定律之四 —— 中间温度定律，它们是热电偶进行分度和能够进行冷端温度补偿(Cold Junction Compensation)的理论基础。

3. 热电偶冷端温度补偿

通过前面讨论，可见热电偶在使用过程中，保持冷端温度恒定且为 0 ℃ 非常重要。这也就是热电偶冷端温度补偿问题。

（1）0 ℃ 恒温法

在实验室条件下，通常是把冷端放在盛有绝缘油的试管中，然后再将其放入装满冰水混合物的保温容器中，使冷端保持 0 ℃。此法也称冰浴法。由于冰融化较快，所以一般只适用于实验室中。

（2）计算修正法

计算修正法的依据是热电偶中间温度定律。例如：用镍铬 – 镍硅（K 分度号）热电偶测温度，已知冷端温度为 40 ℃，用高精度毫伏表测得此时热电势为 29.186 mV，求被测点温度。

显然，热电偶冷端温度 $T_0 = 40 \, ℃ \neq 0 \, ℃$，所以不能根据输出的热电势的值直接查分度表得到被测量温度。但可以认为此时的冷端温度为一个中间温度，即 $T_n = 40 \, ℃$。根据中间温度定律，可以得到

$$\begin{aligned} E_{AB}(T,T_0) &= E_{AB}(T,T_n) + E_{AB}(T_n,T_0) \\ &= E_{AB}(T,40 \, ℃) + E_{AB}(40 \, ℃, 0 \, ℃) \end{aligned} \tag{4.12}$$

显然，式(4.12)中，$E_{AB}(T,40 \, ℃) = 29.186 \text{ mV}$，而 $E_{AB}(40 \, ℃, 0 \, ℃)$ 可以通过查表得到为 1.612 mV，所以 $E_{AB}(T,T_0) = 30.798 \text{ mV}$，反查分度表，得到被测量温度为 740 ℃。

（3）补偿电桥法

补偿电桥法(Bridge Compensation)是利用不平衡电桥产生的电动势来补偿热电偶因冷端温度变化而引起的热电势变化值，如图 4.31 所示。不平衡电桥（即补偿电桥）由电阻 r_1,r_2,r_3（锰铜丝绕制），r_{Cu}（铜丝绕制）四个桥臂和桥路稳压电源组成，串联在热电偶测量回路中。热电偶冷端与电阻 r_{Cu} 感受相同的温度。通常，取 20 ℃ 时电桥平衡（$r_1 = r_2 = r_3 = r_{Cu}^{20°}$），此时对角线 A，B 两点电位相等（即 $U_{AB} = 0$），电桥对仪表的读数无影响。当环境温度高于 20 ℃ 时，r_{Cu} 增加，平衡被破坏，A 点电位高于 B 点，产生不平衡电压 U_{AB} 与热端电势相叠加，一起送入测量仪表。适当选择桥臂电阻和电流的数值，可使电桥产生的不平衡电压 U_{AB} 正好补偿由于冷端温度变化而引起的热电势变化值，仪表即可指示出正确的温度。由于电桥是在 20 ℃ 时平衡，所以采用这种补偿电桥需把仪表的机械零位调整到 20 ℃。

4. 热电偶典型测温线路

热电偶除了可以组成如图 4.29(b)中所示的测量单点的基本测温线路，还可以进行两点温度差、多点平均温度、多点温度和以及多点温度的巡回检测。

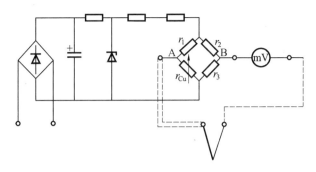

图 4.31 具有补偿电桥的热电偶测量线路

图 4.32(a)是几个同类型的热电偶串联线路图,图中,C,D 为补偿导线,回路中总热电势为

$$E_T = e_{AB}(T_1) + e_{DC}(T_0) + e_{AB}(T_2) + e_{DC}(T_0) + e_{AB}(T_3) + e_{DC}(T_0)$$
$$= e_{AB}(T_1) - e_{AB}(T_0) + e_{AB}(T_2) - e_{AB}(T_0) + e_{AB}(T_3) - e_{AB}(T_0)$$
$$= E_{AB}(T_1, T_0) + E_{AB}(T_2, T_0) + E_{AB}(T_3, T_0) \tag{4.13}$$

即回路总热电势为各热电偶的热电势之和,据此可以测得多点温度和。在辐射高温计中的热电堆,就是根据这个原理制成的。这种线路由于热电势为各热电偶的热电势之和,故可以测量微小的温度变化。

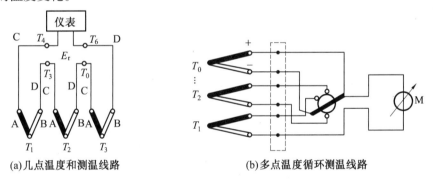

(a)几点温度和测温线路　　　　　(b)多点温度循环测温线路

图 4.32 热电偶几种典型测温线路

在多点温度测量时,为节省显示仪表,可将若干只热电偶通过模拟切换开关共用一台测量仪表来实现,测量线路如图 4.32(b)所示。使用时,各只热电偶的型号应相同,测量范围均应在显示仪表的量程内。在工作现场,若有些测量点不需要连续测量而只需要定时检测时,就可以把若干只热电偶通过手动或自动切换开关接到一台测量仪表上,以轮流或按要求显示各测量点的被测数值,达到多点温度自动巡回检测的目的。

与热电偶配用的测量仪表可以用动圈式仪表(即测温毫伏计)、晶体管式自动平衡显示仪表(也称自动电子电位差计)、直流电位差计和数字电压表。若要组成计算机自动测温或控制系统,可直接将数字电压表的测温数据利用接口电路和测控软件连接到计算机中,对检测温度进行计算和控制。这种系统在工业检测和控制中应用十分普遍。

为了保证测温精度,热电偶必须定期校验。校验时通常采用比较法,即用标准热电偶与被校热电偶在同一校验炉中进行选点对比,若误差超过允许值则为不合格。热电偶的允许偏差可查阅有关标准。

4.2.4 热电偶应用实例

在工业上,热电偶主要用来进行温度测量。图4.33所示为热电偶传感器在焊锡槽(Solder Bath)温度控制电路中应用的电路原理图。如图所示,焊锡槽温度控制电路由控制电源电路、比较控制电路、电子式温度调节器以及零电压开关电路(固态开关或固态继电器)构成。

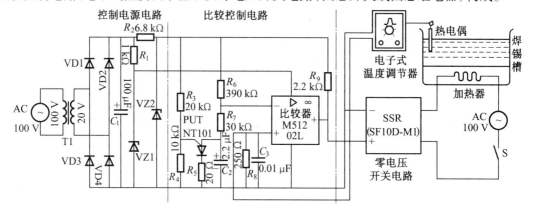

图4.33 焊锡槽温度控制电路

① 控制电源电路:加热器使用交流电100 V电源。控制电源由变压器降压、二极管整流、电容滤波、稳压二极管稳压电路组成。

② 比较控制电路:采用PUT的锯齿波发生电路和比较器电路构成。

③ 电子式温度调节器:电流输出型比例位置式调节器,在被测量温度达到设定值的4%之前,输出为20 mA满度值。从被测量温度进入设定值的4%起,调节器输出的电流与被测温度变化成比例。

④ 零电压开关电路:采用SF10D-M1固态继电器(SSR),它是一种用塑料封装厚膜集成电路。SSR内部由光电耦合器件、零电压开关电路、双向晶闸管以及过电压保护电路构成。SSR的特点有:输入和输出之间通过光耦合隔离,是完全绝缘的;输入小信号控制,可用IC直接驱动;采用零电压开关电路,产生的无线电干扰很小。SF10D-M1是平底形封装,底座与内部的双向晶闸管以及其他电子电路完全绝缘,可以直接装到金属机架上。当输入高电平时,固态继电器输出端的双向晶闸管导通,输入低电平时关断。

焊锡槽温度控制电路的工作过程如下:

① 将电子式温度调节器调节到设定值刻度,合上电源开关S。起初,热电偶检出的焊锡温度与设定的温度差别很大,电子式温度调节器的输出为20 mA满度值,加在比较器同相端的电压为5 V,高于比较器反相端的锯齿波电压(高出1~5 V),比较器输出常为高电平,SSR输出端的双向晶闸管导通,加热器一直通电,焊锡温度急剧上升。

② 当焊锡温度升高到设定温度的4%以内时,电子式温度调节器的输出电流与焊锡温度和设定温度之差成正比变化。随着焊锡温度不断接近设定温度,调节器的输出电流逐渐减小,加在比较电路同相端的输入电压也不断降低。当比较器同相端电压低于锯齿波电压时,比较器输出低电平,SSR输出端的双向晶闸管在交流电源过零时关断,加热器断电。焊锡温度越接近设定温度,比较器输出高电平的时间越短,SSR导通时间越短,即加热时间越短。当焊锡温度与设定温度一致,调节器的输出电流在R_8上的压降低于1 V时,SSR导通时间为零,焊锡槽

处于完全不加热状态。

③ 一旦焊锡温度低于设定温度,调节器的输出电流在 R_8 上的压降高于 1 V 时,SSR 又导通,再次对焊锡槽加热。SSR 的 ON/OFF 周期,即焊锡槽的加热周期,取决于 PUT 的振荡周期。SSR 的导通时间,即焊锡槽的加热时间,取决于比较器两输入端的电压差,即取决于焊锡温度与设定温度的差值。显然,这是一个 PWM 式调功电路,焊锡槽不断从加热器获得热量以补偿损失的热量,从而保证焊锡温度稳定在设定值附近。

4.3　压电式传感器

压电式传感器(Piezoelectric Sensor)是以某些电解质的压电效应为基础,在外力作用下,在电解质的表面产生电荷,从而实现非电量测量。作为力敏感元件,压电传感元件能测量最终变换为力的物理量,如力、压力、加速度等。

压电式传感器具有响应频带宽、灵敏度高、信噪比大、结构简单、工作可靠、重量轻等优点。近年来,由于电子技术的飞速发展,随着与之配套的二次仪表以及低噪声、小电容、高绝缘电阻电缆的出现,使压电式传感器的使用更为方便。因此,在工程力学、生物医学、石油勘探、声波测井、电声学等许多技术领域中获得了广泛的应用。

4.3.1　压电效应及压电材料

1. 压电效应

由物理学知,一些离子型晶体的电解质(如石英、酒石酸钾钠、钛酸钡等)不仅在电场力作用下,而且在机械力作用下,都会产生极化现象。

（1）正压电效应

在某些电解质的一定方向上施加机械力而产生变形时,会引起它内部正负电荷中心相对转移而产生电的极化,从而导致其两个相对表面(极化面)出现符号相反的束缚电荷,当外力消失,又恢复不带电原状;当外力变向,电荷极性随之改变。这种现象称为正压电效应,或简称压电效应(Piezoelectric Effect),如图 4.34(b)所示。

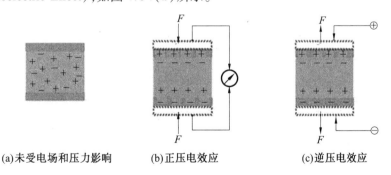

(a)未受电场和压力影响　　　(b)正压电效应　　　(c)逆压电效应

图 4.34　电解质的压电效应

（2）逆压电效应

若对上述电解质施加电场,则会引起电解质内部正负电荷中心发生相对位移而导致电解质产生变形,这种现象称为逆压电效应(Converse Piezoelectric Effect),或称电致伸缩效应,如图 4.34(c)所示。

可见,具有压电性的电解质(称压电材料),能实现机-电能量的相互转换。

2. 压电材料

压电材料的主要特性参数有压电常数、弹性常数、介电常数、机电耦合系数、电阻、居里点等。目前压电材料可分为三大类:压电晶体(Piezoelectric Crystal)(单晶),包括压电石英晶体和其他压电单晶;压电陶瓷(多晶半导瓷);新型压电材料,包括压电半导体和有机高分子压电材料。

(1)压电晶体

石英晶体(SiO_2)俗称水晶,有天然和人工之分。目前传感器中使用的均是以居里点为573 ℃,晶体结构为六角晶系的α-石英,其外形如图4.35所示,呈六角棱柱体,由m,R,r,s,x共5组30个晶面组成。

在讨论晶体结构时,常采用对称晶轴坐标$abcd$。其中c轴与晶体上、下晶锥顶点连线重合,如图4.36所示(此图为左旋石英晶体,与右旋石英晶体的结构成镜像对称,压电效应极性相反)。在讨论晶体机电特性时,采用xyz右手直角坐标系较方便,并统一规定:x轴与a(或b,d)轴重合,称电轴,它穿过六棱柱的棱线,在垂直于此轴的面上压电效应最强;y轴垂直m面,称机轴,在电场的作用下,沿该轴方向的机械变形最明显;z轴与c轴重合,称光轴,也称中性轴,光线沿该轴通过石英晶体时,无折射,沿z轴方向上没有压电效应。

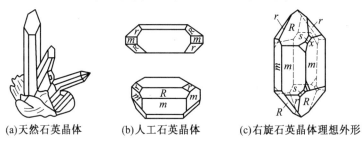

(a)天然石英晶体   (b)人工石英晶体   (c)右旋石英晶体理想外形

图4.35　石英晶体的外形

压电石英晶体的主要性能特点是:压电常数小,时间和温度稳定性极好;机械强度和品质因素高,且刚度大,固有频率高,动态特性好;居里点573 ℃,无热释电性,且绝缘性、重复性均好。

在压电单晶中除天然和人工石英晶体外,锂盐类压电和铁电单晶如铌酸锂($LiNbO_3$)、钽酸锂($LiTaO_3$)、锗酸锂($LiGeO_3$)等材料,也已在传感器技术中得到广泛应用,其中以铌酸锂为典型代表。铌酸锂是一种无色或浅黄色透明铁电晶体,结构是一种多畴单晶,必须通过极化处理后才能成为单畴单晶,从而呈现出类似单晶体的特点,即机械性能各向异性。它的时间稳定性好,居里点高达1 200 ℃,在高温、强辐射条件下,仍具有良好的压电性,且机械性能,如机电耦合系数、介电常数、频率常数等均保持不变。此外,它还具有良好的光电、声光效应,因此在光电、微声和激光等器件方面都有重要应用。不足之处是质地脆、抗机械和热冲击性差。

(2)压电陶瓷

压电陶瓷是一种经极化处理后的人工多晶铁电体。所谓"多晶",由无数细微的单晶组成;所谓"铁电体",具有类似铁磁材料磁畴的"电畴"结构。每个单晶形成一单个电畴,无数单晶电畴的无规则排列,致使原始的压电陶瓷呈现各向同性而不具有压电性,如图4.37(a)所示。要使之具有压电性,必须作极化处理,即在一定温度下对其施加强直流电场,迫使"电畴"

趋向外电场方向作规则排列,如图4.37(b)所示;极化电场去除后,趋向电畴基本保持不变,形成很强的剩余极化,从而呈现出压电性,如图4.37(c)所示。

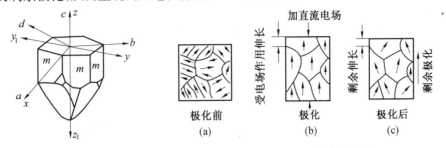

图 4.36 理想石英晶体坐标系 图 4.37 压电陶瓷的极化

m—柱面;R—大棱面;r—小棱面;s—棱界面;x—棱角面

压电陶瓷的特点是:压电常数大,灵敏度高;制造工艺成熟,可通过合理配方和掺杂等人工控制来达到所要求的性能;成形工艺性好,成本低廉,利于广泛应用。压电陶瓷除有压电性外,还具有热释电性,因此它可制作热电传感器件而用于红外探测器中。但作为压电器件应用时,会给压电传感器造成热干扰,降低稳定性。所以,对高稳定性的传感器,压电陶瓷的应用受到限制。

常用的压电陶瓷,按其组成基本元素多少可分为二元系压电陶瓷和三元系压电陶瓷。前者主要包括钛酸钡($BaTiO_3$)、钛酸铅($PbTiO_3$)等,其中尤以锆钛酸铅系列压电陶瓷应用最广。后者包括专门制造耐高温、高压和电击穿性能的铌锰酸铅系、镁碲酸铅等。而综合性能更为优越的四元系压电陶瓷也已经研制成功并使用。图4.38所示为常用压电陶瓷实物图。

图 4.38 常用压电陶瓷实物图

4.3.2 压电元件结构形式

在实际使用中,如果仅用单片压电元件工作,要产生足够的表面电荷需要很大的作用力,因此,一般采用两片或两片以上压电元件组合在一起使用。由于压电元件是有极性的,因此连接方法有两种:并联连接和串联连接(见图4.39)。

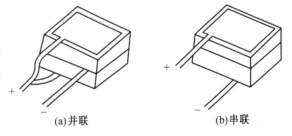

图 4.39 压电元件的并联和串联

1. 并联连接

如图 4.39(a) 所示,两压电片的负极都集中在中间电极上,正电极在两边的电极上。其输出电容 C' 为单片电容 C 的两倍,但输出电压 U' 等于单片电压 U,极板上电荷量 q' 为单片电荷量 q 的两倍,即

$$C' = 2C, \quad U' = U, \quad q' = U'C' = 2q \tag{4.14}$$

并联连接电容量大,输出电荷量大,适用于测量缓变信号和以电荷为输出的场合。

2. 串联连接

如图 4.39(b) 所示,正电荷集中在上极板,负电荷集中在下极板,而中间的极板上片产生的负电荷与下片产生的正电荷相互抵消。输出的总电荷 q' 等于单片电荷 q,而输出电压 U' 为单片电压 U 的两倍,总电容 C' 为单片电容 C 的一半,即

$$q = q', \quad U' = 2U, \quad C' = q'/U' = C/2 \tag{4.15}$$

串联连接输出电压大,本身电容小,适用于以电压作为输出信号,并且测量电路输入阻抗很高的场合。

4.3.3 等效电路

从功能上讲,压电器件实际上是一个电荷发生器(Charge Generator)。设压电材料的相对介电常数为 ε_r,极化面积为 A,两极面间距离(压电片厚度)为 d,可将压电元件视为一个电容器,压电元件内部电容量为

$$C_a = \varepsilon_0 \varepsilon_r A/d \tag{4.16}$$

因此,从性质上讲,压电器件实质上又是一个有源电容器,通常其绝缘电阻 $R_a \geqslant 10^{10}\,\Omega$。

当需要压电元件输出电压时,可把它等效成一个压电元件的理想等效电路与电容串联的电压源,如图 4.40(a) 所示。在开路状态,其输出端电压和电压灵敏度分别为

$$U_a = Q/C_a \tag{4.17}$$

$$S_u = U_a/F = Q/(C_a F) \tag{4.18}$$

式中,F 为作用在压电元件上的外力。

当需要压电元件输出电荷时,可把它等效成一个与电容相并联的电荷源,如图 4.40(b) 所示。同样,在开路状态,输出端电荷和电荷灵敏度分别为

$$Q = C_a U_a \tag{4.19}$$

$$S_q = Q/F = C_a U_a/F \tag{4.20}$$

式中,U_a 为极板电荷形成的电压。

显然,电压灵敏度和电荷灵敏度之间可以通过压电元件(或传感器)的电容 C_a 联系起来,即 $S_u = S_q/C_a$。

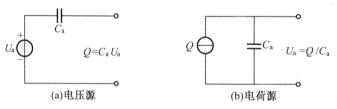

图 4.40 压电元件的理想等效电路

必须指出,上述等效电路及输出,只有在压电元件本身理想绝缘、无泄漏、输出端开路条件下才成立。在构成压电式传感器时,总要利用电缆将压电元件接入测量线路或仪器。这样,就引入了电缆的分布电容 C_c、测量放大器的输入电阻 R_i 和电容 C_i 等形成的负载阻抗影响;加之考虑压电元件并非理想元件,它内部存在泄漏电阻(即绝缘电阻 R_a),则由压电元件构成传感器的电压源实际等效电路如图 4.41(a) 中 mm' 左部所示。图 4.41(b) 所示为电荷源实际等效电路,图中电阻 R_f 和电容 C_f 为反馈电阻和反馈电容。

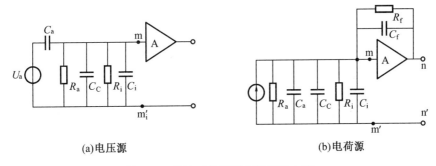

图 4.41　压电式传感器实际等效电路

4.3.4　压电式传感器应用实例

凡是能转换成力的机械量如位移、压力、冲击、振动加速度等,都可用相应的压电式传感器测量。迄今在众多形式的测振传感器中,压电加速度传感器占 80% 以上。基于逆压电效应的超声波发生器(换能器)是超声检测技术及仪器的关键器件。此外,逆压电效应还可做力和运动(位移、速度、加速度)发生器——压电驱动器。

图 4.42 所示为压电式微型料位传感器电路原理图。电路由振荡器、整流器、电压比较器及驱动器组成。振荡器是由运算放大器 IC1 组成的一种自激振荡器,压电片接在运算放大器的反馈回路。振荡器的振荡频率是压电片的自振频率,振荡信号由 C_2 耦合输出,振荡信号经整流器整流,再经 R_7,R_8 分压滤波后,获得一个固定的直流电压加在电压比较器的同相端。加在电压比较器的反相端的参考电压由 R_9,R_{10} 分压器分压获得。压电片作为物料的敏感元件,它被粘贴在外壳上。当没有物料接触到压电片时,振荡器正常振荡,电压比较器同相输入端的电压大于参考电压,使电压比较器输出高电平,从而使 VT 导通,若在输出端与电源间接入负载,负载中将有电流流过。当物料升高接触到压电片时,振荡器停振,电压比较器同相输入端为低电平,电压比较器输出低电平,VT 截止,负载中无电流流过。因此,可从传感器输出端输出的电压或负载的动作上辨别料位的情况。从传感器的工作状态看,它是一种开关型传感器,又称为物料开关。

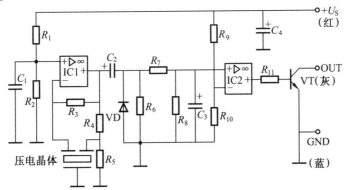

图 4.42　压电式微型料位传感器电路原理图

图 4.43 是压电式微型料位传感器测量高料位时的应用电路。在料位未达到设定高度时,继电器 KA 处于吸合状态,其动合触点 KA1 闭合,从而使接触器 KM 得电,其三相触头 KM1 ~ KM3 闭合,三相电动机运行,向储料罐内送料。与此同时,绿色发光二极管 VD2 点亮,指示料

位未超过设定的高度。这时由于继电器 KA 的动断触点 KA2 处于断开状态,红色发光二极管 VD3 不发光,蜂鸣器也不发声。当输送的物料达到设定的位置时,料位传感器中的振荡器停振,传感器中的驱动器处于截止状态,继电器 KA 失电,绿色发光二极管灭,由于 KA1 释放,接触器 KM 断电,电动机停止运行,送料停止。由于 KA2 闭合使红色发光二极管 VD3 点亮,同时蜂鸣器开始进行报警。

由于传感器的振动膜片是铜质的,所以它只适用于固体小颗粒物料或粉状物料,且要求物料无黏滞性,以免影响传感器的正常工作。

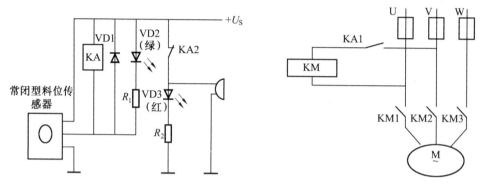

图 4.43　压电式微型料位传感器高料位控制电路图

本章小结

本章主要介绍部分有源传感器,包括光电式传感器、热电式传感器、压电式传感器,以及它们的基本原理。重点介绍了典型光电元件的特点和光电式传感器的类型及应用,热电偶的材料、类型、几个基本定律和冷端温度补偿问题。通过本章的学习,应具有分析典型有源传感器工作电路基本过程,并能根据具体功能需求设计传感器测量电路的能力。

思考与练习

1.什么是光电效应?光电效应的种类有哪些?

2.常用的光电元件种类有哪些?给出它们的电路符号和典型应用电路。

3.光敏电阻有哪些重要特性,在工业应用中是如何发挥这些特性的?

4.利用光敏器件制成的产品计数器,具有非接触、安全可靠的特点,可广泛应用于自动化生产线的产品计数,如机械零件加工、输送线产品等。试利用光电传感器设计一产品自动计数系统,简述系统工作原理。

5.光电式传感器控制电路如题图 4.1 所示,试分析电路工作原理:

(1)GP-IS01 是什么器件,内部由哪两种器件组成?

(2)当用物体遮挡光路时,发光二极管 LED 有什么变化?

(3)R_1 是什么电阻,起什么作用?如果 VD 最大额定电流为 60 mA,R_1 应该如何选择?

(4)如果 GP-IS01 中的 VD 反向连接,电路状态如何?晶体管 VT、LED 如何变化?

6.什么是热电效应?热电偶测温电路的热电势由哪两部分组成?由同一种导体组成的闭合回路能产生热电势吗?

7.热电偶为什么要进行冷端温度补偿?常用的补偿方法有哪些?

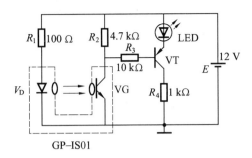

题图 4.1

8. 某热电偶灵敏度为 0.04 mV/℃, 把它放在温度为 1 200 ℃处的温度场, 若指示表(冷端)处温度为 50 ℃, 试求热电势的大小。

9. 将一灵敏度为 0.08 mV/℃的热电偶与电位计相连接测量其热电势, 电位计接线端是 30 ℃, 若电位计上读数是 60 mV, 热电偶的热端温度是多少?

10. 什么是压电效应? 试比较石英晶体和压电陶瓷的压电效应。

11. 为什么压电式传感器不能用于静态测量, 只能用于动态测量中, 而且是频率越高越好?

12. 有一压电晶体, 其面积为 20 mm^2, 厚度为 10 mm, 当受到压力 $P = 10$ MPa 作用时, 求产生的电荷量及输出电压。

13. 用压电式传感器测量最低频率为 1 Hz 的振动, 要求在 1 Hz 时灵敏度下降不超过 5%。若测量回路的总电容为 500 pF, 求所用电压前置放大器的输入电阻应为多大。

第5章 其他传感器

本章摘要:随着计算机技术、微细加工技术、传感器技术的不断发展,越来越多的传感器得到了广泛的应用,如超声波传感器、光纤传感器以及CCD图像传感器等。主要对上述传感器的工作原理、特点及应用电路进行介绍。

本章重点:超声波传感器应用电路设计、光纤陀螺仪的工作原理和应用以及CCD传感器的工作原理和图像处理方法。

5.1 超声波传感器

超声波传感器(Ultrasonic Sensor)是利用超声波的特性研制而成的传感器。超声波具有频率高、波长短、绕射现象小,方向性好、能够成为射线而定向传播,对液体、固体的穿透能力强,遇到杂质或分界面会产生显著反射形成反射回波,遇到活动物体能产生多普勒效应等特点。超声波传感器检测广泛应用在工业、国防、生物医学等方面。

5.1.1 超声波基本概念

1. 声波的概念

机械振动在弹性介质中的传播称为波动,简称为波。人耳能够听到的声波的频率范围在 $20\sim20\text{k Hz}$ 之间,即为声波;超出此频率范围的声音,即 20 Hz 以下的声音称为次声波(Infrasonic Wave),20 kHz 以上的声音称为超声波。

一般说话的频率范围为 $100\sim8$ kHz。次声波人耳听不见,但可与人体器官发生共振,$7\sim8$ Hz 的次声波会引起人的恐怖感,动作不协调,甚至导致心脏停止跳动。超声波为直线传播方式,频率越高,绕射能力越弱,反射能力越强,具有能量集中的特点。

2. 声波的波形

根据质点与波的传播方向的关系,声波主要分为纵波(Longitudinal Wave)、横波(Shear Wave)、表面波(Surface Wave)等。纵波是质点振动方向与波的传播方向一致的波;横波是质点振动方向垂直于波的传播方向的波;表面波是质点的振动介于横波与纵波之间,沿着表面传播的波。一般说来,横波只能在固体中传播,纵波能在固体、液体和气体中传播,表面波随深度增加衰减很快。为了测量各种状态下的物理量,多采用纵波。

3. 声波特性参数

描述声波在媒质中各点的强弱有两个物理量:声压和声强。声压(Sound Pressure),即介质中有声波传播时的压强与无声波传播时的压强(即静压强)之差,声压的瞬时值可正可负,其最大值为声压振幅,其单位是帕(Pa),即 N/m^2。声强(Sound Intensity),即单位时间内通过垂直于声波传播方向的单位面积上的声波能量,又称为声波的能流密度,是一个矢量,单位为 W/m^2。声波振动的频率越高,越容易获得较大的声压和声强。

声波在介质中传播的速度取决于介质的密度和弹性性质。流体中的声速随压力的增加而增加。大部分液体中声速随温度升高而减小,而水中的声速则随温度升高而增加。

超声波在均匀介质中传播时服从与几何光学类似的反射定律和折射定律。利用超声波在超声场中的物理特性和各种效应而研制的装置可称为超声波传感器,习惯上称为超声换能器(Ultrasonic Transducer)或者超声波探头(Ultrasonic Probe)。随着声成像和声全息技术的发展,超声波又有了新的应用。

5.1.2 超声波传感器基本结构和类型

1. 超声波传感器基本结构

超声波传感器也称超声波探头,按其工作原理可分为压电式、磁致伸缩式、电磁式等,以压电式最为常用。压电式超声波探头常用的材料是压电晶体和压电陶瓷,是利用压电材料的压电效应来工作的:逆压电效应将高频电振动转换成高频机械振动,从而产生超声波,可作为发射探头;而正压电效应将超声振动波转换成电信号,可作为接收探头。由于压电效应的可逆性,在实际应用中有的超声波仪表用一个探头来兼作超声波发射与接收之用。

图 5.1 所示为超声波探头的基本结构图。主要由压电晶片、吸收块(阻尼块)、保护膜、金属壳、接线片等组成。压电晶片多为圆板形,超声波频率与其厚度成反比,它的两面镀有银层,作为导电的极板。阻尼块用于降低晶片的机械品质,吸收声能量。如果没有阻尼块,当激励的电脉冲信号停止时,晶片将会继续振荡,加长超声波的脉冲宽度,使分辨率变差。

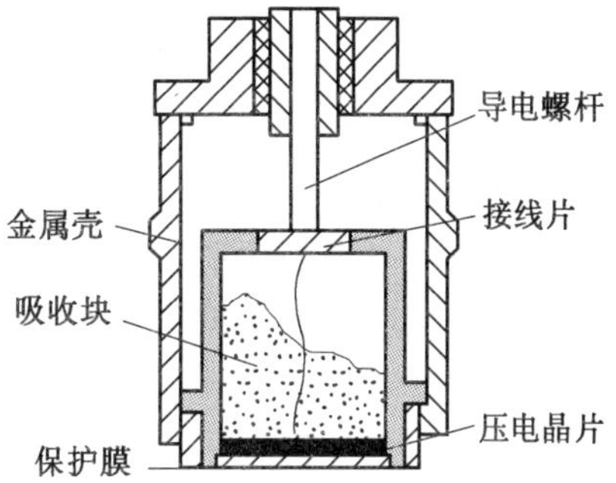

图 5.1 超声波探头不同结构

2. 超声波传感器类型

超声波探头有许多不同的结构,可分直探头(纵波)、斜探头(横波)、表面波探头(表面波)、兰姆波探头(兰姆波)、双探头(一个探头反射、一个探头接收)等。图 5.2 所示为几种超声波探头的结构,图 5.3 所示为几种不同结构超声波探头的实物图。

(1)单晶直探头(Single Crystal Straight Probe)

单晶直探头俗称直探头,压电晶片采用压电陶瓷材料制成,外壳用金属制作,保护膜用于防止压电晶片磨损。保护膜可以用三氧化二铝、碳化硼等硬度很高的耐磨材料制作。阻尼吸收块用于吸收压电晶片背面的超声脉冲能量,防止杂乱反射波的产生,提高分辨率。单晶直探头的超声波的发射和接收利用同一块晶片,但时间上有先后之分,所以其处于分时工作状态,必须用电子开关切换这两种不同的状态。

(2)双晶直探头(Dual Crystal Straight Probe)

双晶直探头由两个单晶探头组合而成,装配在同一壳体内。其中一片晶片发射超声波,另一片晶片接收超声波,两晶片之间用一片吸声性强、绝缘性能好的薄片隔离,使两种工作状态互不干扰。两晶片下方设置了一块有机玻璃制成的延迟薄片,它能使入射波和反射波均能延迟一段时间到达被测物和晶体表面,防止接近工作盲区,提高测量分辨率。一般来说,双晶直

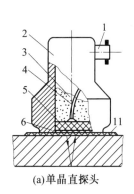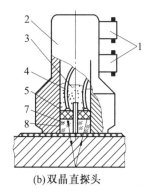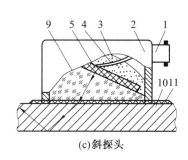

(a)单晶直探头　　　　　　(b)双晶直探头　　　　　　　　(c)斜探头

图 5.2　几种超声波探头的结构

1—接插件;2—外壳;3—阻尼吸收快;4—引线;5—压电晶体;6—保护膜;7—隔离层;8—延迟块;
9—有机玻璃斜楔块;10—试件;11—耦合剂

(a)单晶直探头　　　　　　(b)双晶直探头　　　　　　(c)斜探头

图 5.3　不同结构超声波探头实物图

探头比单晶直探头检测准确度要高,后续处理电路要比单晶直探头简单。

（3）斜探头（Angle Probe）

斜探头的压电晶片粘贴在与底面成一定角度的有机玻璃斜楔块上,压电晶片的上方用吸声性强的阻尼吸收块覆盖。当斜楔块与不同材料的被测介质(试件)接触时,超声波产生一定角度的折射,倾斜入射到试件中去,折射角可通过计算求得。

（4）空气传导型探头（Air Conduction Type Probe）

超声波探头的发射换能器和接收换能器一般分开设置,两者结构略有不同。发射器的压电片上粘贴了一只锥形共振盘,以提高发射效率和方向性。接收器的共振盘上还增加了一只阻抗匹配器,以滤除噪声,提高接收效率。空气传导的超声发生器和接收器的有效工作范围可达几米至几十米。图 5.4 所示为空气传导型探头结构图。

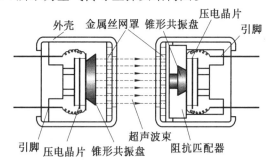

图 5.4　空气传导型探头结构图

5.1.3　超声波传感器的应用

超声波传感器技术应用在生产实践的不同方面,医学上用做超声诊断;在工业方面,用于金属的无损探伤、超声波测厚、超声波测量液位等等。未来,超声波将与信息技术、新材料技术结合,出现更多的智能化、高灵敏度的超声波传感器。

1. 超声波传感器用于物位测量

根据超声波探头安装方式的不同,超声波测量物位的形式主要有两种:一种是声波阻断型,另一种是声波反射型。声波反射型利用超声波回波测距原理,对液位进行连续测量,如图5.5(a)所示。声波阻断型利用超声波在气体、液体和固体介质中被吸收而衰减的情况不同,探测在超声波探头前方是否有液体或固体物料存在,如图5.5(b)所示。

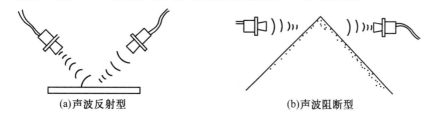

(a)声波反射型　　　　　　　　　　　(b)声波阻断型

图5.5　超声波测量物位的形式

图5.6给出几种超声物位传感器的结构原理示意图。超声波发射和接收换能器可设置在液体介质中,让超声波在液体介质中传播,如图5.6(a)所示。由于超声波在液体中衰减比较小,所以即使发射的超声脉冲幅度较小也可以传播。超声波发射和接收换能器也可以安装在液面的上方,让超声波在空气中传播,如图5.6(b)所示。这种方式便于安装和维修,但超声波在空气中的衰减比较厉害。

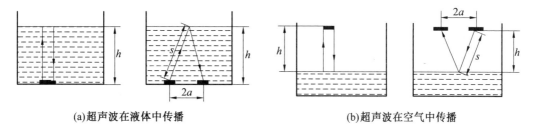

(a)超声波在液体中传播　　　　　　　　　　(b)超声波在空气中传播

图5.6　几种超声物位传感器的结构原理示意图

对于单换能器来说,超声波从发射器到液面,又从液面反射到换能器的时间为

$$t = 2h/c \tag{5.1}$$

则

$$h = ct/2 \tag{5.2}$$

式中,h 为换能器距液面的距离;c 为超声波在介质中传播的速度。

2. 超声波传感器用于移动物体探测

超声波传感器用于移动物体探测的发射电路如图5.7所示。系统采用振荡器 NE555 产生 40 kHz 的振荡信号,由 4069 反相器构成驱动电路,发送超声波传感器选用 T40-16。其接收电路如图5.8所示。反射回来的信号经超声波接收传感器 R40-16 变为电信号,经运放 A1 和 A2 放大,放大后的信号经 VD1 和 VD2 进行幅度检波后,在所探测区域没有移动物体时输出为零,有移动物体时就有电信号,该信号再经 A3、A4 放大、VD3 和 VD4 整流后对 C_{13} 充电,当充电电压达到一定幅度,比较器 A6 翻转,驱动有关电路进行动作(声光报警等)。C_{13} 越大,检测到移动物体时保持该状态的时间越长。电路中,电位器 R_{P1} 用于调节发送电路的振荡频率。在接收器前面无移动物体时调 R_{P4} 使 LED 熄灭,然后,人在前面活动,调 R_{P2} 使 LED 亮,最后再调 R_{P2} 和 R_{P3} 即可。

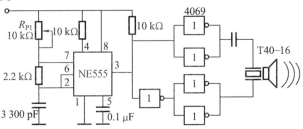

图 5.7　超声波传感器用于移动物体探测的发射电路

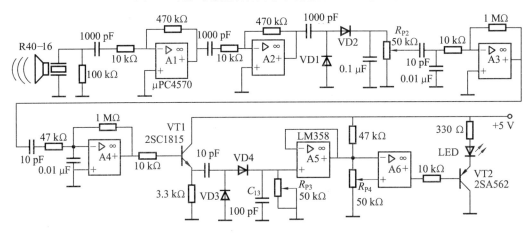

图 5.8　超声波传感器用于移动物体探测的接收电路

5.2　光纤传感器

　　光纤传感器(Fiber Optic Sensor)是 20 世纪 70 年代中期发展起来的,它与常规传感器相比,最大优点是对电磁干扰的高度防卫,而且可以制成小型紧凑的器件,具有多路复用的能力等,在灵敏度、动态范围、可靠性等方面也具有明显的优势。

5.2.1　光纤基本知识

1.光纤结构

　　光纤的典型结构是一种细长多层同轴圆柱形实体复合纤维,自内向外为纤芯(Core)、包层(Cladding)、涂覆层(Coating)(见图 5.9(a))。其核心部分为纤芯和包层。芯径一般为 50 μm 或 62.5 μm,材质为石英玻璃。包层直径一般为 100～200 μm,折射率略低于纤芯,材质为 SiO_2。纤芯和包层共同构成介质光波导(Optical Waveguide)(所谓"光波导"是指能够约束并导引光波在其内部或表面附近沿其轴线方向传播的传输介质),常将二者构成的光纤称为裸光纤。裸光纤是一种脆性易碎材料,抗弯曲性能差,韧性差。如果将若干根裸光纤集束成一捆,相互间极易产生磨损,导致光纤表面损伤而影响光纤的传输性能。为防止这种损伤,在裸光纤表面涂一层高分子,提高光纤的微弯性能,这就是涂覆层,材质为硅酮或丙烯酸盐。

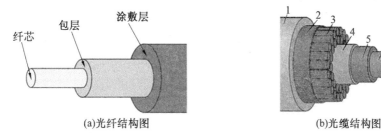

(a)光纤结构图　　　　　　　　　　(b)光缆结构图

图5.9　光纤及光缆结构图

1—聚乙烯层;2—聚酯树脂或沥青层;3—钢绞线层;4—铝质防水层;5—聚碳酸酯层;
6—铜管或铝管;7—石蜡烷烃层;8—光纤束

　　一定数量的光纤按照一定方式组成缆心,外面包有护套,有的还包覆外护层,这样就形成了实现光信号传输的一种通信线路——光缆(Optical Fiber Cable)。光缆主要结构是光纤、塑料保护套管及塑料外皮。光缆按敷设方式分类有自承重架空光缆、管道光缆和海底光缆等;按结构分类有束管式光缆、层绞式光缆、紧抱式光缆和可分支光缆等;按用途分类有长途通信用光缆、短途室外光缆和建筑物内用光缆等。图5.9(b)为海底光缆结构图。

2. 光纤传输原理

　　光纤中应用的光的波长有850 nm,1 310 nm 和1 550 nm 三种。由物理学可知,光从一种物质射向另一种物质时,在两种物质交界面处会产生折射和反射。而且,折射光的角度会随入射光的角度变化而变化。当入射光的角度达到或超过某一角度时,折射光会消失,入射光全部被反射回来,这就是光的全反射(Total Reflection)。

　　当光线以不同角度入射到光纤端面时,在端面发生折射后进入光纤,进入光纤后入射到纤芯(光密介质)与包层(光疏介质)交界面,一部分透射到包层,一部分反射回纤芯。但当光线在光纤端面中心的入射角 θ 减小到某一角度 θ_c 时,光线全部反射。光被全反射时的入射角 θ_c 称临界角,只要 $\theta < \theta_c$,光在纤芯和包层界面上,经若干次全反射向前传播,最后从另一端面射出(见图5.10)。

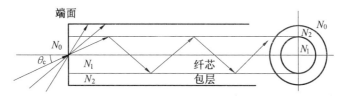

图5.10　光纤传光示意图

　　为保证全反射,必须满足全反射条件(即 $\theta < \theta_c$)。由斯乃尔(Snell)折射定律可导出光线由折射率为 N_0 处介质射入纤芯时,实现全反射的临界入射角为

$$\theta_c = \arcsin\left(\frac{1}{N_0}\sqrt{N_1^2 - N_2^2}\right) \tag{5.3}$$

式中,N_1 为纤芯的折射率;N_2 为包层折射率。

　　外介质一般为空气,空气中 $N_0 = 1$,式(5.3)可以写为

$$\theta_c = \arcsin\left(\sqrt{N_1^2 - N_2^2}\right) \tag{5.4}$$

可见,光纤临界入射角的大小是由光纤本身的性质(N_1,N_2)决定的,与光纤的几何尺寸无关。

3. 光纤特性参数

光纤的特性参数可以分为三大类,即几何特性参数、光学特性参数与传输特性参数,这里仅介绍数值孔径、衰耗系数和带宽与色散。

(1)数值孔径(Numerical Aperture,NA)

临界入射角 θ_c 的正弦函数定义为光纤的数值孔径(NA)。数值孔径表征光纤的集光能力,无论光源的发射功率有多大,只有在 $2\theta_c$ 张角之内的入射光才能被光纤接收、传播。一般 NA 越大集光能力越强,光纤与光源间耦合越容易。但 NA 越大,光信号畸变越大,要选择适当。通常,产品光纤不给出折射率,只给数值孔径。

(2)衰耗系数(Attenuation Coefficient)

光纤在传播时,由于材料的吸收、散射和弯曲处的辐射损耗影响,不可避免地要有损耗,用衰耗系数 a 表示,其定义为,每千米光纤对光功率信号的衰减值,可表示为

$$a/(\text{dB/km}) = 10\lg \frac{P_i}{P_o} \tag{5.5}$$

式中,P_i 为输入光功率值,W;P_o 为输出光功率值,W。

如果某光纤的衰耗系数 $a = 3$ dB/km,则 $P_i/P_o = 10^{0.3} \approx 2$,这意味着,经过一千米的光纤传输后,其光功率信号减少了一半。如果长度为 L 千米,则光纤衰耗值为 $A = aL$。目前光纤传播衰耗可达 0.16 dB/km。

(3)带宽与色散(Bandwidth and Dispersion)

① 带宽:实验发现,如果保证光纤的输入光功率信号大小不变,随着入射光信号频率的增加,光纤的输出光功率信号会逐渐下降,即光纤对输入信号的频率有一定的响应特性,称为带宽,用带宽系数表示,定义为:一千米长的光纤,其输出光功率信号下降到其最大值的一半时,对应的入射光信号的频率。需要注意的是,由于光信号是以光功率来度量的,所以其带宽又称为 3 dB 光带宽。即光功率信号衰减 3 dB 时意味着输出光功率信号减少一半。而一般的电缆的带宽称为 6 dB 电带宽,因为输出电信号是以电压或电流来度量的。

② 色散:当一个光脉冲从光纤输入,经过一段长度的光纤传输之后,其输出端的光脉冲会变宽,甚至有了明显的失真,这说明光纤对光脉冲有展宽作用,即光纤存在着色散。光纤的色散可以分为三部分:模式色散、材料色散与波导色散。多模光纤(光纤模式在下面介绍)中模式色散占统治地位,所以其带宽又称模式色散带宽。单模光纤由于其模式色散为零,所以材料色散与波导色散占主要地位。色散是引起光纤带宽变窄的主要原因,最终会限制光纤的传输容量。

4. 光纤分类

光线的入射角必须在光纤的数值孔径范围内,光才都能进入纤芯。一旦光纤进入了纤芯,其在纤芯中可以使用的光路数也是有限的,这些光路被称为模式。按光纤中传输模式的多少,把光纤分为多模光纤和单模光纤两类。

(1)单模光纤

单模光纤(Single Mode Fiber)是指在给定的工作波长上(一般工作在 1 310 nm 和 1 550 nm)只能传输一种模态,即主模态的光纤。其内芯很小(一般约 8~10 μm),常采用激光

二极管(LD)或光谱线较窄的发光二极管(LED)作为光源,耦合部件尺寸与单模光纤配合好。由于只能传输一种模态,可以完全避免模态色散,使得传输频带很宽(一般带宽为 2 000 MHz/km),传输容量很大。这种光纤适用于大容量、长距离的光纤通信,多用于功能性光纤传感器,是未来光纤通信和光波技术发展的必然趋势。其结构示意图如图 5.11(a)所示。

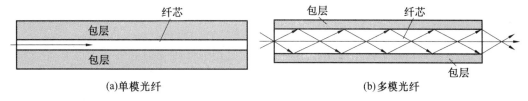

(a)单模光纤　　　　　　　　　(b)多模光纤

图 5.11　单模和多模光纤示意图

(2)多模光纤

多模光纤(Multi-mode Fiber)是指在给定的工作波长上(一般工作在 850 nm 或 1 310 nm),能以多个模态同时传输的光纤。多模光纤能承载成百上千种的模态,其芯径大(62.5 mm 或 50 mm),带宽为 50~500 MHz/km,通常采用价格较低的 LED 作为光源,耦合部件尺寸与多模光纤配合好。由于不同的传输模式具有不同传输速度和相位,因此在长距离的传输之后会产生延时,导致光脉冲变宽,即发生模态色散。由于多模光纤具有模态色散的特性,使得多模光纤的带宽变窄,降低其传输的容量,多用于非功能性光纤传感器,仅适用于较小容量的光纤通信。其结构示意图如图 5.11(b)所示。

5.2.2　光纤传感器结构及类型

1. 光纤传感器结构

光是一种电磁波,它的物理作用主要由其中的电场引起。因此,讨论光的敏感测量必须考虑光的电场强度矢量 E 的振动,设光的电场强度的瞬时表达为

$$E = A\sin(\omega t + \varphi) \tag{5.6}$$

式中,A 为电场的矢量振幅;ω 为光波振动频率;φ 为光相位;t 为光传播时间。

可见,只要使光的强度(矢量振幅 A 的大小)、偏振态(振幅的方向)、频率和相位等参量之一随被测量状态的变化而变化,或受被测量调制,那么,通过对光的强度调制、偏振调制、频率调制或相位调制等进行解调,就能获得所需要的被测量的信息。

光纤传感器就是一种把被测量的状态转变为可测的光信号的装置。由光发送器、敏感元件(光纤或非光纤的)、光接收器、信号处理系统以及光纤构成(见图 5.12)。由光发送器发出的光经源光纤引导至敏感元件,这时,光的某一性质受到被测量的调制,已调光经接收光纤耦合到光接收器,使光信号变为电信号,最后经信号处理得到所期待的被测量。

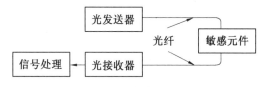

图 5.12　光纤传感器基本结构

(1)光发送器

光发送器(Transmitter)的核心是一个光源,在光纤传感器中一般采用 LD 或 LED 作为光

源。将光源、调制电路等部件组装在一个集成包内构成光发送器。新开发的面射型激光光源（Vertical Cavity Surface Emitting Laser，VCSEL）也在逐渐得到使用。

（2）光接收器

光发送器发射的光信号经传输后，不仅幅度衰减，而且脉冲波形也展宽，光接收器（Receiver）的作用是检测经过传输的微弱光信号，并放大、整形，再生成原传输信号。其主要组成如下：

①光电探测器。它的主要作用是利用光电效应把光信号转变为电信号。目前，在光通信系统中常用的光电检测器是 PIN 光电二极管和雪崩二极管。

②光学接收系统。它的作用是将空间传播的光场收集并汇聚到探测器表面。

③信号处理。空间光通信系统中，光接收机接收到的信号是十分微弱的，接收端信噪比很小，需要对信号进行处理。通常方法：一是在光学信道上，采用光窄带滤波器对所接收光信号进行处理，以抑制背景杂散光的干扰；二是在电信道上，采用前置放大器将光电探测器产生的微弱的光生电流信号转化为电压信号，再通过主放大器对信号进行进一步放大；然后采用均衡和滤波等方法对信号进行整形和处理，最后通过时钟提取、判决电路及解码电路，恢复出发送端的信息。

2. 光纤传感器类型

（1）根据光纤在传感器中的作用分类

① 非功能型光纤传感器（Non-Function Fiber，NFF）：又称传光型，光纤仅起导光作用，只"传"不"感"，对外界信息的"感觉"功能依靠其他物理性质的功能元件完成。光纤不连续，此类光纤传感器无需特殊光纤及其他特殊技术，比较容易实现，成本低。但灵敏度也较低，用于对灵敏度要求不太高的场合，实用化的大都是非功能型的光纤传感器（见图 5.12）。

② 功能型光纤传感器（Function Fiber，FF）：又称全光纤型，是利用对外界信息具有敏感能力和检测能力的光纤做传感元件，将"传"和"感"合为一体的传感器。光纤不仅起传光作用，而且还利用光纤在外界因素（弯曲、相变）的作用下，及其光学特性（光强、相位、偏振态等）的变化来实现"传"和"感"的功能（见图 5.13（a））。其优点是结构紧凑、灵敏度高。其缺点是须用特殊光纤，成本高。其典型例子是光纤陀螺、光纤水听器等。

③ 拾光型光纤传感器（Pickup Optical Fiber，POF）：用光纤作为探头，接收由被测对象辐射的光或被其反射、散射的光（见图 5.13（b））。其典型例子如光纤激光多普勒速度计、辐射式光纤温度传感器等。

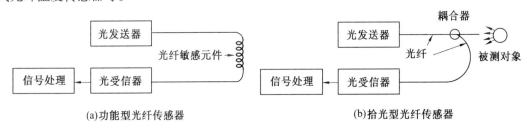

(a)功能型光纤传感器　　　　　　　　　(b)拾光型光纤传感器

图 5.13　功能型和拾光型光纤传感器示意图

（2）根据光受被测对象的调制形式分类

① 强度调制型（Intensity Modulated）：它是一种利用被测对象的变化引起敏感元件的折射率、吸收或反射等参数的变化，从而导致光强度变化来实现敏感测量的传感器。有的利用光纤

的微弯损耗,有的利用物质的吸收特性,有的利用振动膜或液晶的反射光强度变化的特性等来构成压力、振动、温度、位移、气体等各种强度调制型光纤传感器。其缺点是受光源强度波动和连接器损耗变化等影响较大。

② 偏振调制型(Polarization Modulated):它是一种利用光偏振态变化来传递被测对象信息的传感器。有的利用光在磁场中媒质内传播的法拉第效应做成的电流、磁场传感器;有的利用光在电场中的压电晶体内传播的泡尔效应做成的电场、电压传感器等。这类传感器不受光源强度变化的影响,灵敏度高。

③ 频率调制型(Frequency Modulated):它是一种利用单色光射到被测物体上反射回来的光的频率发生变化来进行监测的传感器。有的利用运动物体反射光和散射光的多普勒效应而形成光纤速度、流速、振动、压力、加速度传感器;有的利用物质受强光照射时的喇曼散射构成的测量气体浓度或监测大气污染的气体传感器;有的利用光致发光形成温度传感器等。

④ 相位调制型(Phase Modulated):它利用被测对象对敏感元件的作用,使敏感元件的折射率或传播常数发生变化,而导致光的相位变化,用两束单色光所产生的干涉条纹的变化量确定光的相位变化量,从而得到被测对象的信息。有的利用光弹效应形成声、压力或振动传感器;有的利用磁致伸缩效应形成电流、磁场传感器;有的利用光纤萨格纳克效应形成旋转角速度传感器等。其灵敏度很高,但由于须用特殊光纤及高精度监测系统,因此成本高。

5.2.3　光纤传感器的应用

光纤传感器可以用于磁、声、压力、温度、加速度、陀螺、位移、液面、转矩、光声、电流和应变等物理量的测量。它广泛用于军事、智能系统、医学等方面。军事方面,如光纤制导武器、光纤陀螺、光纤水听器、光纤加速度计、光纤压力传感器等。智能系统方面,如光纤机器人、智能制造与柔性加工、电力继电保护与火灾报警、发动机内部故障诊断等。医学方面,如胃镜、神经修复等。下面以光纤陀螺为例介绍光纤传感器的实际应用。

陀螺仪(Gyroscope)即"旋转指示器",是测量角速率和角偏差的一种传感器。其测量原理是,一个旋转物体的旋转轴所指的方向在不受外力影响时,是不会改变的,即定轴性。目前,常见的陀螺仪包括机械式和光纤式两大类。机械式陀螺仪结构如图 5.14 所示,它对工艺结构的要求很高,结构复杂,它的精度受到很多方面的制约。

1913 年法国物理学家萨格纳克(Sagnac)在物理实验中发现了旋转角速率对光的干涉现象的影响,这就启发人们,利用光的干涉现象测量旋转角速率。1960 年,美国科学家梅曼发明了激光器,产生了单色相干光,解决了光源的问题。1966 年,英籍华人科学家高锟提出了只要解决玻璃纯度和成分,就能获得光传输损耗极低的玻璃光纤的学说。1976 年,美国犹他大学两位教授利用萨格纳克效应研制出世界上第一个光纤陀螺(Fiber Gyroscope)原理样机。

与传统机械陀螺仪相比,光纤陀螺仪全固态,没有旋转部件和摩擦部件,寿命长,动态范围大,瞬时启动,结构简单,尺寸小,重量轻。与激光陀螺仪相比,光纤陀螺仪没有闭锁问题,也不用在石英块精密加工出光路,成本低。我国已经将光纤陀螺列为惯性技术领域重点发展的关键技术之一。

1. 萨格纳克效应

现代光纤陀螺仪(Fiber Gyroscope)包括干涉式陀螺仪和谐振式陀螺仪两种,都是根据萨格纳克的理论发展起来的。

　　萨格纳克效应是相对惯性空间转动的闭环光路中所传播光的一种普遍的相关效应,即在同一闭合光路中从同一光源发出的两束特征相同的光,以相反的方向进行传播,最后汇合到同一探测点。理想条件下,环形光路系统中的萨格纳克效应如图 5.15 所示。

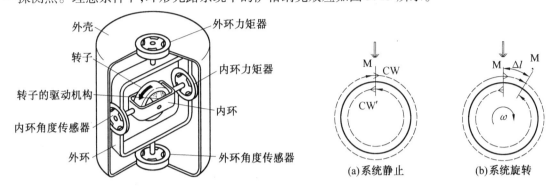

图 5.14　机械式陀螺仪　　　　图 5.15　环形光路系统中的萨格纳克效应

　　一束光经分束器 M 进入同一光学回路中,分成完全相同的两束光 CW 和 CW',分别沿顺时针方向和逆时针方向相向传播。系统静止时,即无旋转条件下,如图 5.15(a) 所示,两束光传输时间相等,假设光在光纤中传播的速度等于光在真空中传播的速度,则两束光的传输时间为

$$t_{CW} = t_{CW'} = \frac{l}{c} = \frac{2\pi R}{c} \tag{5.7}$$

式中,l 为环路周长;R 为环路半径;c 为光在真空中的传播速度。

　　系统旋转条件下,如图 5.15(b) 所示,两束光传输时间不再相等,分别为

$$t_{CW} = \frac{2\pi R}{c + \omega R}, \quad t_{CW'} = \frac{2\pi R}{c - \omega R} \tag{5.8}$$

式中,ω 为系统旋转角速度。

　　则两束光传输的时间差为

$$\Delta t = t_{CW'} - t_{CW} = \frac{4\pi \omega R^2}{c^2} \tag{5.9}$$

两束光传输的光程差为

$$\Delta l = \Delta t \cdot c = \frac{4\pi R^2 \omega}{c} \tag{5.10}$$

两束光传输的相位差为

$$\Delta \varphi_s = \frac{4\pi R l}{\lambda c} \omega \tag{5.11}$$

式中,$\Delta \varphi_s$ 为两束光传输的相位差,也称为相移;λ 为入射光的波长。

　　由式(5.10) 和式(5.11) 可知,当光学环路转动时,在不同的前进方向上,光学环路的光程相对于环路在静止时的光程都会产生变化。利用这种光程的变化,如果使不同方向上前进的光之间产生干涉来测量环路的转动速度,就可以制造出干涉式光纤陀螺仪,如果利用这种环路光程的变化来实现在环路中不断循环的光之间的干涉,也就是通过调整光纤环路的光的谐振频率进而测量环路的转动速度,就可以制造出谐振式的光纤陀螺仪。但面临的问题是,旋转角速率产生的光程差太小,很难被检测。

2. 光纤陀螺实现原理

　　光纤陀螺本质上是一个环形干涉仪,通过采用多匝光纤线圈来增强相对惯性空间的旋转

引起的萨格纳克效应。其实现原理如图 5.16 所示。

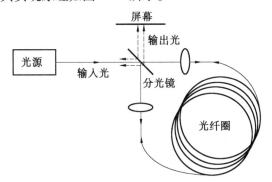

图 5.16 光纤陀螺实现原理图

假设一个光纤陀螺具有 N 匝光纤线圈,光学路径长度为 lN,则与穿越时间差对应的两光束相移 $\Delta\varphi_s$ 为

$$\Delta\varphi_s = \frac{4\pi RlN}{\lambda c}\omega = K_s\omega \tag{5.12}$$

式中,K_s 为光纤陀螺的萨格纳克刻度系数。

可以看出,提高光纤陀螺仪输出灵敏度的途径在于加大 R 和增加光纤线圈的匝数 N。

3. 光纤陀螺结构

图 5.17 所示为数字闭环光纤陀螺结构示意图。系统采用偏置调制提高信号检测灵敏度,采用闭环控制降低光电检测器工作范围,提高检测精度。

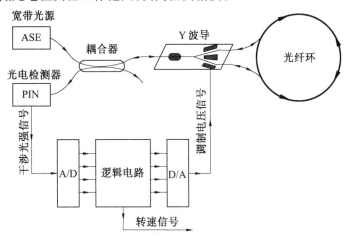

图 5.17 数字闭环光纤陀螺结构示意图

4. 光纤陀螺应用

光纤陀螺分为速率级、战术级、惯性级和战略级,几个级别主要在零偏稳定性和标度因数稳定性有所不同。速率级光纤陀螺已经产业化,主要应用于机器人、地下建造隧道、管道路径勘测装置和汽车导航等对精度要求不高的场合。战术级光纤陀螺具有寿命长、可靠性高和成本低等优点,主要用于战术导弹、近程/中程导弹和商用飞机的姿态对准参考系统中。惯性级、战略级光纤陀螺主要是用于空间定位和潜艇导航,其开发和研制正逐步走向成熟。

国外中低精度的光纤陀螺已经产品化,被广泛用于航空、航天、航海、武器系统和其他工业领域中。世界上研制光纤陀螺的单位已有40多家,包括美国霍尼韦尔(Honeywell)、利顿(Litton)、史密斯(Smith)、诺思若普(Northrops)、联信(AliedSignal)等,日本的日本航空电子工业有限公司(JAE)、三菱(Mitsubishi)公司、日立公司,德国的利铁夫(LITEF)公司,法国的法国光子(IXSEA)公司、世界著名的惯导公司,精度范围覆盖了从战术级到惯性级、战略(精密)级的各种应用。图5.18所示为光纤陀螺实物图。

图5.18　光纤陀螺实物图

5.3　CCD 图像传感器

CCD图像传感器是1969年由美国贝尔实验室首先研制成功的,作为MOS(金属−氧化物−半导体)技术的延伸而产生的一种半导体固体摄像器件。CCD与真空摄像器件相比,具有无灼伤、无滞后、体积小、低功耗、低价格、长寿命等优点。

5.3.1　CCD 图像传感器工作原理

1. 光电成像系统

光电成像系统就是利用光电变换和信号处理技术获取目标图像的系统。成像转换过程有四个方面的问题需要研究:能量方面,物体、光学系统和接收器的光度学、辐射度学性质,解决能否探测到目标的问题;成像特性,能分辨的光信号在空间和时间方面的细致程度,对多光谱成像还包括它的光谱分辨率;噪声方面,决定接收到的信号不稳定的程度或可靠性;信息传递速率方面,成像特性、噪声信息传递问题,决定能被传递的信息量大小。典型光电成像系统的组成框图如图5.19所示。

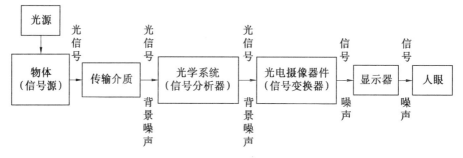

图5.19　光电成像系统的组成框图

光电成(摄)像器件是光电成像系统的核心,其功能是把入射到传感器光敏面上按空间分布的光强信息(可见光、红外辐射等),转换为按时序串行输出的电信号−视频信号,而视频信号能再现入射的光辐射图像。

目前,固体摄像器件主要有三大类:电荷耦合器件(Charge Coupled Device, CCD)、互补金属氧化物半导体图像传感器(Complementary Metal Oxide Semiconductor, CMOS)和电荷注入器件(Charge Injection Device, CID)。本书主要介绍CCD图像传感器。

2. CCD 结构及工作原理

CCD 的工作方式和人眼很相似。人眼的视网膜是由负责光强度感应的杆细胞和色彩感应的锥细胞,分工合作组成视觉感应。而 CCD 使用一种高感光度的半导体材料制成,能把光线转变成电荷,通过模数转换芯片转换成数字信号。一个 CCD 传感器由许多感光单位(光敏元(Photosensitive Unit))组成,通常以像素(Pixel)为单位。当 CCD 表面受到光线照射时,每个感光单位会将电荷反映在组件上,所有的感光单位所产生的信号加在一起,就构成了一幅完整的画面。

(1) CCD 结构

如图 5.20 所示,CCD 的结构分为三层:感光层、彩色分色片和微型镜头层。

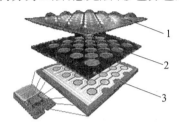

图 5.20　CCD 传感器结构图
1—感光层;2—彩色分色片;3—微型镜头层

①感光层:CCD 感光层的任务就是将光信号转化为电信号,一般由数百万个光敏元(一般为感光二极管)组成,光敏元相当于人眼视网膜上负责感应的神经细胞,当有光线照射时,光敏元两极的电势发生改变,再通过 A/D 转换最终变成数字信号。

②彩色分色片:由于每个光敏元只能记录光线的强弱,要想得到彩色的图像,还需要加上一个有色眼镜——彩色分色片。利用彩色分色片让每个像素感应不同颜色的光,然后通过计算将这些颜色组合成一个有效的像素。图 5.21 为典型的 RGB 分色片(又称 Bayer Filter,拜尔滤镜),其单位面积对绿色、红色和蓝色光摄取比例为 2∶1∶1,这是因为人眼对绿色更为敏感。另一种典型的方法是 CMYK 补色分色法,由四个通道的颜色配合而成,它们分别是青(C)、洋红(M)、黄(Y)、黑(K)。

 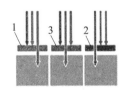 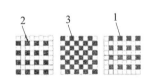

图 5.21　典型的 RGB 分色片
1—红色;2—蓝色;3—绿色

③ 微型镜头层:每个光敏元为了扩展 CCD 的采光率,必须扩展单一像素的受光面积,但是这种办法也容易使画面质量下降。因此,如图 5.22 所示,CCD 又戴上一副眼镜——微型镜头层。感光面积不再由传感器的开口面积决定,而由微型镜片的表面积决定。

(2) CCD 工作原理

①电荷存储原理:CCD 的感光层由数百万个感光单元组成,每个光敏元是一个 MOS 电容器。MOS 电容器结构如图 5.23 所示,它是在 P 型 Si 衬底表面上用氧化的办法生成一层薄薄

的 SiO_2，再在 SiO_2 表面蒸镀一层金属电极，在衬底和金属电极间加上一个偏置电压 U_g。

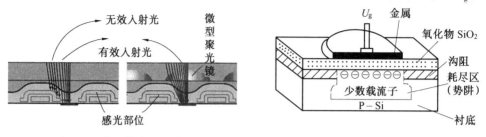

图 5.22　微型镜头层示意图　　　　图 5.23　MOS 电容器结构图

当金属电极上加正电压时，由于电场作用，电极下 P 型硅区里空穴被排斥入地成耗尽区。对电子而言，是一势能很低的区域，称"势阱"。有光线入射到硅片上时，光子作用下产生电子–空穴对，空穴被电场作用排斥出耗尽区，而电子被附近势阱吸引（俘获），此时势阱内吸收的光子数与光强度成正比。

人们称一个 MOS 电容器为一个光敏元或一个像素，把一个势阱所收集的光生电子称为一个电荷包，CCD 器件内有成百上千相互独立的 MOS 元，每个金属电极加电压，就形成成百上千个势阱。如果照射在这些光敏元上是一幅明暗起伏的图像，那么这些光敏元就感生出一幅与光照度响应的光生电荷图像。这就是 CCD 的电荷存储原理。

②电荷转移原理：CCD 以电荷为信号，光敏元上的电荷需要经过电路进行输出。读出移位寄存器也是 MOS 结构，由金属电极、氧化物、半导体三部分组成，与 MOS 光敏元的区别在于，半导体底部覆盖了一层遮光层，防止外来光线干扰，如图 5.24（a）所示。由三个十分邻近的电极组成一个耦合单元（传输单元），在三个电极上分别施加脉冲波 Φ_1，Φ_2，Φ_3（三相时钟脉冲），如图 5.24（b）所示。电荷转移过程如图 5.24（c）所示。

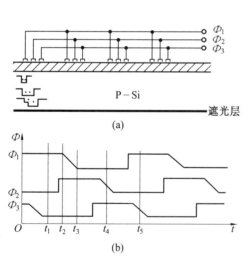

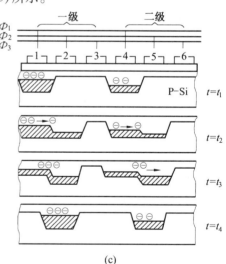

图 5.24　读出移位寄存器电荷转移原理

在 $t=t_1$ 时刻，Φ_1 高电平，Φ_2，Φ_3 低电平，Φ_1 电极下出现势阱，存入光电荷。

在 $t=t_2$ 时刻，Φ_1，Φ_2 高电平，Φ_3 低电平，Φ_1，Φ_2 电极下势阱连通，由于电极之间靠得很近，两个连通势阱形成大的势阱，存入光电荷。

在 $t=t_3$ 时刻，Φ_1 电位下降，Φ_2 保持高电平，Φ_1 因电位下降而势阱变浅，电荷逐渐向 Φ_2

势阱转移,随 $\varPhi_1$ 电位下降至零, $\varPhi_1$ 中电荷全部转移至 $\varPhi_2$。

在 $t=t_4$ 时刻, $\varPhi_1$ 低电平, $\varPhi_2$ 的电位下降, $\varPhi_3$ 高电平保持, $\varPhi_2$ 中的电荷向 $\varPhi_3$ 势阱中转移。

在 $t=t_5$ 时刻, $\varPhi_1$ 再次高电平, $\varPhi_2$ 低电平, $\varPhi_3$ 高电平逐渐下降,使 $\varPhi_3$ 中电荷向下一个传输单元的 $\varPhi_1$ 势阱转移。

这一传输过程依次下去,信号电荷按设计好的方向,在时钟脉冲控制下从寄存器的一端转移到另一端。这样一个传输过程,实际上是一个电荷耦合过程,所以称电荷耦合器件。担任电荷传输的单元称移位寄存器。

③CCD 信号输出方式:CCD 信号电荷的输出的方式主要有电流输出和电压输出两种。以电压输出型为例,电压输出有浮置扩散放大器(Floating Diffusion Amplifier, FDA)和浮置栅放大器(Floating Gate Amplifier, FGA)等方式,FDA 结构如图 5.25 所示。

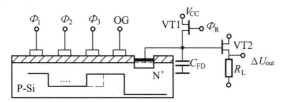

图 5.25　CCD 浮置扩散放大器结构

在与 CCD 同一芯片上集成了两个 MOSFET,即复位管 VT1 和放大管 VT2。在 $\varPhi_3$ 下的势阱未形成前,加复位脉冲 $\varPhi_R$,使复位管 VT1 导通,把浮置扩散区上一周期剩余的电荷从 VT2 的沟道抽走。当信号电荷到来时,复位管 VT1 截止,由浮置扩散区收集的信号电荷来控制放大管 VT2 的栅极电位,栅极电位为

$$\Delta U_{out} = Q / C_{FD} \tag{5.13}$$

式中, ΔU_{out} 为 VT2 的栅极电位; C_{FD} 为浮置扩散结点上的总电容。

在输出端获得的放大了的信号电压为

$$\Delta U'_{out} = \Delta U \frac{g_m R_L}{1 + g_m R_L} \tag{5.14}$$

式中, g_m 为 MOS 管 VT1 栅极与源极之间的跨导; R_L 为负载电阻。

对 ΔU_{out} 读出后,再次加复位脉冲 $\varPhi_R$,使复位管 VT1 导通,从 VT2 的沟道抽走浮置扩散区的剩余电荷,直到下一个时钟周期信号到来,如此循环下去。

3. CCD 类型

CCD 器件分为面阵 CCD 和线阵 CCD。简单地说,面阵 CCD 就是把 CCD 像素排成一个平面的器件;而线阵 CCD 是把 CCD 像素排成一条直线的器件。同时,实际的 CCD 器件光敏区和转移区是分开的,结构上有多种不同形式,如单沟道 CCD、双沟道 CCD、帧传移结构 CCD、行间转移结构 CCD 等等。

(1)线阵 CCD

线阵(Line Array)CCD 传感器是由一列 MOS 光敏元和一列移位寄存器(Shift Register)并行构成。光敏元和移位寄存器之间有一个转移控制栅(Transfer Control Gate)。单沟道线阵 CCD 结构如图 5.26(a)所示。当光敏元曝光(光积分)时,金属电极加正脉冲电压 $\varPhi_P$,光敏元吸收光生电荷,积累过程很快结束。转移栅加转移脉冲 $\varPhi_T$,转移栅被打开,光敏元俘获的光生

电荷经转移栅耦合到移位寄存器,转移时间结束后转移栅关闭。这是一个并行转移过程。接着,三相时钟脉冲(Φ_1,Φ_2,Φ_3)开始工作,读出移位寄存器的输出端G_a,一位位输出各位信息。这一过程是一个串行输出过程,输出信号送前置电路处理。CCD输出信号是一串行脉冲,脉冲幅度取决于光敏元上的光强,输出波形如图5.26(b)所示。

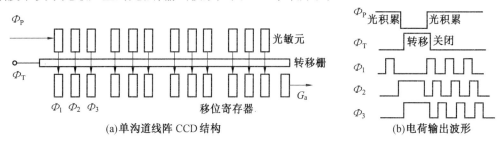

图 5.26   单沟道线阵 CCD 结构及电荷输出波形

线阵 CCD 的优点是一维像元数可以做得很多,而总像元数较面阵 CCD 少,而且像元尺寸比较灵活,帧幅数高,特别适用于一维动态目标的测量。

(2)面阵 CCD

面阵(Area Array)CCD 按一定的方式将一维线型光敏元及移位寄存器排列成二维阵列。基本构成有帧传送方式(Frame Transfer)和行间传送方式(Inter Line Transfer),如图 5.27所示。

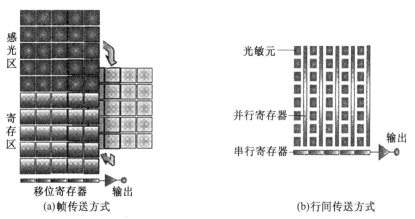

图 5.27   面阵 CCD 结构形式

帧传送方式:感光区和存储区分开,感光区在积分时间内产生与光像对应的电荷包,在积分周期结束后,利用时钟脉冲将整帧信号转移到读出寄存器;然后,整帧信号再向下移,进入水平读出移位寄存器,串行输出。这种方式的优点是动态范围宽、信噪比高、分辨率高;缺点是成像速度慢,必须借助机械快门控制曝光量。

行间传送方式:感光元件产生电信号,电荷转移到并行寄存器;然后电荷从并行寄存器转移到串行寄存器,串行寄存器将电信号转到模拟寄存器,经放大、数模转换,变成数字信息。这种方式的优点是快速(曝光和数据读出可同时进行),可采用软件控制的电子快门工作;缺点是动态范围小。

面阵 CCD 的优点是可以获取二维图像信息,测量图像直观;缺点是像元总数虽多,但每行的像元数较少,帧幅率受到限制。它主要用于面积、形状、尺寸、位置及温度等的测量。

（3）CCD 新技术

40 年来,CCD 器件及其应用技术研究取得了惊人进展,这里介绍三个比较成功的技术。

① Supper CCD:CCD 感光元件正常工作范围内,能感知的最弱光线到最强光线的范围还远远不及人眼,传统的胶片技术提供非常广的动态范围,是通过胶片的多层结构对不同标准感光来实现的。富士公司的 Supper CCD 技术模仿胶片的感光方式,通过两个光敏二极管提供不同的感光标准(分别是高感光度的 S 像素和 R 像素),用来感应光线的明暗变化,取得比一般感光元件更广的动态范围,并且将光电二极管的形状制成八角形,倾斜 45°排列像素的 CCD 传感器。这样就改变了彩色滤光片的排列,使同色像素沿倾斜方向邻接,在进行提高感光度的像素混合处理时,使倾斜邻接的同色像素组合,减少了伪色的发生。图 5.28 所示为普通 CCD((a)图)和 Supper CCD((b)图)感光元件的分布对比。

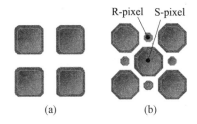

图 5.28　普通 CCD 和 Supper CCD 感光元件的分布对比

② 蜂窝技术(Cellular Technology):为了使影像的颜色变得鲜艳和锐利,美国 Foveon 公司发布了 X3 技术,又称蜂窝技术或马赛克技术。该技术放弃了不规则分布的彩色滤光片,而采用三个感光层,分别对 RGB 颜色感光,从而确保光线被 100% 摄取。蜂窝技术图如图 5.29 所示。

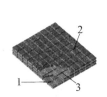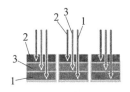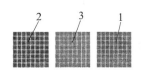

图 5.29　CCD 蜂窝技术
1—红色;2—蓝色;3—绿色

③ 三 CCD 技术:就是采用三个 CCD 来成像,首先光线通过一个特殊的分光棱镜,得到红、绿、蓝三束光线,然后用三个 CCD 感光器分别感光,以得到非常高的图像质量。

4. CCD 特性参数

CCD 器件的特性参数可分为内部参数和外部参数两类,内部参数描述的是 CCD 存储和转移信号电荷有关的特性(或能力),是器件理论设计的重要依据;外部参数描述的是与 CCD 应用有关的性能指标,是应用 CCD 器件时必不可少的内容。

（1）CCD 内部特性参数

① 转移效率:电荷转移效率是表征 CCD 性能好坏的重要参数。一次转移后到达下一个势阱中的电荷与原来势阱中的电荷之比称为转移效率。

② 输出饱和特性:当饱和曝光量以上的强光照射到图像传感器上时,传感器的输出电压将出现饱和,这种现象称为输出饱和特性。产生输出饱和现象的根本原因是光敏二极管或

MOS 电容器仅能产生和积蓄一定数量的光生信号电荷所致。

③ 暗输出特性:暗输出又称无照输出,是指无光像信号照射时,传感器仍有微小输出的特性,输出来源于暗(无照)电流。

④ 灵敏度:单位辐射照度产生的输出光电流表示固态图像传感器的灵敏度,它主要与固态图像传感器的像元大小有关。

⑤ 弥散:饱和曝光量以上的过亮光像会在像素内产生和积蓄起过饱和信号电荷,这时,过饱和电荷便会从一个像素的势阱经过衬底扩散到相邻像素的势阱。这样,再生图像上不应该呈现某种亮度的地方反而呈现出亮度,这种情况称为弥散现象。

⑥ 残像:对某像素扫描并读出其信号电荷之后,下一次扫描后读出信号仍受上次遗留信号电荷影响的现象称残像。

(2) CCD 外部特性参数

① CCD 尺寸:即摄像机靶面。原来多为 1/2 英寸,现在 1/3、1/4、1/5 英寸也已使用。

② CCD 像素:决定显示图像的清晰程度,像素越多,分辨率越高,图像越清晰。现在市场上大多以 25 万和 38 万像素为划界,38 万像素以上为高清晰度摄像机。

③ 水平分辨率:分辨率是用电视线(简称线 TV LINES)来表示的,彩色摄像头的分辨率在330～500 线之间。分辨率与 CCD 和镜头有关,还与摄像头电路通道的频带宽度直接相关,通常规律是 1 MHz 的频带宽度相当于清晰度为 80 线。频带越宽,图像越清晰,线数值相对越大。

④ 最小照度:CCD 对环境光线的敏感程度。照度数值越小,表示需要的光线越少,摄像头也越灵敏。月光级和星光级等高增感度摄像机可工作在很暗条件。

⑤ 扫描制式:PAL(Phase Alternating Line)制,是西德在 1962 年制定的彩色电视广播标准,采用逐行倒相正交平衡调幅的技术;NTSC(National Television Standards Committee)制,是美国国家电视标准委员会标准,主要应用于日本、美国、加拿大、墨西哥等。

⑥ 信噪比:典型值为 46 dB,若为 50 dB,则图像有少量噪声,但图像质量良好;若为 60 dB,则图像质量优良,不出现噪声。

⑦ 视频输出:多为 1 V_{P-P}、75 Ω,均采用 BNC 接头。

⑧ 镜头安装方式:有 C 和 CS 方式,二者间不同之处在于感光距离不同。

5.3.2 视频图像采集和处理概述

1. 图像采集方法

CCD 图像传感器输出的模拟视频信号包括图像信号、行与场消隐信号、行与场同步信号等七种信号。图像采集(Image Acquisition)方法很多,主要有两类:自动图像采集和基于处理器的图像采集。

(1)自动图像采集

自动图像采集一般采用专用图像采集卡或图像采集芯片,自动完成图像的采集、帧存储器地址生成以及图像数据的刷新等(见图 5.30)。除了要对采集模式进行设定外,主处理器不参与采集过程。这种方法的特点是采集不占用控制器的时间,实时性好,适用于活动图像的采集,但电路较复杂,成本较高。

(2)基于处理器的图像采集

基于处理器的图像采集一般采用视频 A/D 转换器实现图像的采集,整个过程在控制器的

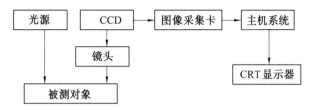

图 5.30 自动图像采集系统框图

控制下完成,由控制器启动 A/D 转换器,读取转换数据,将数据存入帧存储器。其特点是数据采集占用控制器的时间,对处理器的速度要求高,但电路简单、成本低、易于实现。

2. 图像处理算法

对图像传感器的输出图像处理(Image Processing)以视觉效果最佳为其主要目的。图像处理主要包括图像采集前处理和图像采集后处理。

首先,在图像重建的过程中必须充分考虑到人眼视觉特性和图像传感器拍照对外界响应的差异,通过一些特定的算法进行调整,使得到的图像能够真实重现客观世界的每一个细节。这些调整包括伽玛校正(Gamma Correction)、色彩校正(Color Correction)以及白平衡调整(White Balance Adjustment)等。

其次,由于目前集成电路的限制,传感器在每一个像素上都只有一个单色感光元件,所以在图像重建的过程中都必须用到插值算法来得到彩色图像,即色彩插值(Color Interpolation)。

最后,为了获得较好的视觉效果,根据不同需要还要对图像进行各种增强处理,其目的主要有两个:第一,更适合人眼的感觉效果;第二,有利于后续的分析处理,这些处理包括平滑滤波、锐化(边缘提取)和直方图均衡等。

这里主要介绍图像采集后处理中的图像增强技术。

(1)平滑滤波(Smoothing Filter)

图像在采集过程中处在复杂的环境下,如光照、电磁多变等,造成图像不同程度地被噪声干扰。噪声源包括电子噪声、光子噪声、斑点噪声等,导致图像质量下降的同时,可能掩盖重要的图像细节,为此要进行必要的滤波降噪处理。根据噪声与信号的关系,图像噪声可分为加性噪声和乘性噪声两类。

① 加性噪声(Additive Noise):噪声与图像信号 $g(x,y)$ 存在与否无关,是独立于信号之外的,而且以叠加的形式对信号形成干扰。含噪图像可以表示为

$$f(x,y) = g(x,y) + n(x,y) \tag{5.15}$$

式中,$f(x,y)$ 为含噪声的图像;$n(x,y)$ 为图像中的噪声。

② 乘性噪声(Multiplicative Noise):噪声与图像信号 $g(x,y)$ 有关。分两种情况:一种是某像素处的噪声只与该像素的图像信号有关;另一种是某像素处的噪声只与该像素点及其相邻的图像信号有关。如果噪声与信号成正比,则含噪图像可以表示为

$$f(x,y) = g(x,y) + n(x,y)g(x,y) \tag{5.16}$$

此外,根据噪声服从的分布还可分为高斯噪声、泊松噪声、颗粒噪声等。如果一个噪声,其幅度服从高斯分布,功率谱密度又是均匀分布的,则称其为高斯白噪声,一般为加性噪声。

一般来说,图像的能量主要集中在其低频部分,噪声所在的频段主要在高频段,同时图像中的细节信息也主要集中在其高频部分。因此,如何去掉高频干扰又同时保持细节信息是关键。图像平滑主要用来平滑图像中的噪声,包括空域法和频域法两大类。

① 空域法:在空域中对图像进行平滑处理的主要方法是邻域平均法(均值滤波)和中值滤波。

均值滤波(Mean Filter):用几个像素灰度的平均值代替每个像素的灰度。假定有一副 $N \times N$ 像素的图像 $f(x,y)$,平滑处理后的图像为 $g(x,y)$,则 $g(x,y)$ 由下式决定

$$g(x,y) = \frac{\sum\limits_{(m,n) \in S} f(m,n)}{M} \tag{5.17}$$

式中,$x,y = 0,1,2,\cdots,N - 1$;S 为 (x,y) 点邻域中点的坐标的集合,其中不包含 (x,y) 点;M 为集合内坐标点总数。

中值滤波(Median Filter):基于排序统计理论的一种非线性信号处理技术,基本原理是把图像中一个像素点的值,用该像素点的一个邻域中各像素点的值的中值代替,让周围的像素值接近真实值,从而消除孤立的噪声点。实现方法是取某种结构的二维滑动模板,将板内像素按照像素值的大小进行排序,生成单调上升(或下降)的二维数据序列,输出为

$$g(x,y) = median\{f(x - k,y - l),(k,l \in W)\} \tag{5.18}$$

式中,W 为二维模板,通常为 2×2,3×3 区域,也可以是不同的形状,如线状,圆形,十字形,圆环形等。

中值滤波的特点是保护图像边缘的同时去除噪声。

② 频域法:将图像从空间或时间域转换到频率域,再利用变换系数反映某些图像特征的性质进行图像滤波的方法。在分析图像信号的频率特性时,图像的边缘、跳跃部分以及颗粒噪声都代表图像信号的高频分量,而大面积的背景区则代表图像信号的低频分量。利用这些内在特性可以构造低通滤波器,使低频分量顺利通过而有效地阻止高频分量,即可滤除图像的噪声,再经过反变换来取得平滑的图像。

傅里叶变换是一种常用的变换。在傅里叶变换域,频谱的直流分量正比于图像的平均亮度,噪声对应于频率较高的区域,图像实体位于频率较低的区域。由卷积定理可知

$$G(u,v) = H(u,v)F(u,v) \tag{5.19}$$

式中,$F(u,v)$ 为含有噪声的图像的傅里叶变换;$G(u,v)$ 为平滑处理后的图像的傅里叶变换;$H(u,v)$ 为传递函数,也称转移函数(即低通滤波器)。

利用 $H(u,v)$ 滤去 $F(u,v)$ 的高频成分,而低频信息基本无损失地通过。得到的 $G(u,v)$ 再经傅里叶反变换可得平滑图像。显然,选择适当的传递函数 $H(u,v)$,对频率域低通滤波关系重大。常用的几种低通滤波器有理想低通滤波器(Ideal Circular Low-pass Filter)、巴特沃斯(Butterworth)低通滤波器及指数低通滤波器等。这些低通滤波器,都能在图像内有噪声干扰成分时起到改善的作用。

(2)图像锐化(Sharpening)

物体的边缘是以图像局部特性不连续的形式出现的。图像滤波对于消除噪声是有益的,但往往使图像的边界、轮廓变得模糊。为了使图像的边缘、轮廓线以及图像的细节变得清晰,需要利用图像锐化技术,即边缘检测(Edge Detection)。

① 常见图像边缘形状:图像边缘主要存在于目标与目标、目标与背景、区域与区域(不包括色彩)之间。灰度值不连续是边缘的显著特点,这种不连续可以利用求导数的方法检测到,一般常用一阶和二阶导数来检测边缘。图像中常见的边缘剖面有三种:阶梯型、脉冲型和屋顶

型(见图 5.31)。

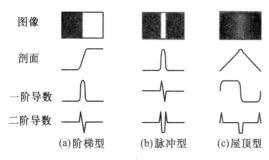

图 5.31　图像的边缘及其导数

图 5.31(a)中,阶梯型对应灰度值的剖面的一阶导数在图像由暗变明的位置处有一个向上的阶跃,其他位置为零,可用一阶导数的幅度值来检测边缘;阶梯型对应灰度值剖面的二阶导数在一阶导数的阶跃上升区有一个向上的脉冲,而在一阶导数阶跃有一个向下的脉冲,两个阶跃之间有一个过零点,它的位置正对应原始图像中边缘的位置,所以可用二阶导数过零点检测边缘位置,而二阶导数在过零点附近的符号确定边缘像素在图像边缘的暗区或明区。图 5.31(b)中,脉冲型的剖面边缘与图 5.31(a)的一阶导数形状相同,而它的两个二阶导数过零点正好分别对应脉冲的上升沿和下降沿,通过检测剖面的两个二阶导数过零点可以确定脉冲区域。图 5.31(c)中,屋顶型边缘的剖面可看做是将脉冲边缘底部展开得到的,而它的二阶导数是将脉冲剖面二阶导数的上升沿和下降沿拉开得到的,通过检测屋顶型边缘剖面的一阶导数过零点可以确定屋顶位置。

② 边缘检测一般方法:经典边缘检测方法是考查图像每个像素点的某个邻域内灰度的变化,利用边缘临近的一阶或二阶导数变化规律,对原始图像中像素的某个邻域构造边缘检测算子。

设有一个图像函数 $f(x,y)$,显然,其在点 (x,y) 的梯度(即一阶微分)是一矢量,设 G_x,G_y 分别表示沿 x 方向和 y 方向的梯度,则 $f(x,y)$ 在点 (x,y) 的梯度可以表示为

$$\nabla f(x,y) = [\, G_x, G_y \,]^{\mathrm{T}} = \left[\frac{\partial f}{\partial x}, \frac{\partial f}{\partial y}\right]^{\mathrm{T}} \tag{5.20}$$

这个梯度矢量的幅度为

$$mag(\nabla f) = g(x,y) = \sqrt{\frac{\partial^2 f}{\partial x^2} + \frac{\partial^2 f}{\partial y^2}} \tag{5.21}$$

方向角为

$$\varphi(x,y) = \arctan \left| \frac{\partial f}{\partial x} \bigg/ \frac{\partial f}{\partial y} \right| \tag{5.22}$$

考虑到采集的图像最后为数字图像,导数可以用差分方程来近似,最简单的梯度近似表达式可以写为

$$G_x = f(x,y) - f(x-1,y) \tag{5.23}$$

$$G_y = f(x,y) - f(x,y-1) \tag{5.24}$$

为提升速度、降低复杂度,梯度矢量的幅度变为

$$mag(\nabla f) = |\, G_x \,| + |\, G_y \,| \tag{5.25}$$

梯度的方向是图像函数 $f(x,y)$ 变化最快的地方,当图像中存在边缘时,一定有较大的梯

度值;而图像中较平滑的部分,灰度值变化较小,一般梯度值较小。一般在图像处理中,常把梯度的模简称为梯度,由图像梯度构成的图像称为梯度图像。

实际运算中,为降低复杂度,常用小区域模板进行卷积来近似运算。根据模板的大小及权值不同,人们提出很多边缘检测梯度算子,如:Roberts 算子、Sobel 算子、Prewitt 算子、Candy 算子、Laplace 算子等。具体方法可参阅相关参考书籍。

5.3.3 CCD 图像传感器的应用

CCD 有三大应用领域:摄像、信号处理和存储。在工业、军事和科学研究等领域中,广泛用于方位测量、遥感遥测、图像识别等,呈现出其高分辨力、高准确度、高可靠性等突出优点。这里以基于图像传感器的智能车循迹系统为例,介绍 CCD 图像传感器的应用。

1. 系统组成及功能

系统以 Freescale 16 位单片机 MC9S12XS128MAA 作为系统控制处理器,采用基于 CCD 摄像头的图像采样模块获取地形图像信息,通过软件算法提取黑色轨迹,识别当前所处位置,算出车体与黑色轨迹间的位置偏差,采用 PID 方式对舵机转向进行控制,通过光电编码器实时获取小车速度,形成速度闭环控制。

系统硬件结构主要由 HCS12 控制核心、电源管理单元、CCD 摄像头、模拟图像信号采集电路、车速检测模块、转向伺服电机控制电路和直流驱动电机控制电路组成,其系统硬件结构如图 5.32 所示。

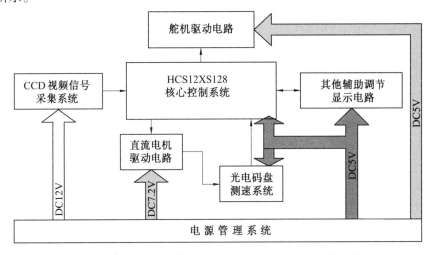

图 5.32　基于 CCD 图像传感器的智能车循迹系统硬件结构图

2. CCD 相关硬件电路设计

(1) CCD 的选择

由于 S12 芯片的处理能力不足以达到 PC 的运算能力,因此本案采用黑白显示模式、分辨率为 320×240、420 线、PAL 制式的 CCD 单板摄像头(每秒 50 帧)。由于受 S12 片内 A/D 的转换能力限制,采用增加片外 A/D 采集芯片。

(2) CCD 电源系统

系统中,电源直接影响到控制器的稳定性,例如电源电压波动很容易引起单片机复位等等,因此需要一个十分稳定的电源。CCD 电源选择凌特公司的 LT1070 作为升压芯片,LT1070

具有较大的电压输入,较大的功率输出,较低的静态电流,过载保护等优点。稳压部分采用 LM2940,两级稳压减少摄像头电源的波纹。

（3）CCD 视频信号采集系统

CCD 摄像头采集电路的核心芯片为 LM1881 和 TLC5510。LM1881 是 PAL 制式的视频解码芯片,TLC5510 是高速 ATD 并行采集芯片,其采集频率最高可达到 20 MHz,其高速采集特性满足了对视频信息处理时横向分辨率的要求。

（4）图像数据存储 SD 卡

图像数据存储 SD 卡主要用来存储系统的运行数据,用计算机辅助软件进行数据分析。SD 卡写数据的关键是能否存储更多图像信息。实际系统中,SD 卡数据写入波特率为 2 500 000,每一场的数据量为 5k 字节左右,采用隔场采集、隔场存储的方式,将车体运行状态下的图像数据以及处理后的数据保存在 SD 卡的固定扇区中,然后将其导入计算机,利用上位机软件进行信息读取。这里选择的是 PNY 的 SD 卡（2G）。

3. CCD 图像处理算法设计

系统软件部分主要包括路径识别、方向控制、速度控制和速度测量四个模块。这里主要介绍 CCD 摄像头图像信息处理算法的设计。

（1）图像的灰度变换

由于 CCD 摄像头采集的为灰度图像,而需要的图像信息主要为黑、白两色,因此需要采用图像的灰度变换技术。

图像的灰度变换（Gray-Scale Transformation, GST）是图像增强处理技术中一种非常基础、直接的空间域图像处理方法。灰度变换是根据某种目标按一定变换关系逐点改变原图像中每一个像素灰度值的方法。一般采用二值化方法,即通过非零取一、固定阈值、双固定阈值等不同的阈值变换方法,使一幅灰度图像变成黑白二值图像。这种方法的缺点是对杂点的取舍不便判断,容易造成较多的噪声,影响小车对赛道的判断。在设计中采用 0 ~ 255 间的线性灰度变化,将白色设为 255,黑色设为 0,整幅图像的灰度在 0 ~ 255 间变化。

（2）图像的平滑处理

由于 CCD 摄像头采集到的干扰噪声主要是白色赛道上的黑色杂点。因此,选用中值滤波法去除干扰噪声。考虑到 CCD 摄像头拍摄到的赛道像素点阵不高,所以中值滤波采用 3 个点的方形窗口。

（3）图像边缘检测

在这里,图像边缘检测就是检测黑色赛道的边缘,这样有利于小车更加准确地判断赛道中心线,增强寻轨精确性,提高小车稳定性。选用 Roberts 边缘检测算子进行边缘检测。Roberts 边缘检测算子主要有检测两个对角线方向和水平与垂直方向两种方式,从图像处理的角度上看,边缘定位准确,对噪声敏感。

Roberts 算子检测两个对角线方向,公式为

$$g(x,y) = |f(x,y) - f(x+1,y+1)| + |f(x,y+1) - f(x+1,y)| \tag{5.26}$$

式中,$g(x,y)$ 表示图像处理后点 (x,y) 的灰度值;$f(x,y)$ 表示图像处理前点 (x,y) 的灰度值。

Roberts 算子检测水平与垂直方向,公式为

$$g(x,y) = |f(x+1,y) - f(x,y)| + |f(x,y+1) - f(x,y)| \tag{5.27}$$

Roberts 算子检测水平与垂直方向的卷积模板为

$$\begin{bmatrix} 0 & 1 \\ -1 & 0 \end{bmatrix} \begin{bmatrix} 1 & 0 \\ 0 & -1 \end{bmatrix} \tag{5.28}$$

本章小结

本章主要介绍了超声波传感器、光纤传感器以及 CCD 图像传感器等的简单工作原理、特点及基本应用电路。重点介绍了光纤传感器的典型应用——光纤陀螺的工作原理和应用领域,CCD 图像传感器的图像处理方法。通过本章的学习,应具有根据具体功能需求设计超声波传感器测量电路以及简单的图像采集电路和图像处理算法的能力。

思考与练习

1.什么是超声波？其频率范围是多少？有哪些特性？超声波传感器可以测量哪些物理量？

2.题图 5.1 所示为汽车倒车防碰装置的示意图。请根据学过的知识分析该装置的工作原理,说明该装置还可以有其他哪些用途？

3.简述超声波传感器的发射和接收原理。

4.利用超声波测厚的基本方法是什么？已知超声波在工件中的声速为 5 640 m/s,测得的时间间隔 t 为 22 μs,试求工件厚度。

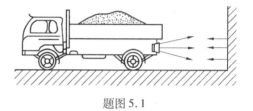
题图 5.1

5.光纤传感器的性能有何特殊之处？主要有哪些应用？

6.光纤传感器有哪两种类型？光纤传感器调制方法有哪些？

7.在光纤中,要使光纤的入射光在光纤纤芯内全反射,需满足什么条件？写出推导过程。

8.光纤损耗是如何产生的？它对光纤传感器有哪些影响？

9.求光纤 $N_1 = 1.46$, $N_2 = 1.45$ 时的 NA 值;如果外部的 $N_0 = 1$,求光纤的临界入射角。

10.简述 CCD 传感器的工作原理。

11.CCD 电荷耦合器主要由哪两个部分组成？试描述 CCD 输出信号的特点。

12.图像处理的目的是什么？一般图像处理包括哪些内容？

13.试用 Matlab 编写一段调用图像,并对图像进行二值化处理、加噪除噪、边缘提取的程序。

第6章 信号放大技术

本章摘要:本章主要介绍信号与噪声的相关知识,包括基本概念、干扰抑制技术和接地技术等;信号放大的相关知识,包括运算放大器、仪用放大器和隔离放大器的工作原理及它们在心电微弱信号检测中的使用。

本章重点:理解和掌握仪用放大器的结构特点及应用电路。

6.1 信号的干扰与噪声

6.1.1 干扰与噪声的基本概念

1. 干扰与噪声

干扰(Interference)是指有用信号以外的噪声(Noise)。噪声产生的原因主要有电子线路器件本身的电器噪声、空间电磁场造成的干扰噪声以及经过导线传输引入的干扰噪声等三种形式。噪声是绝对的,它的产生或存在不受接收者的影响,是独立的,与有用信号无关。干扰是相对于有用信号而言的,只有噪声达到一定数值,它和有用信号一起进入仪器并影响其正常工作才形成干扰。因此,噪声与干扰是因果关系,噪声是干扰之因,干扰是噪声之果。干扰在满足一定条件时,可以消除;噪声在一般情况下,难以消除,只能减弱。

噪声对检测装置的影响必须与有用信号共同分析才有意义。衡量噪声对有用信号的影响常用信噪比(Signal to Noise Ratio, S/N)来表示,它是指在信号通道中,有用信号功率P_S与噪声功率P_N之比,或有用信号电压U_S与噪声电压U_N之比。信噪比常用对数形式来表示,单位为 dB,即

$$S/N = 10\lg(P_S/P_N) = 20\lg(U_S/U_N) \tag{6.1}$$

在测量过程中应尽量提高信噪比,以减少噪声对测量结果的影响。

2. 噪声源及干扰源

(1)机械干扰

机械干扰指机械振动或冲击使电子检测装置中的元件发生振动,改变了系统的电气参数,造成可逆或不可逆的影响。对机械干扰,可选用专用减振弹簧——橡胶垫脚或吸振橡胶海绵垫来降低系统的谐振频率,吸收振动的能量,从而减小系统的振幅。

(2)湿度及化学干扰

当环境相对湿度增加时,物体表面就会附着一层水膜,并渗入材料内部,降低了绝缘强度,造成了漏电、击穿和短路等现象;潮湿还会加速金属材料的腐蚀,并产生原电池电化学干扰电压。可以采取浸漆、密封、定期通电加热驱潮等措施来加以保护。

（3）热干扰

温度波动以及不均匀的温度场对检测装置的干扰主要体现在元件参数的变化（温漂）、接触热电势干扰、寿命和耐压等级降低等。克服热干扰的防护措施有选用低温漂元件，采取软、硬件温度补偿措施等。

（4）固有噪声干扰

在电路中，电子元件本身产生的、具有随机性、宽频带的噪声称为固有噪声。最重要的固有噪声源是电阻热噪声、半导体散粒噪声和接触噪声等。

（5）电、磁噪声干扰

电磁波可以通过电网以及直接辐射的形式传播到离这些噪声源很远的检测装置中。在工频输电线附近也存在强大的交变电场，在强电流输电线附近存在干扰磁场。电磁干扰源分为两大类：自然界干扰源和人为干扰源，后者是检测系统的主要干扰源。

3. 干扰的传导模式

干扰按其进入信号检测通道的方式可分为串模干扰（差模干扰）和共模干扰。

（1）串模干扰

串模干扰（Differential Mode Interference）是指叠加在被测信号上的噪声电压。被测信号指有用的直流或变化缓慢的交变信号，噪声是无用的、变化较快、杂乱的交变电压信号。串模干扰信号与被测信号在检测回路中所处的地位相同，两者相加作为输入信号，干扰了系统真正需要检测的输入信号值，如图6.1所示。

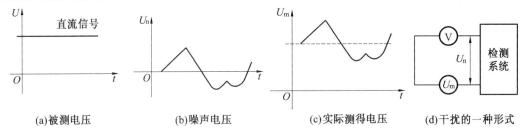

(a)被测电压　　　　(b)噪声电压　　　　(c)实际测得电压　　　　(d)干扰的一种形式

图6.1　串模干扰示意图

（2）共模干扰

共模干扰（Common Mode Interference）是两个信号端相对参考点所共有的。被测信号的参考地点和检测系统的参考地点之间往往存在一定的电位差 U_{cm}，这个电位差反映在两个信号输入端 A 和 B 上是两个大小相等、极性相同信号，这种信号称为共模干扰，如图6.2所示。

4. 干扰噪声耦合方式

（1）电容耦合（Capacitive Coupling）

两根并排的导线之间会构成分布电容，如图6.3所示为两根平行导线之间电容耦合示意电路图。其中，A,B 是两根并行的导线，C_m 是两根导线之间的分布电容，Z_i 是导线 B 的对地阻抗。如果导线 A 上有干扰源 E_n 存在，那么它就会成为导线 B 的干扰源，在导线 B 上产生干扰电压 U_n。显然，干扰电压 U_n 与干扰源 E_n、分布电容 C_m、对地阻抗 Z_i 的大小有关。

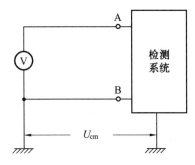

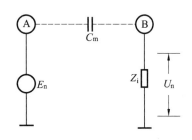

图 6.2　共模干扰示意图　　　　　　　图 6.3　导线之间的电容耦合

（2）互感耦合（Mutual Inductance Coupling）

在任何载流导体周围空间中都会产生磁场,而交变磁场则对其周围闭合电路产生感应电势。如设备内部的线圈或变压器的磁漏会引起干扰,普通的两根导线平行架设时,也会产生磁干扰,如图 6.4 所示。

如果导线 A 是承载着 10 kV·A、220 V 的交流输电线,导线 B 是与之相距 1 m 并平行走线的信号线,两者之间的互感 M 会使 B 信号线感应到高达几十毫安的干扰电压 U_n。如果导线B 是连接热电偶的信号线,那么几十毫安的干扰噪声足以淹没热电偶传感器的有用信号。

（3）公共阻抗耦合（Common Impedance Coupling）

公共阻抗耦合发生在两个电路的电流流经一个公共阻抗时,一个电路在该阻抗上的电压降会影响到另一个电路,从而产生干扰噪声,如图 6.5 所示。电路 1 和电路 2 是两个独立的回路,但接入一个公共地,拥有公共地电阻 R。当地电流 1 变化时,在 R 上产生的电压降变化就会影响到地电流 2;反之如此,形成公共阻抗耦合。

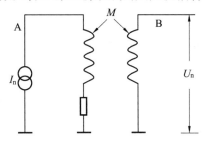

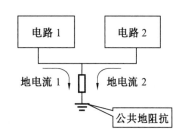

图 6.4　导线之间的磁场耦合　　　　图 6.5　公共阻抗耦合

6.1.2　干扰与噪声的抑制技术

在电子仪表或电子装置中,有时需要将电力线或磁力线的影响限定在某个范围,称之为屏蔽（Shield）。屏蔽可以抑制电场或磁场从空间的一个区域到另一个区域的传播。屏蔽的目的就是隔断场的耦合,也就是说,屏蔽主要是抑制各种场的干扰。

屏蔽可以分为三类:静电屏蔽（Electrostatic Shielding）、电磁屏蔽（Electromagnetic Shielding）、磁屏蔽（Magnetic Shielding）。

1. 静电屏蔽

静电屏蔽主要用来防止静电耦合干扰。静电屏蔽原理:处于静电平衡状态下的导体内部各点为等电位,即导体内部无电力线。利用金属导体的这一性质,并加上接地措施,则静电场的电力线应在接地金属导体处中断,从而起到隔离电场的作用。

2.电磁屏蔽

电磁屏蔽主要用来防止高频电磁场的干扰。电磁屏蔽原理:采用导电良好的金属材料做成屏蔽层,利用高频电磁场在屏蔽金属内部产生电涡流,由电涡流产生的磁场抵消或减弱干扰磁场的影响,从而达到屏蔽的效果。电磁屏蔽主要用来防止高频电磁场的影响,而对于低频磁场干扰的屏蔽效果是非常小的。图6.6所示为屏蔽盒的电磁屏蔽作用。屏蔽导体中的电流方向与线圈的电流方向相反。因此,在屏蔽盒的外部屏蔽导体电涡流产生的磁场与线圈产生的磁场相抵消,从而抑制了泄漏到屏蔽盒外部的磁力线,起到了电磁屏蔽作用。

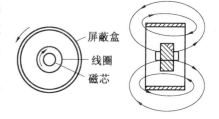

图6.6　屏蔽盒的电磁屏蔽作用

为了减少信号传输过程中的电磁干扰,信号地应尽量贴近地线,或将信号地与地线绞合在一起,使干扰源电流在双绞线中流动,双绞线相邻产生的干扰磁场具有一定的相互抵消作用。检测信号线使用双绞线对抑制电磁场干扰有一定的作用。

3.磁屏蔽

磁屏蔽主要用来防止低频磁通干扰。电磁屏蔽对低频磁通干扰的屏蔽效果很差,因此,在低频磁通干扰时要采用高导磁材料作为屏蔽层,以便将干扰磁通限制在磁阻很小的磁屏蔽体内部,防止其干扰作用。为了有效地进行低频磁屏蔽,屏蔽层材料要选用诸如坡莫合金之类对低磁通密度有高磁导率的铁磁材料,同时要有一定的厚度以减小磁阻。在磁屏蔽时磁通要进入磁屏蔽体内部,因此在设计磁屏蔽罩时应注意它的开口和接缝不要横过磁力线方向,以免增加磁阻使屏蔽性能变坏。

6.1.3　接地技术

广义接地有两方面的含义,即接实地和接虚地。接实地是指与大地相连;接虚地是指与电位基准点连接,建立系统的基准电位。如果这个基准电位与大地电气绝缘,则称为浮地连接。

接地的目的有两个:一是为了保证系统稳定可靠地运行,防止地环路引起的干扰,称为工作接地;二是为了保证操作人员和设备的安全,避免操作人员因设备绝缘损坏或下降遭受触电危险,称为保护地。正确合理的接地技术对检测系统极为重要。

1."地"的种类

电气系统的"地"一般可分为以下几种:

"信号地"(Signal Ground)是指信号的大小及极性的参考点位。

"系统地"(System Ground)是指系统中电流的公共回路和电压零位参考点。

"机壳地"(Chassis Ground)是指机壳的电位值。

"大地"是指地球,也是绝对零位电位点。

"接地"(Groundingt)是指用导线将电路与"地"相连。一般地,"信号地"与"系统地"应该连在一起,"机壳地"与"系统地"及"大地"可连可不连。某些特殊情况,如为了保证用电安全等,必须将带电的"机壳地"与"大地"连在一起。

2.接地方式

当使一个电路或系统接地时,必须将在电路之间流过公共阻抗的电流产生的噪声电压减至最小。此外,还须避免出现地回路,因为地回路容易受磁干扰和不同接地点之间的电压差的影响。图6.7所示为三种不同的接地方法及对它们进行分析的等效电路。

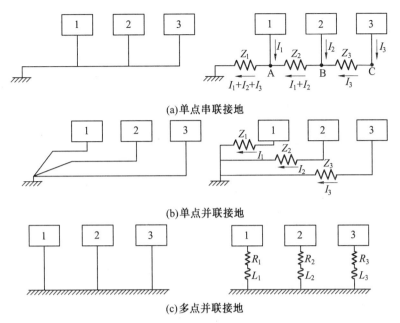

(a)单点串联接地

(b)单点并联接地

(c)多点并联接地

图6.7　几种典型信号电路接地

（1）单点接地与多点接地

在单点串联接地方法（如图6.7（a））中，每个电路的供电电流都会产生导致对每个电路有不同电压参考的压降，即

$$U_A = (I_1 + I_2 + I_3)Z_1 \tag{6.2}$$

$$U_B = (I_1 + I_2 + I_3)Z_1 + (I_2 + I_3)Z_2 \tag{6.3}$$

$$U_C = (I_1 + I_2 + I_3)Z_1 + (I_2 + I_3)Z_2 + I_3Z_3 \tag{6.4}$$

由于每个电路的输出信号都是相对于不同参考点的电压，所以这个干扰源可能很显著。因此，只要电路的供电电流不同，就不应使用这种接地方法。在任何情况下，较敏感的电路都应靠近公共参考点放置。

单点并联接地（图6.7（b））需要更复杂的物理布局，但克服了串联接地存在的问题。因此，它是低频接地的优选方法。

对于高频电路（大于10 MHz）而言，由于多点接地（图6.7（c））能获得较低的接地阻抗，故比单点接地更好。接地阻抗可以通过将其表面电镀来进一步降低。

（2）混合接地

混合接地也称为分别回流法单点接地，它既包含了单点接地的特性，又包含了多点接地的特性。例如，系统内的低频部分需要单点接地，高频部分需要多点接地，但最后所有地线都汇总到公共的参考地。如图6.8所示是混合接地示意图，其中地线分成三大类：电源地、信号地、屏蔽地。所有的电源地线都接到电源地汇流条，所有的信号地线都接到信号地汇流条，所有的屏蔽地线都接到屏蔽地汇流条。在空间上，将电源地、信号地和屏蔽地汇流条间隔开，以避免通过汇流条间电容产生耦合。三根总地线最后汇聚一点，通常通过铜接地板交汇，用线径不小于30 m的多股软铜线焊接在接地板上深埋地下。

汇流条分为横向汇流条和纵向汇流条，由多层铜导体构成，截面呈矩形，各层之间有绝缘层。采用多层汇流条可以减少自感，防止干扰的窜入。横向汇流条及纵向汇流条的合理安排，

会最大限度减小公共阻抗的影响。

（3）信号输入通道接地

系统中的传感器、变送器和放大器通常采用屏蔽罩,信号的传送使用屏蔽线,这些屏蔽层的接地需要非常谨慎,应遵守单点接地原则。输入信号源有接地和浮地两种情况,相应的接地电路也有两种情况:一是信号源端接地,接收端放大器浮地,则放大器屏蔽层与信号线屏蔽层连接后,同在信号源端接地;二是接收端接地,信号源端浮地,则信号源屏蔽层与信号线屏蔽层一起连接至接收端接地处。

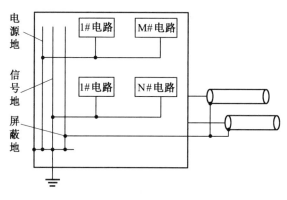

图 6.8　混合接地方式

单点接地是为了避免屏蔽层与地之间产生的回路电流通过屏蔽层与信号线间的分布电容产生干扰信号,从而影响传输的模拟信号质量。

（4）强电地线与信号地线分开设置

强电地线指电源地线、大功率负载地线等,其上流过的电流非常大,在地线电阻上产生 mV 或 V 级压降。如果这种地线与信号地线共用,就会对信号地线产生很强的干扰,因此需要分别设置。

（5）模拟信号地线与数字信号地线分开设置

模拟信号一般比较弱,数字信号通常比较强,且呈尖峰脉冲形式。如果两种信号共用一条地线,数字信号就会通过地线电阻对模拟信号构成干扰,因此两种地线应分开设置。

（6）印制电路板的地线分布

电路板地线宽度由通过它的电流大小决定,一般不小于 3 mm。在可能的条件下,地线越宽越好。旁路电容的地线不能长,应尽量缩短;大电流的零电位地线应尽量宽,而且必须与小信号的地线分开,如图 6.9 所示。

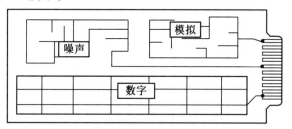

图 6.9　电路板上地线分布

6.2　仪用放大器和隔离放大器

6.2.1　运算放大器应用基础

1.集成运算放大器

从运算放大器(Operational Amplifier)的电路结构来看,它是一种具有高放大倍数、带深度负反馈的直接耦合放大器,其输入网络和反馈网络由非线性元件组成,可对输入信号进行多种数学运算和处理。

图 6.10 是运算放大器的代表符号,一个输出端 U_o,两个输入端,即同相端 U_+ 和反相端 U_-,其输出电压为

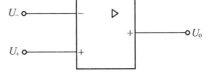

$$U_o = A_u(U_+ - U_-) \tag{6.5}$$

式中,A_u 为放大器的开环增益。

（1）理想运算放大器的三个基本特性（见图 6.11）

图 6.10　运算放大器

① 输入偏置电流为零;

② 开环差动电压增益为无穷大;

③ 差动输入阻抗为无穷大,输出阻抗为零。

（2）理想运算放大器电路的两条设计原则

① 理想运算放大器两个输入端之间的电压为零（等电位点）;

② 理想运算放大器两个输入端都没有电流流入或流出。

但实际的运算放大器,其性能指标不可能达到理想运放的要求,不同的运放,其程度不一,性能也略有不同,因此许多参数也不一样。判断一个实际运算放大器性能的优劣,主要从其技术指标来判断,下面介绍运算放大器的技术指标含义。

（3）实际运算放大器技术指标含义

① 开环增益 A_u:在标准的电源电压和规定的负载电阻条件下,放大器开环时输出电压与输入电压之比,定义为开环增益 A_u,即

$$A_u = \frac{U_o}{U_i} \tag{6.6}$$

$$A_u/\text{dB} = 20\lg \frac{U_o}{U_i}$$

这是集成运放的一个重要参数,一般希望其值越大越好,目前常用的集成电路开环增益一般在 60 ~ 140 dB。

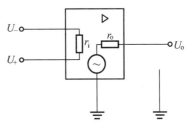

② 输入失调电压 U_{os}:在室温（25 ℃）及标准电源电压下,输入电压为零时,为使集成运放的输出电压为零,而施加在输入端的补偿电压称输入失调电压（U_{os}）,这个值越小越好,一般 U_{os} 约为 0.5 ~ 5 mV。

③ 输入偏置电流 I_b 和输入失调电流 I_{os}:当输出电压为

图 6.11　理想运放

零时,流入放大器两个输入端的电流平均值即为输入偏置电流 I_b,这是一项重要指标,一般希望 I_b 越小越好,这样可以减少由于信号源内阻变化而引起输出电压的变化,其值一般为 1 nA ~ 100 μA。

输入失调电流是指在上述情况下两个输入端电流的差值。由于信号源内阻的存在,I_{os} 会引入一输入电压,破坏放大器平衡,因此希望 I_{os} 越小越好。

④ 温度漂移:放大器的温漂主要由输入失调电压和输入失调电流引起,输入失调电压引起的温漂是对集成运放电压漂移特性的度量,一般在 1 ~ 50 μV/℃,高质量低温漂运放可小于 0.5 μV/℃。输入失调电流引起的温漂是对放大器电流漂移的度量,高质量的运放每度只有几个皮安(pA)。

⑤ 最大差模输入电压 U_{idmax}：U_{idmax} 是放大器的反相和同相输入端所能承受的最大电压值。超过这个电压，可能导致运放内部三极管击穿而使其性能恶化或永久性损坏。

⑥ 最大共模输入电压 U_{icmax}：超过 U_{icmax} 值，将导致运放共模抑制比显著下降，其值一般是使运放做电压跟随器时，输出电压产生 1% 跟随误差的共模输入电压值。

⑦ 差模输入电阻 R_{id}：运放开环时，两个输入端差模电压的变化量 ΔU_i 与由它所引起的电流变化量 ΔI_i 之比，称为差模输入电阻 R_{id}，其值一般在几十千欧到几十兆欧左右。

⑧ 开环输出电阻：运放开环时，其输出级输出电阻，用 R_o 表示。R_o 的大小表示运放的负载驱动能力。

⑨ 全功率带宽：在正弦电压作用下，如运放接成单位增益，且处于全功率输出状态，这时继续增加正弦电压频率，当输出信号失真到规定值时对应的正弦频率为全功率带宽，用 f_p 表示。

2. 常用运算放大器

（1）理想运算放大器构成的基本电路

① 反相放大器：

$$\frac{U_o}{U_i} = - \frac{R_f}{R_1} \qquad (6.7)$$

图 6.12（a）为反相放大器（Inverting Amplifier），其特点为：输出与输入信号极性反相；电压放大倍数即 R_f/R_1 可大于 1，也可小于 1；放大器的输入阻抗较小，$r_i = R_1$；只能放大对地的单端信号。

② 同相放大器：

$$\frac{U_o}{U_i} = 1 + \frac{R_f}{R_1} \qquad (6.8)$$

图 6.12（b）为同相比例放大器（Inphase Proportional Amplifier），其特点为：输出信号与输入信号极性同相；电压放大倍数大于等于 1；放大器的输入阻抗很大；只能放大单端信号。

由于同相比例放大器的输入电阻很高，所以它与反相比例放大器的最大区别在于分析电路时根本不用考虑它的输入电阻对电桥输出的影响。

③ 加法器（见图 6.12（c））：

$$U_o = - \left(\frac{R_f}{R_1} U_1 + \frac{R_f}{R_2} U_2 \right) \qquad (6.9)$$

④ 电流-电压变换器（见图 6.12（d））：

$$U_o = I_o R_f \qquad (6.10)$$

⑤ 积分器（见图 6.12（e））：

设积分时间为 T，电容 C 的初始电压为零，则有

$$U_o = - \frac{1}{R_1 C} \int_0^T U_i \mathrm{d}t \qquad (6.11)$$

（2）差动放大器（见图 6.13）

差动放大器（Differential Amplifier）对共模信号（大小相等、极性相同的信号）有较强的抑制放大作用，而对差模信号（大小相同、极性相反的信号）则有较好的放大作用。

当 $R_1 = R_1'$，$R_f = R_f'$ 时，有

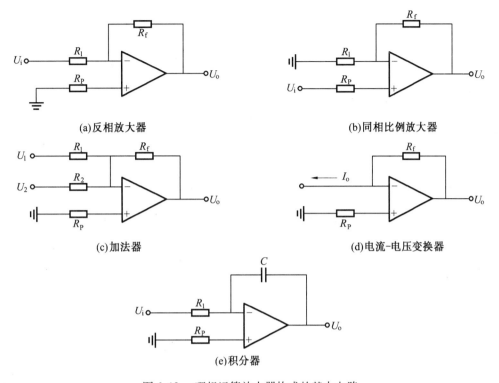

(a)反相放大器

(b)同相比例放大器

(c)加法器

(d)电流-电压变换器

(e)积分器

图 6.12 理想运算放大器构成的基本电路

$$\frac{U_o}{U_2 - U_1} = \frac{R_f}{R_1} \tag{6.12}$$

① 电压增益:差模电压增益为

$$A_{ud} = \frac{R_f}{R_1} \tag{6.13}$$

共模电压增益:如果 $U_1 = U_2 = U_g$,即输入信号为共模信号,则有

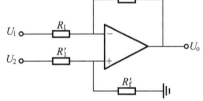

图 6.13 差动放大电路

$$A_{uc} = \frac{U_o}{U_g} = \frac{R_f' - R_f}{R_1} = \frac{\Delta R_f}{R_1} \tag{6.14}$$

② 共模抑制比:为了说明差动放大电路抑制共模信号的能力,常用共模抑制比(Common Mode Rejection Ratio,CMRR)作为一项技术指标来衡量。

差动放大器对差模电压信号的放大倍数与对共模电压信号的放大倍数之比为共模抑制比,即

$$CMRR = \left| \frac{A_{ud}}{A_{uc}} \right| \tag{6.15}$$

以分贝表示为

$$CMRR/dB = 20\log \left| \frac{A_{ud}}{A_{uc}} \right| \tag{6.16}$$

【注意】 差动放大器对差模信号放大能力越强,抑制共模信号能力越强,则共模抑制比越大;电路参数完全对称的理想情况下,$CMRR \to \infty$。实际上,一般能达到 $10^3 \sim 10^6$,约 $60 \sim 120$ dB。

6.2.2 仪用放大器

仪用放大器(Instrumentation Amplifier)是一种精密的差动电压增益器件。它的特点是:高输入阻抗,低偏置电流,低失调和低漂移,高共模抑制比,平衡的差动输入和单端输出。

它特别适合在比较恶劣的环境下做精密测量用,它的主要用途是做传感器的信号放大,或用做叠加有共模信号的差模小信号的前置放大。

如果要求输入电路与输出电路和电源之间实现电流或电阻的隔离或者当共模电压很高的时候,应采用隔离放大器。

1. 典型的仪用放大器的工作原理

(1)结构

仪用放大器的结构形式如图6.14所示,仪用放大器由三个运放组成,信号双端输入,单端输出。

(2)差动信号的放大倍数

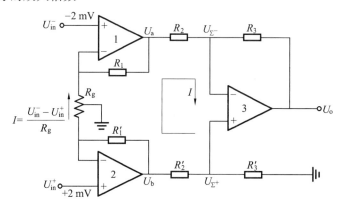

图6.14 仪用放大器的结构形式

① 叠加法:当 $U_{in}^+ = 0$ 时

$$U_a = U_{in}^-\left(\frac{R_1 + R_g}{R_g}\right) \tag{6.17}$$

$$U_b = -U_{in}^-\left(\frac{R_1'}{R_g}\right) \tag{6.18}$$

当 $U_{in}^- = 0$ 时

$$U_a = -U_{in}^+\left(\frac{R_1}{R_g}\right) \tag{6.19}$$

$$U_b = U_{in}^+\left(\frac{R_1' + R_g}{R_g}\right) \tag{6.20}$$

根据叠加定理,有

$$\begin{cases} U_a = U_{in}^-\left(\dfrac{R_1 + R_g}{R_g}\right) - U_{in}^+\left(\dfrac{R_1}{R_g}\right) \\ U_b = U_{in}^+\left(\dfrac{R_1' + R_g}{R_g}\right) - U_{in}^-\left(\dfrac{R_1'}{R_g}\right) \end{cases} \tag{6.21}$$

再有

$$\begin{cases} U_{\Sigma^-} = U_o - \left(\dfrac{U_o - U_a}{R_2 + R_3} \right) R_3 \\[3mm] U_{\Sigma^+} = U_b - \dfrac{U_b R_2'}{R_2' + R_3'} \end{cases} \tag{6.22}$$

且有 $U_{\Sigma^+} = U_{\Sigma^-}$,如果有 $R_1 = R_1', R_2 = R_2', R_3 = R_3'$,则有

$$U_o = \frac{R_3}{R_2}(U_b - U_a) \tag{6.23}$$

代入 U_a, U_b 化简得

$$U_o = \left(\frac{2R_1}{R_g} + 1 \right) \left(\frac{R_3}{R_2} \right) (U_{in}^+ - U_{in}^-) \tag{6.24}$$

② 直接法:

$$\begin{cases} I = \dfrac{U_{in}^+ - U_{in}^-}{R_g} \\[3mm] U_b = U_{in}^+ + I R_1' = U_{in}^+ \left(\dfrac{R_g + R_1'}{R_g} \right) - U_{in}^- \dfrac{R_1'}{R_g} \\[3mm] U_a = U_{in}^- - I R_1 = U_{in}^- \left(\dfrac{R_g + R_1}{R_g} \right) - U_{in}^+ \dfrac{R_1}{R_g} \end{cases} \tag{6.25}$$

再有

$$\begin{cases} U_{\Sigma^+} = U_b - \dfrac{U_b R_2'}{R_2' + R_3'} \\[3mm] U_{\Sigma^-} = U_o - \dfrac{(U_o - U_a) R_3}{R_2 + R_3} \end{cases} \tag{6.26}$$

由于 $U_{\Sigma^+} = U_{\Sigma^-}$,将 $U_{\Sigma^+}, U_{\Sigma^-}$ 代入,并经化简,得

$$\frac{U_b R_3'}{R_2' + R_3'} = \frac{U_o R_2 + U_a R_3}{R_2 + R_3} \tag{6.27}$$

假设 $R_2' + R_3' = R_2 + R_3$,则有

$$\frac{U_o}{U_b - U_a} = \frac{R_3}{R_2} \tag{6.28}$$

在 $R_1 = R_1'$ 的前提下,由前面所知

$$U_b - U_a = \frac{2R_1 + R_g}{R_g}(U_{in}^+ - U_{in}^-) \tag{6.29}$$

代入可得

$$\frac{U_o}{U_{in}^+ - U_{in}^-} = \left(1 + \frac{2R_1}{R_g} \right) \frac{R_3}{R_2} \tag{6.30}$$

(3) 共模信号的放大倍数

如果共模信号 U_g 直接加在仪用放大器的同相输入端和反相输入端,由图 6.14 可知,R_g 两端电位差为零(R_g 两端电位均为 U_g),因此 R_g 中无电流通过。根据理想集成运算放大器的具体特性可知,电阻 R_1 与 R_1' 中也没有电流通过,因此 U_a, U_b 与 U_{in}^+, U_{in}^- 均是等电位点,对于共模

电压 U_g 输入的图 6.14 等效于图 6.15 的情况。

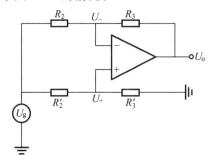

图 6.15　仪用放大器的共模电路

图 6.15 中,设共模信号 U_g 同时加在 R_2 和 R_2' 的输入端,则有

$$\begin{cases} U_- = U_o - \dfrac{(U_o - U_g)}{R_2 + R_3} R_3 \\ U_+ = U_g - \dfrac{U_g R_2'}{R_2' + R_3'} \end{cases} \quad (6.31)$$

由于 $U_- = U_+$,所以有

$$U_o - \frac{(U_o - U_g) R_3}{R_2 + R_3} = U_g - \frac{U_g R_2'}{R_2' + R_3'} \quad (6.32)$$

在假定 $R_2 + R_3 \approx R_2' + R_3'$ 时,有

$$U_o R_2 = (R_3' - R_3) U_g$$

所以有

$$\frac{U_o}{U_g} = \frac{R_3' - R_3}{R_2} = \frac{\Delta R_3}{R_2} \quad (6.33)$$

从上式可以看出,差动放大器对共模信号的增益与电路中失配电阻的大小成正比,如果电路中对称的电阻匹配得很好,该放大器对直流共模干扰的抑制将会很强。

2.集成仪用放大器

美国 Analog Devices 公司生产的 AD612 和 AD614 型测量放大器,是根据测量放大器原理设计的典型的三运放结构单片集成电路。其他型号的测量放大器,虽然电路有所区别,但基本性能是一致的。

(1)电路结构

AD612 和 AD614 是一种高精度、高速度的测量放大器,能在恶劣环境下工作,具有很好的交直流特性。其内部电路结构如图 6.16 所示。

(2)电路特点

电路中所有电阻都是采用激光自动修刻工艺制作的高精度薄膜电阻,用这些网络电阻构成的放大器增益精度高,最大增益误差不超过 $\pm 10 \times 10^{-6}/^\circ\mathrm{C}$,用户可以很方便地连接这些网络的引脚,获得 $1 \sim 1\,024$ 倍二进制关系的增益。

在(1)端和(2)端之间外接一个电阻 R_G,则增益为 $A_f = 1 + 80/R_G$;当 A1 的反相端(1)和精密电阻网络的各引出端(3)~(12)不相连时,$R_G = \infty$,$A_f = 1$;当精密电阻网络引出端(3)~(10)

分别和(1)端相连时,按二进制关系建立增益,其范围为 $2^1 \sim 2^8$。

例如,当要求增益为 2^9 时,需把引出端(10)、(11)均与(1)端相连;当要求增益为 2^{10},需把(10)、(11)和(12)端均与(1)端相连。

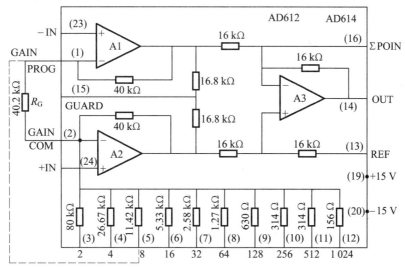

图 6.16　美国 Analog Devices 公司 AD612 和 AD614 测量放大器内部电路

6.2.3　隔离放大器

由于普通放大器电路的输入与输出和电源之间有着电流和电阻上的联系,允许的最大共模输入电压较低(一般不超过 ± 15 V)。当需要测量叠加有高共模电压的低电平信号时,或需要确保数据处理设备不被输入和输出端的高共模电压所损坏时,以及当接地会妨碍信号源的地系统时,都不应该使用普通放大器,而应采用隔离放大器(Isolation Amplifier)。

隔离放大器的输入与输出以及输入与输出的电源之间是相互隔离的,实现隔离的方法主要有两种:一种是采用载波调制放大器(Carrier Modulation Amplifier)(变压器);另一种是采用光电耦合器(Photoelectric Coupler)。

1.载波调制放大器工作原理

图 6.17 为载波调制放大器,放大器 A1 输出的直流信号通过调制器调制为交流信号,并通过耦合线圈传递给解调器,解调器再将信号解调出来传递给放大器 A2。

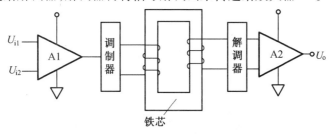

图 6.17　载波调制放大器

图 6.18 为变压器耦合式隔离放大器 Model 277 的结构图。Model 277 的输入电路由精密运算放大器 A1 构成,6,7,8 三个引脚用于放大器调零,2 脚为运放 A1 的输出,供外接元件以组成反馈放大器。A1 的输出由调制器变为交流,通过变压器耦合到输出模块。在输出模块中

解调器把由变压器得到的交流信号转变为直流信号,并经运算放大器 A2 放大输出。

Model 277 的电源是由 14,15,16 引脚接入,由于输入模块和输出模块之间不能有电的连接,所以输出模块中的电源不能直接接到输入模块。Model 277 选用逆变器将直流电源逆变为交流,通过变压器耦合到输入模块,再通过整流滤波将它变回为直流。

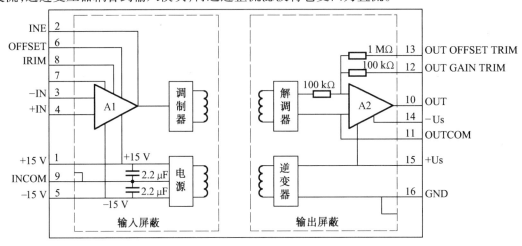

图 6.18　Model 277 隔离放大器结构框图

2. 光电耦合器构成的隔离放大器

(1)光电耦合器

光电耦合器是由发光器件与光敏器件组成,以光-电方式进行耦合的器件的总称。由于电信号的传递是通过光束进行的,所以,光电耦合器的输出端对输入端无反馈作用,处于隔离状态,因此有时把光电耦合器称为光电隔离器。

(2)由光电耦合器构成的隔离放大器(见图 6.19)

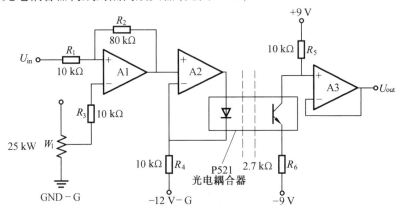

图 6.19　光电耦合器构成的隔离放大器

在线性电路中应用的光电耦合器件关键之处在于要保证发光二极管和受光三极管都工作在线性区,以确保信号不失真。因此,光电耦合器的静态工作点选择就显得尤为重要。在图 6.19 中,A2 的静态工作点由反相输入端到负电源的下拉电阻 R_4 确定,同时,发光管的阴极电位也由该电阻确定。通过调节 W_1 使 A1 的输出能够处在发光管的线性工作区。受光管的工作点由 R_5 和 R_6 两个电阻及±9 V 电源决定。图中发光二极管串在放大器 A2 的反馈回路,A2 的输出电压使发光二极管发光,而受光三极管收到光的作用产生电信号并传递给 A3,实现了电—光—电信号的转换,在 A2 和 A3 电信号中起隔离作用。

6.3　多级放大器的级联及在微弱信号检测中的应用

1. 人体心电信号简介

人体心电信号是一种典型的毫伏、微伏级输出,而且内阻很大(可达几十万欧)的信号源,必须用仪用放大器对其进行几千倍的放大和滤波处理后才可送到数字系统中进行 A/D 转换等后续处理。

2. 电源与信号的隔离要求

由于心电放大器的信号输入直接与人体相连,为了绝对保证人体的安全要求,必须使人体与 220 V 市电相隔离,这种隔离包括电源隔离和信号隔离两部分。电源隔离采用 DC-DC 隔离电源模块,而信号的隔离则需要专门的电路来实现。

3. 仪用放大器与隔离放大器的应用

多级直流耦合放大电路的各级工作点会相互影响,常见的问题是由于温漂而导致工作点发生变化,从而使得整个放大电路的工作点发生严重漂移,严重时将使电路无法工作。采用级间阻容耦合可以解决温漂引起的工作点移动问题,但是对较低频率信号和直流信号电路将不起作用。

在集成多级放大电路中,不能制作大容量的电容器,因而集成电路内部只能采用级间直接耦合的方式。为了克服级间耦合的温漂问题,采用温度补偿的手段。

在图 6.20 的心电放大电路原理图中,①为三运放构成的前置放大器;②为隔直电路;③为隔直电容的泄流电路,它同时兼有滤波作用;④为起隔离作用的跟随器电路;⑤为直流电位调整及放大电路,其目的是为后级的光电隔离器提供一个合适的工作点;⑥为光电耦合器发光管的驱动电路;⑦为光电耦合器光电转换的输出电路;⑧为后面专门要讲的陷波器电路;⑨为隔直与泄流电路;⑩为放大滤波电路;⑪为阻抗匹配电路。

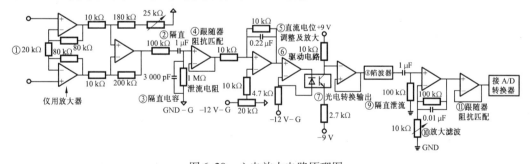

图 6.20　心电放大电路原理图

本章小结

本章主要介绍了信号的干扰和噪声基础知识。结合心电信号的检测介绍了仪用放大器、隔离放大器的工作原理及应用。重点为各种放大器的使用方法及在检测系统中使用的注意事项。通过本章的学习,应具有根据具体信号放大的基本需求,设计相应信号放大电路的能力。

思考与练习

1. 常见的噪声干扰有哪几种？如何防护？

2. 屏蔽有几种形式？各起什么作用？

3. 接地有几种形式？各起什么作用？

4. 测量放大器的特点是什么？什么条件下使用它？

5. 隔离放大器有什么隔离措施？隔离的目的是什么？

6. 在心电信号的放大器回路中为什么要采取光电隔离措施？这种措施是属于线性电路隔离还是数字电路隔离，二者有什么差别？

7. 简述差动放大电路抑制零点漂移的理由。

8. 分别求出题图 6.1(a) 的 $\dfrac{U_o}{U_2 - U_1}$ 以及题图 6.1(b) 的 $\dfrac{U_o}{U_g}$。

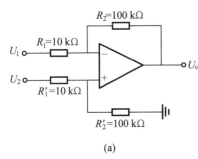
(a)

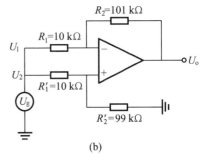
(b)

题图 6.1

9. 什么是共模抑制比？题图 6.2 中，已知电桥电源电压 $U = 5$ V，$R = 100\ \Omega$，R_x 为 $100\ \Omega$ 应变片，其灵敏度系数为 2，应变为 0.005，测量放大器 AD612 共模抑制比为 120 dB，试计算测量放大器 AD612 的输出电压 U_o。

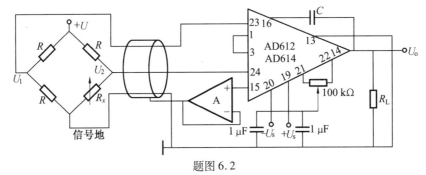

题图 6.2

10. 总结常用放大器的种类和它们的应用特点。

第7章 信号滤波技术

本章摘要:信号滤波技术是对噪声和干扰进行抑制的有效手段。本章将按滤波器的不同分类介绍几种常用滤波器的原理及应用。

本章重点:掌握各种滤波器的特点、设计方法和基本电路。

7.1 滤波器概述

滤波器(Filter Circuit)是一种选频装置,可以使信号中特定的频率成分通过,而极大地衰减其他频率成分。在测试装置中,利用滤波器的这种筛选作用,可以滤除干扰噪声或进行频谱分析。

7.1.1 滤波器分类

1. 按所处理的信号分类

滤波器按所处理的信号分为模拟滤波器和数字滤波器两种。模拟滤波器用模拟电路实现,数字滤波器用计算机、数字信号处理芯片等完成有关数字处理,通过一定运算关系改变输入信号的频谱分布。数字滤波器和模拟滤波器都起改变频谱分布的作用,只是信号的形式和实现滤波的方法不同。一般来说,模拟滤波器成本低、功耗小,目前频率可达几十兆赫兹;数字滤波器则精度高,稳定、灵活,便于实现模拟滤波器难以实现的特殊滤波功能。

2. 按所通过信号的频段分类

滤波器按所通过信号的频段分为低通(Low-pass)、高通(High-pass)、带通(Band-pass)和带阻(Band-stop)滤波器四种。图7.1为四种滤波器的幅频特性。

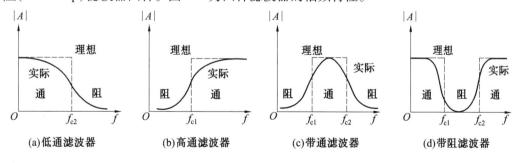

图 7.1 四种滤波器的幅频特性

① 低通滤波器可以使信号中低于 f_{c2} 的频率成分几乎不受衰减地通过,而高于 f_{c2} 的频率成分受到极大的衰减。

②高通滤波器与低通滤波器相反,它可以使信号中高于f_{c1}的频率成分几乎不受衰减地通过,而低于f_{c1}的频率成分受到极大的衰减。

③带通滤波器的通频带在f_{c1}~f_{c2}之间。它可以使信号中高于f_{c1}而低于f_{c2}的频率成分几乎不受衰减地通过,而其他成分受到极大的衰减。

④带阻滤波器与带通滤波器相反,阻带在频率f_{c1}~f_{c2}之间。它使信号中高于f_{c1}而低于f_{c2}的频率成分受到极大的衰减,其余频率成分几乎不受衰减地通过。

3. 按所采用的元器件分类

滤波器按所采用的元器件分为无源和有源滤波器两种。

(1)无源滤波器(Passive Filter):仅由无源元件(R、C和L)组成的滤波器,它是利用电容和电感元件的电抗随频率的变化而变化的原理构成的。其优点是电路比较简单,不需要直流电源供电,可靠性高;缺点是通带内的信号有能量损耗,负载效应比较明显,使用电感元件时容易引起电磁感应,在低频域使用时电感的体积和质量较大。

(2)有源滤波器(Active Filter):由无源元件(一般用R和C)和有源器件(如集成运算放大器)组成。其优点是:通带内的信号不仅没有能量损耗,而且还可以放大,负载效应不明显,多级相联时相互影响很小,利用简单的级联方法很容易构成高阶滤波器,并且滤波器的体积质量小、不需要磁屏蔽(由于不使用电感元件);缺点是:通带范围受有源器件(如集成运算放大器)的带宽限制,而且需要直流电源供电,可靠性不如无源滤波器高,在高压、高频、大功率的场合不适用。

4. 按微分方程或传递函数的阶数分类

滤波器按微分方程或传递函数的阶数分为一阶滤波器(One Order Filter)、二阶滤波器(Two Order Filter)或高阶滤波器(High Order Filter)等。

7.1.2 滤波器的主要技术指标

图 7.2 表示理想带通(虚线)与实际带通(粗实线)滤波器的幅频特性。对于理想滤波器,只需规定截止频率就可以说明它的性能;而对于实际滤波器,由于其特性曲线没有明显的转折点,通带中幅频特性也并非常数,因此需要用更多的参数来描述实际滤波器的性能。

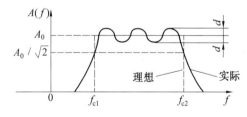

图 7.2 理想带通与实际带通滤波器的幅频特性

1. 波纹幅度 d

实际滤波器在通带内的幅频特性不像理想滤波器那样平直,可能呈波纹变化,其波动的幅度称为波纹幅度(Ripple Amplitude),用d表示。d与通带内幅频特性的平均值A_0相比越小越好,一般应远小于 − 3 dB。

2. 截止频率

实际滤波器没有明显的截止频率(Cutoff Frequency),为保证通带内的信号幅值不会产生较明显的衰减,一般规定幅频特性值等于$A_0/\sqrt{2}$时所对应的频率f_{c2}、f_{c1}称为滤波器的上、下截止频率。

3. 带宽 B 和品质因数值 Q

上下截止频率之间的频率范围称为滤波器带宽(Bandwidth)(用 B 表示),或 -3 dB 带宽,单位为 Hz。滤波器的品质因数 Q 是中心频率 f_0 和带宽 B 的比值,中心频率的定义是上下截止频率的几何平均值,即

$$f_0 = \sqrt{f_{c1}f_{c2}} \tag{7.1}$$

则

$$Q = \frac{f_0}{B} = \frac{\sqrt{f_{c1}f_{c2}}}{f_{c2} - f_{c1}} \tag{7.2}$$

品质因数(Quality Factor) Q 也用来衡量滤波器分离相邻频率成分的能力。Q 值越大,滤波器的分辨力越高。

7.2　无源滤波器

7.2.1　一阶无源低通滤波器

常用的一阶滤波器由一个电阻和一个电容组成,如图 7.3 所示,其输出电压和输入电压的关系为

$$\dot{U}_o = \frac{\dot{U}_i}{1 + j\omega RC} \tag{7.3}$$

其频率特性函数为

$$H(j\omega) = \frac{\dot{U}_o}{\dot{U}_i} = \frac{1}{1 + j\omega RC} = \frac{1}{\sqrt{1 + (\omega RC)^2}} \underline{/-\arctan(\omega RC)} \tag{7.4}$$

其中 $\dfrac{1}{\sqrt{1 + (\omega RC)^2}} = A(\omega)$ 是滤波器的幅频特性, $-\arctan(\omega RC) = \varphi(\omega)$ 是滤波器的相频特性,如图 7.3 所示。

该电路的截止频率 $f_c = \dfrac{1}{2\pi RC}$,当信号频率 $f \ll f_c$ 时,$A(\omega) \approx 1$,信号几乎不衰减,而当 $f \gg f_c$ 时,信号将衰减很大。当 $f = f_c$ 时,$A(\omega) = \dfrac{1}{\sqrt{2}}$,用分贝数表示为 -3 dB。

7.2.2　一阶无源高通滤波器

一阶无源高通滤波器如图 7.4 所示,其输出电压和输入电压的关系为

$$\dot{U}_o = \frac{j\omega RC \dot{U}_i}{1 + j\omega RC} \tag{7.5}$$

其频率特性函数为

$$H(j\omega) = \frac{\dot{U}_o}{\dot{U}_i} = \frac{j\omega RC}{1 + j\omega RC} = \frac{\omega RC}{\sqrt{1 + (\omega RC)^2}} \underline{/90° - \arctan(\omega RC)} \tag{7.6}$$

其中 $A(\omega) = \dfrac{\omega RC}{\sqrt{1 + (\omega RC)^2}}$ 是滤波器的幅频特性,$\varphi(\omega) = 90° - \arctan(\omega RC)$ 是滤波器的相频

特性,如图 7.4 所示。

该电路的截止频率 $f_c = \dfrac{1}{2\pi RC}$,当信号频率 $f \gg f_c$ 时,$A(\omega) \approx 1$,信号几乎不衰减,而当 $f \ll f_c$ 时,信号将衰减很大。当 $f = f_c$ 时,$A(\omega) = \dfrac{1}{\sqrt{2}}$,用分贝数表示为 $-3\ dB$。

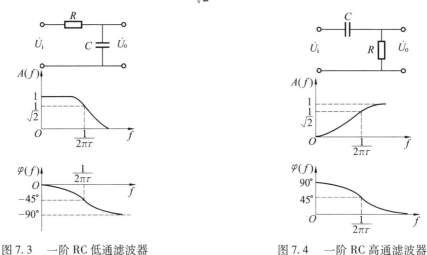

图 7.3　一阶 RC 低通滤波器　　　　　图 7.4　一阶 RC 高通滤波器

7.2.3　滤波器的串／并联

低通滤波器和高通滤波器是滤波器的两种最基本的形式,其他的滤波器都可以分解为这两种类型的滤波器。带通滤波器是低通滤波器和高通滤波器串联而成,带阻滤波器是低通滤波器和高通滤波器并联而成,如图 7.5 所示。

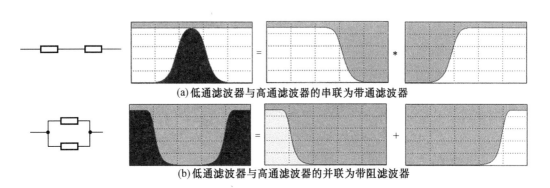

(a)低通滤波器与高通滤波器的串联为带通滤波器

(b)低通滤波器与高通滤波器的并联为带阻滤波器

图 7.5　滤波器的级联

7.3　有源滤波器

7.3.1　有源低通滤波器

一阶滤波器通带衰减率为 $-20\ dB/$ 十倍频程,因此在过渡区衰减缓慢,选择性不佳。把无源 RC 滤波器串联,虽然也可以提高阶次,但受级间耦合的影响,效果是互相削弱的,且信号的幅值也逐级减弱。为了克服这些缺点,常采用有源滤波器。

有源滤波器由调谐网络和运算放大器(有源器件)组成。运算放大器既可起级间隔离作用,又可起信号幅值的放大作用。RC网络则通常作为运算放大器的负反馈网络。运算放大器的负反馈电路若是高通滤波网络,则得到有源低通滤波器;若用带阻网络做负反馈,则得到带通滤波器。

1.一阶有源低通滤波器

低通滤波器就是抑制高频信号而通过低频信号的滤波电路。图7.6所示为一阶有源低通滤波电路及其幅频特性。由最基本的无源RC网络接到集成运放同相端而成,由于C并联在同相端,所以高频时U_+得到的信号很小,即高频被衰减,低频可以通过。

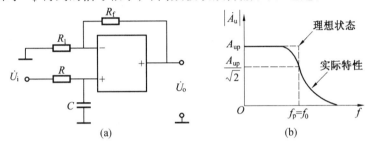

图7.6 一阶有源低通滤波器

由同相放大器的公式知

$$\dot{U}_o = \left(1 + \frac{R_f}{R_1}\right)\dot{U}_+ = \left(1 + \frac{R_f}{R_1}\right)\frac{\frac{1}{j\omega C}}{R + \frac{1}{j\omega C}}\dot{U}_i \tag{7.7}$$

则

$$\dot{A}_u = \frac{\dot{U}_o}{\dot{U}_i} = \left(1 + \frac{R_f}{R_1}\right)\frac{1}{1 + j\omega RC} = \left(1 + \frac{R_f}{R_1}\right)\frac{1}{1 + j\frac{f}{f_o}} \tag{7.8}$$

式中,$f_0 = \dfrac{1}{2\pi RC}$为通带的特征频率。

因此其幅频特性为

$$|\dot{A}_u| = \left(1 + \frac{R_f}{R_1}\right)\frac{1}{\sqrt{1 + \left(\frac{f}{f_0}\right)^2}}$$

当$f = 0$时,由式(7.8)可得到通带放大倍数A_{up}为

$$|\dot{A}_u| = A_{up} = \left(1 + \frac{R_f}{R_1}\right) \tag{7.9}$$

当$f = f_0$时,$|\dot{A}_u| = \dfrac{1}{\sqrt{2}}A_{up}$,故通带截止频率$f_\nu = f_0$。

当$f \gg f_\nu$时,$|\dot{A}_u| \approx 0$,即起到阻隔高频通过的作用。

一阶有源滤波器的缺点是从通带到阻带衰减太慢,与理想特性差距较大,改进的方案是采用二阶低通滤波电路。

2. 二阶有源低通滤波器

（1）简单的二阶有源低通滤波器

在一阶有源滤波器的基础上，在同相端再串接一级 R,C 即可构成二阶有源滤波器，如图 7.7（a）所示，其幅频特性如图 7.7（b）所示。

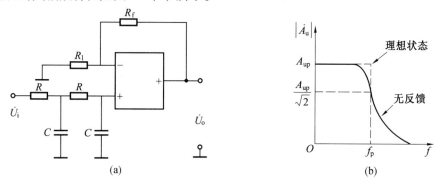

图 7.7　二阶有源低通滤波器

图 7.7 中的电压放大倍数为

$$
\begin{cases}
\dot{A}_u = \dfrac{\dot{U}_o}{\dot{U}_i} = \dfrac{1 + \dfrac{R_f}{R_1}}{1 + 3\mathrm{j}\omega CR + (\mathrm{j}\omega CR)^2} \\[4mm]
\dot{A}_u = \dfrac{A_{up}}{1 - \left(\dfrac{f}{f_0}\right)^2 + \mathrm{j}3\dfrac{f}{f_0}}
\end{cases}
\tag{7.10}
$$

式中，通带电压放大倍数 $A_{up} = 1 + \dfrac{R_f}{R_1}$，频率特性 $f_0 = \dfrac{1}{2\pi RC}$，与一阶有源低通滤波电路相同。

$$
|\dot{A}_u| = \frac{A_{up}}{\sqrt{\left[1 - \left(\dfrac{f}{f_0}\right)^2\right]^2 + \left(3\dfrac{f}{f_0}\right)^2}}
\tag{7.11}
$$

令 $|\dot{A}_u| = \dfrac{1}{\sqrt{2}}A_{up}$，可得截止频率为 $f_p = 0.37f_0$。

（2）二阶压控有源低通滤波器

二阶压控有源低通滤波器是在简单的二阶有源滤波器的基础上引入正反馈构成，电路如图7.8 所示。通过电容从输出引入正反馈，高频信号可以泄漏到输出端，从输出端加入正反馈也可以补偿 R 引起的损耗。

电压放大倍数为

$$
\dot{A}_u = \frac{A_{up}}{1 - \left(\dfrac{f}{f_0}\right)^2 + \mathrm{j}(3 - A_{up})\dfrac{f}{f_0}}
\tag{7.12}
$$

式中，通带电压放大倍数 $A_{up} = 1 + \dfrac{R_f}{R_1}$，频率特性 $f_0 = \dfrac{1}{2\pi RC}$，仍和一阶低通有源滤波电路相同。

由式（7.12）可知，A_{up} 必须小于 3，电路才能稳定工作而不产生自激振荡。

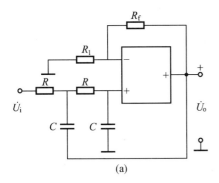
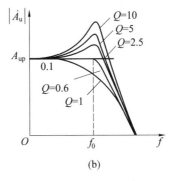

图 7.8　二阶压控有源低通滤波器

令品质因数 $Q = \dfrac{1}{3 - A_{up}}$，代入式 (7.12) 得

$$\dot{A}_u = \frac{A_{up}}{1 - \left(\dfrac{f}{f_0}\right)^2 + j\,\dfrac{1}{Q}\,\dfrac{f}{f_0}} \tag{7.13}$$

$$\left|\dot{A}_u\right|_{f=f_0} = QA_{up} \tag{7.14}$$

7.3.2　有源高通滤波器

因有源低通和有源高通滤波器通带和阻带是相反的,因此将低通电路中接于同相的 R,C 位置互换,即可得到相应的高通滤波器。

1. 一阶高通滤波器

一阶高通滤波器同相输入的电路及幅频特性如图 7.9 所示。

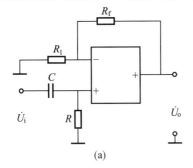
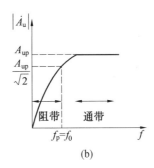

图 7.9　一阶有源高通滤波器

在图 7.9 中

$$\dot{U}_- = \dot{U}_R = \frac{R}{R + \dfrac{1}{j\omega C}}\dot{U}_i \tag{7.15}$$

电容串联在输入端,当低频信号通过此滤波电路时,使 $\dot{U}_+$ 比较小,信号被衰减,而高频信号则可以顺利通过。

一阶有源高通滤波电路的电压放大倍数为

$$\dot{A}_u = \frac{\dot{U}_o}{\dot{U}_i} = \frac{A_{up}}{1 - j\frac{f_0}{f}} \qquad (7.16)$$

式中,$f_0 = \frac{1}{2\pi RC}$,$A_{up} = 1 + \frac{R_f}{R_1}$。

当 $f = f_0$ 时,$|\dot{A}_u| = \frac{1}{\sqrt{2}}A_{up}$,可得截止频率为 $f_c = f_0$。

同一阶低通有源滤波器相似,幅频特性和理想情况相差很大。改进的方法可用二阶压控有源高通滤波器。

2. 二阶压控有源高通滤波器

将二阶压控电压源低通有源滤波电路中的 R 和 C 调换一下位量就构成二阶压控高通有源滤波电路,如图 7.10(a) 所示。通过 R 可以将低通信号泄漏到输出端,输出反馈也可以补偿输入网络产生的信号衰减。

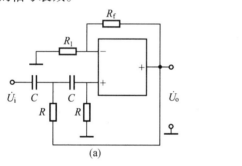
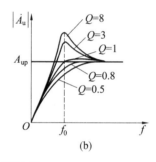

(a) (b)

图 7.10 二阶压控有源高通滤波器

与二阶压控有源低通滤波器类似,可推出

$$\dot{A}_u = \frac{A_{up}}{1 - \left(\frac{f_0}{f}\right)^2 - j(3 - A_{up})\frac{f_0}{f}} \qquad (7.17)$$

由式(7.17),$A_{up} < 3$,以避免自激振荡。令 $Q = \frac{1}{3 - A_{up}}$,可得

$$\dot{A}_u = \frac{A_{up}}{1 - \left(\frac{f_0}{f}\right)^2 - j\frac{1}{Q}\frac{f_0}{f}}$$

式中,$f_0 = \frac{1}{2\pi RC}$,$A_{up} = 1 + \frac{R_f}{R_1}$。

由式(7.17) 可以定性画出幅频特性,如图 7.10(b) 所示。

7.3.3 有源带通及带阻滤波器

1. 有源带通滤波器

简单的二阶有源带通滤波器可选参数合适的一阶低通和一阶高通有源滤波器串联起来得到,如图 7.11(a) 所示。

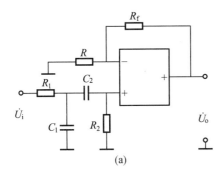
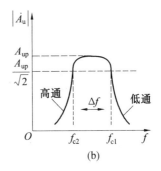

图 7.11　带通滤波器

利用图 7.6 和图 7.9 的公式可得

$$f_{c1} = \frac{1}{2\pi R_1 C_1}, \quad f_{c2} = \frac{1}{2\pi R_2 C_2} \tag{7.18}$$

只要 $R_1 C_1 < R_2 C_2$，则 $f_{c1} > f_{c2}$，即构成带通滤波器，其通频带 $\Delta f = f_{c1} - f_{c2}$，输入信号频率低于 f_{c2} 和高于 f_{c1} 的均被抑制，只有 $f_{c1} > f > f_{c2}$ 的频率信号才能通过滤波器。其幅频特性如图 7.11（b）所示。

2. 有源带阻滤波器

带阻滤波器的幅频特性与带通滤波器的相反，专门用来抑制或衰减某一频段的信号，而让该频段以外的所有信号通过，所以带阻滤波器又称陷波器。带阻滤波器有两种方案可以构成，框图结构如图 7.12 所示。一是用输入信号 U_i 和带通滤波器通过减法器构成；二是由低通和高通有源滤波器并联组成，只要高通滤波器的截止频率大于低通滤波器的截止频率，两者之间必然形成一个阻带特性。图 7.13 所示的带阻滤波器是一个由双 T 网络 $R - 2C - R$（T 形）组成的低通滤波器和一个由 $C - R/2 - C$（T 形）组成的高通滤波器并联而成。

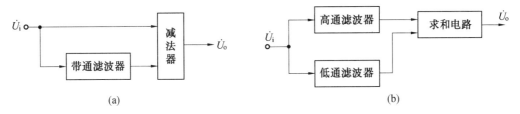

图 7.12　带阻滤波器的构图结构

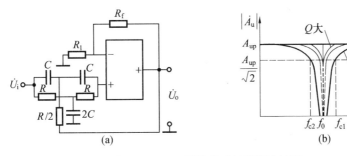

图 7.13　双 T 网络构成的带阻滤波器

7.4 滤波技术在信号检测中的应用

7.4.1 二阶有源低通滤波器

巴特沃斯二阶低通滤波器如图 7.14 所示,该类型滤波器可得到 -12 dB/ 十倍频程的衰减特性,该滤波器使用的元件数值可用下列公式求得

$$
\begin{cases}
C_1 = \dfrac{R_1 + R_2}{2\sqrt{2}\,\pi f_c R_1 R_2} \\[3mm]
C_2 = \dfrac{1}{\sqrt{2}\,\pi f_c (R_1 + R_2)}
\end{cases}
\tag{7.19}
$$

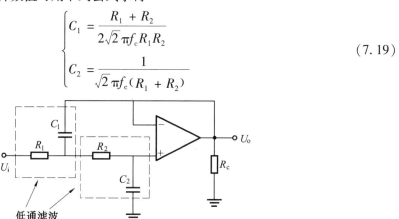

图 7.14　二阶低通滤波器

如果令 $R_1 = R_2 = R$,则有

$$
\begin{cases}
C_1 = \dfrac{1}{\sqrt{2}\,\pi f_c R} \\[3mm]
C_2 = \dfrac{1}{2\sqrt{2}\,\pi f_c R} = \dfrac{C_1}{2}
\end{cases}
\tag{7.20}
$$

式中 f_c 为截止频率,在 f_c 的 2 倍处约下降 12 dB。

【例 7.1】　试设计一个截止频率为 100 Hz 的二阶低通滤波器电路。

解　先选取电容器 $C_1 = 0.1$ μF,$C_2 = 0.05$ μF,R 值可由下式求出

$$
R/\text{k}\Omega = \frac{1}{\sqrt{2}\,\pi f_c C_1} \approx \frac{1}{\sqrt{2} \times 3.14 \times 100 \times 0.1 \times 10^{-6}} \approx 22.5
$$

图 7.15　截止频率为 100 Hz 的二阶低通滤波器

截止频率为 100 Hz 的低通滤波器的实际电路如图 7.15 所示。

滤波器的级数主要根据对带外衰减特性的要求来确定,每一级低通或高通电路可获得 -6 dB/ 十倍频程(f_c)的衰减,每级二阶低通或高通电路可获得 -12 dB/ 十倍频程(f_c)的衰

减。多级滤波器串联时,传输函数总特性的阶数等于各阶数之和。当要求的带外衰减特性为 $-m$ dB/ 倍频程时,所取级数 η 应满足 $\eta \geqslant m/6$。四阶低通滤波器电路的带外衰减特性为 24 dB/ 倍频程(f_c)。

三阶低通滤波器和四阶低通滤波器的电路结构如图 7.16 和图 7.17 所示。

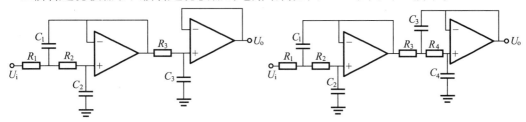

图 7.16　三阶低通滤波器　　　　　　图 7.17　四阶低通滤波器

在使用低通滤波器时,应注意以下两点:

① 在二阶低通滤波器电路中,即使电阻的误差为 $\pm 5\%$,电容的误差为 $\pm 10\%$,其截止频率特性也能得到近似的理论值,但是,如果截止频率高于运放的单位增益频率,则滤波特性不好,故对运放频率特性的要求,由工作频率的上限确定。

② 电容器的种类很多,而滤波器电路需要系数小、长期稳定性好的电容器,所以除电解电容、旁路用的瓷介电容外,还可采用塑料电容(聚酯树脂电容、苯乙烯电容、聚酯电容等)、云母电容、纸介电容等。使用电容器时,还应注意电容器的耐压。

7.4.2　二阶有源高通滤波器

图 7.18 为二阶巴特沃斯高通滤波器的形式,其各元件参数可从下式求出

$$
\begin{cases}
R_2 = \dfrac{1}{\sqrt{2}\,\pi f_c (C_1 + C_2)} \\[3mm]
R_1 = \dfrac{C_1 + C_2}{2\sqrt{2}\,\pi f_c C_1 C_2}
\end{cases}
\tag{7.21}
$$

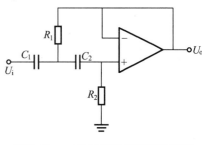

图 7.18　二阶波特沃斯高通滤波器

如果令 $C_1 = C_2 = C$,那么 R_1,R_2 可由下式求得

$$
\begin{cases}
R_2 = \dfrac{1}{\sqrt{2}\,\pi f_c \cdot C} \\[3mm]
R_1 = \dfrac{1}{2}R_2
\end{cases}
\tag{7.22}
$$

【例 7.2】　设计一个截止频率为 100 Hz 的二阶高通滤波器电路。

解　取电容 $C = 0.1\ \mu F$,根据公式可求出

$$
R_2/k\Omega = \frac{1}{\sqrt{2}\,\pi f_c \cdot C} \approx \frac{1}{\sqrt{2} \times 3.14 \times 100 \times 0.1 \times 10^{-6}} \approx 22.5
$$

$$
R_1/k\Omega = \frac{1}{2}R_2 = 11.25
$$

滤波器电路与图 7.18 形式相同。

同低通滤波器的设计一样,三阶高通滤波器和四阶高通滤波器如图 7.19、图 7.20 所示。

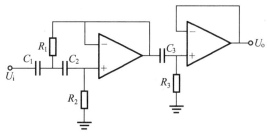

图 7.19　三阶高通滤波器

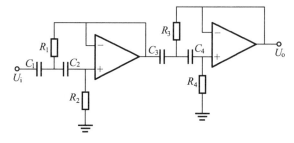

图 7.20　四阶高通滤波器

设计高通滤波器时应注意以下两点:

① 二阶以下高通滤波器所用的电阻和电容的误差分别允许在 ±10% 左右,也能获得近似的频率特性,但高于二阶至四阶的高通滤波器电路,如果使用元器件误差太大,就不可能得到近似的理论频率特性,因而随着阶数的增加,所用元件的误差要尽可能小些。

② 截止频率增高时,将受到运放的频率特性的影响,因而设计时应参阅运放的最大输出电压及频率特性。

7.4.3　带通滤波器和陷波器

1. 带通滤波器

带通滤波器是由前面介绍过的低通滤波器和高通滤波器组合而成,这里介绍一个以 1 kHz 为中心频率的音频(20 ~ 20k Hz) 巴特沃斯滤波器。两个滤波器可以分别设计,然后再将两部分组合起来。考虑到转换速度这一参数,将低通滤波器放在前级,高通滤波器放在后面。首先,确定截止频率为 20 kHz 的低通滤波器的各元件值。

先设定电阻值为 10 kΩ,由公式

$$C_1/\mathrm{pF} = \frac{1}{\sqrt{2}\,\pi f_c R} \approx \frac{1}{\sqrt{2} \times 3.14 \times 20 \times 10^3 \times 10^4} \approx 1.13 \times 10^{-9} \approx 1\,130$$

选取 $C_1 = 1\,000$ pF,再求电阻 R 为

$$R/\mathrm{k\Omega} = \frac{1}{\sqrt{2}\,\pi f_c C_1} \approx \frac{1}{\sqrt{2} \times 3.14 \times 20 \times 10^3 \times 10^{-9}} \approx 11.25$$

而

$$C_2/\mathrm{pF} = C_1/2 = 500$$

按以上计算结果设计的截止频率为 20 kHz 的二阶低通滤波器电路如图 7.21 所示。

然后,按截止频率为 20 Hz 的高通滤波器设计电路。

选定电容 C 的容量为 0.47 μF,然后按公式计算电阻 R_2 为

$$R_2/\mathrm{k\Omega} = \frac{1}{\sqrt{2}\,\pi f_c C} \approx \frac{1}{\sqrt{2} \times 3.14 \times 20 \times 0.47 \times 10^{-6}} \approx 23.95$$

$$R_1/\mathrm{k\Omega} = \frac{R_2}{2} = 11.97$$

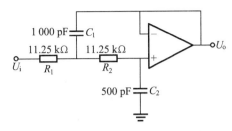

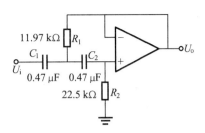

图 7.21　截止频率为 20 kHz 的二阶低通滤波器

图 7.22　截止频率为 20 Hz 的二阶高通滤波器

截止频率为 20 Hz 的二阶高通滤波器电路如图 7.22 所示。

组合而成的带通滤波器如图 7.23 所示。

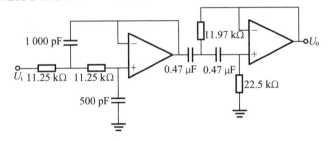

图 7.23　组合带通滤波器

2. 带阻(陷波)滤波器

陷波器(Notch Filter)的工作原理与带通滤波器相近,也分别由高通滤波器和低通滤波器组成。对其一般的组成形式这里不再赘述,下面仅对 50 Hz 工频干扰比较有效的工频陷波器作一介绍。陷波器的电路形式如图 7.24 所示。

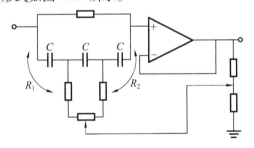

图 7.24　窄带陷波式滤波器

图 7.24 所示陷波器是一个经济的窄带陷波式滤波器,滤波频率可以从 50 Hz 调节到 60 Hz。该电路中采用了有源反馈桥式微分 RC 网络,陷波频率为

$$f_0 = \frac{1}{2\pi C \sqrt{3R_1 R_2}} \tag{7.23}$$

陷波带宽是由反馈量决定的,反馈量越大,陷波带宽越窄。

图 7.25 为一个 50 Hz 工频陷波器原理图,其幅频特性曲线如图 7.26 所示。

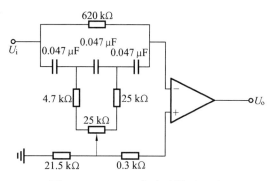

图 7.25 50 Hz 工频陷波器原理图

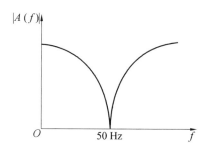

图 7.26 50 Hz 工频陷波器的幅频特性曲线

本章小结

本章介绍了滤波器的原理、分类及应用。重点介绍了几种典型无源滤波器和有源滤波器的结构,并给出了滤波技术在信号检测中的应用电路,特别给出了陷波器的概念。本章学习重点在于掌握各种滤波器的结构和应用特点。通过本章的学习,应具有根据有用信号、无用信号和干扰频率选择和设计合理的滤波器的能力。

思考与练习

1. 要对信号作处理,使之分别满足下列要求,试选择合适的滤波电路(低通、高通、带通、带阻)。

① 信号频率为 1 kHz 至 2 kHz 为所需信号。

② 抑制 50 Hz 电源干扰。

③ 低于 5 kHz 为所需信号。

④ 高于 200 kHz 信号为所需信号。

2. 实际滤波器的主要技术参数有哪些?

3. 画出理想的低通、高通、带通和带阻滤波器的幅频特性。

4. 试求出题图 7.1(a)、7.1(b) 所示电路的传递函数,指出它们是什么类型的滤波电路。

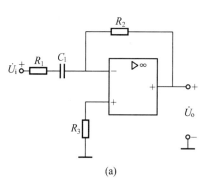

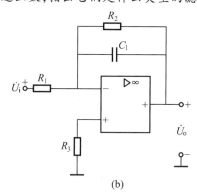

(a)

(b)

题图 7.1

5. 设二阶压控高通滤波器和一阶高通滤波器如图 7.2(a)、7.2(b) 所示,它们的通带增益和特性频率都相同,若 $A_{up} = 2$,$f_0 = 10$ kHz,试分别计算两图的 $|\dot{A}_u|_{f=100\ kHz}$ 和 $|\dot{A}_u|_{f=100\ Hz}$。

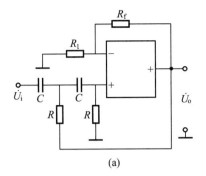

(a)

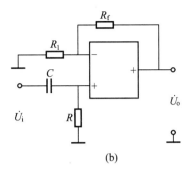

(b)

题图 7.2

第8章 信号转换技术

本章摘要:随着信息技术的飞速发展与普及,在现代检测与转换技术领域,为提高系统的性能指标,对信号的处理广泛采用数字计算机技术。信号转换技术的主要作用是将模拟信号转换成便于计算机处理的数字信号。本章主要介绍信号转换技术中的模拟开关、采样/保持器、电压比较器以及 D/A 和 A/D 转换电路。

本章重点:介绍各种电路的结构特点和典型应用。

8.1 模拟开关

模拟开关(Analog Switch)的工作原理图如图 8.1 所示。每一个模拟开关至少都应包含两个部分:用于切换模拟信号的开关元件和按照控制指令驱动开关元件完成通断转换的驱动电路。

图 8.1 模拟开关的工作原理图

常用的模拟开关有机电式和电子式两大类。前者主要包括各种电磁继电器,后者主要包括二极管、双极型晶体管(Bipolar Transistor)、场效应管(Field Effect Transistor,FET)等构成的开关,它们的主要性能和特点如下:

①机电式模拟开关的通断性能好,信号畸变小,但切换过渡时间太长(1 ~ 100 ms)。

②电子式模拟开关的切换过渡时间短(10 ~ 100 ns),通断特性不理想。

下面以电子式模拟开关为对象,介绍其工作原理和应用。可做电子式模拟开关的主要有双极型晶体管、场效应管等构成的模拟开关。

8.1.1 双极型晶体管模拟开关

双极型晶体管有三种工作状态:放大状态(发射结正偏、集电结反偏)、饱和导通(两个结都正偏)、截止状态(两个结都反偏)。

在图 8.2 中,双极型晶体管 T1 作为驱动晶体管,T2、T3 的作用相当于一个单刀双掷的电压开关。当 T1 基极被施加低电平控制信号时,T1 和 T2 截止,T3 导通,负载端电压为零。当 T1 基极被施加高电平控制信号时,T3 截止,T2 导通,负载端电压为 U_i。即低电平控制时,输

出 U_o 为低电平,与输入 U_i 无关,相当于 U_i 与 U_o 断开;高电平控制时,输出 U_o 与输入 U_i 相同。

8.1.2　结型场效应管模拟开关

结型场效应管(JFET)构成的模拟开关是一种性能优良的开关,其导通电阻可以小到5~100 Ω,没有残余电压,可用于高精度电压切换。

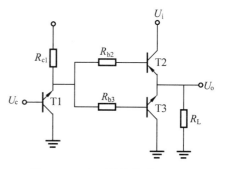

图8.2　双极型晶体管模拟开关

图8.3为N沟道耗尽型JFET的工作示意图,当栅源偏压 U_{GS} 为零时,S,D极间的导电沟道最宽,开关的导通电阻最小。当 U_{GS} 为某一负偏压但尚未达到JFET的夹断电压 U_P 时,S,D之间因出现耗尽区而使沟道截面变小,开关导通电阻增大。当 $U_{GS} \leqslant U_P$ 时,负偏压使沟道夹断,开关截止,所以有:当 $U_{GS} = 0$ 时,开关导通;当 $U_{GS} < U_P$ 时,开关截止。

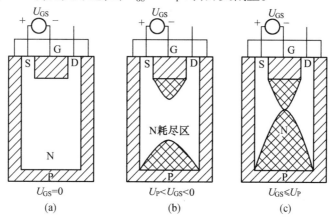

图8.3　N沟道耗尽型JFET的工作示意图

8.1.3　常用电子模拟开关及其在系统中的应用

1. CD4051B(八选一模拟开关)

CD4051B/CC4051B的管脚如图8.4所示,它是单八通道数字控制模拟电子开关,有三个二进制控制输入端A,B,C和INH输入,具有低导通阻抗和很低的截止漏电流。幅值为4.5~20 V的数字信号可控制峰-峰值至20 V的模拟信号。例如,若 $U_{DD} = + 5\ V$, $U_{SS} = 0$, $U_{EE} = - 13.5\ V$,则 0~5 V的数字信号可控制 $- 13.5 ~ 4.5\ V$ 的模拟信号。这些开关电路在整个 $U_{DD} - V_{SS}$ 和 $U_{DD} - U_{EE}$ 电源范围内具有极低的静态功耗,与控制信号的逻辑状态无关。当 INH 输入端为"1"时,所有的通道截止。三位二进制信号选通八通道中的一通道,可连接该输入端至输出。

2. CD4052B(两组四选二模拟开关)

CD4052B/CC4052B的管脚如图8.5所示,它是一个差分四通道数字控制模拟开关,有A,B两个二进制控制输入端和INH输入,具有低导通阻抗和很低的截止漏电流。幅值为4.5~20 V的数字信号可控制峰-峰值至20 V的模拟信号。例如,若 $U_{DD} = + 5\ V$, $U_{SS} = 0$, $U_{EE} = - 13.5\ V$,则 0~5 V的数字信号可控制 $- 13.5 ~ 4.5\ V$ 的模拟信号。这些开关电路在整个

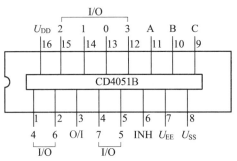

图 8.4　CD4051B 管脚定义图

$U_{DD} - U_{SS}$ 和 $U_{DD} - U_{EE}$ 电源范围内具有极低的静态功耗,与控制信号的逻辑状态无关,当 INH 输入端为"1"时,所有通道截止。二位二进制输入信号选通四对通道中的一通道,可连接该输入至输出。

3. CD4053B(三组二选一模拟开关)

CD4053B/CC4053B 的管脚如图 8.6 所示,它是三组二通道数字控制模拟开关,有三个独立的数字控制输入端 A,B,C 和 INH 输入,具有低导通阻抗和低的截止漏电流。幅值为 4.5 ~ 20 V 的数字信号可控制峰-峰值至 20 V 的数字信号。例如,若 $U_{DD} = + 5$ V,$U_{SS} = 0$,$U_{EE} = - 13.5$ V,则 0 ~ 5 V 的数字信号可控制 - 13.5 ~ 4.5 V 的模拟信号。这些开关电路在整个 $U_{DD} - U_{SS}$ 和 $U_{DD} - U_{EE}$ 电源范围内具有极低的静态功耗,与控制信号的逻辑状态无关。当 INH 输入端为"1"时,所有通道截止。控制输入为高电平时,"0"通道被选,反之,"1"通道被选。

表 8.1 为 CD4051B,CD4052B,CD4053B 真值表。

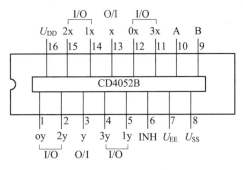

图 8.5　CD4052B 管脚定义图

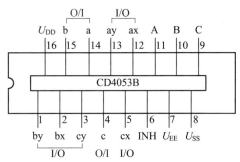

图 8.6　CD4053B 管脚定义图

表 8.1　CD4051B,CD4052B,CD4053B 真值表

1WPUT STATES				"ON"CHANNELS		
INHIBIT	C	B	A	CD4051B	CD4052B	CD4053B
0	0	0	0	0	0x,0y	cx,bx,ax
0	0	0	1	1	1x,1y	cx,bx,ay
0	0	1	0	2	2x,2y	cx,by,ax
0	0	1	1	3	3x,3y	cx,by,ay
0	1	0	0	4	—	cy,bx,ax
0	1	0	1	5	—	cy,bx,ay
0	1	1	0	6	—	cy,by,ax
0	1	1	1	7	—	cy,by,ay
1	ϕ	ϕ	ϕ	NONE	NONE	NONE

4. 模拟开关在系统中的应用

（1）在数据采集和数据分配中的应用

模拟开关电路用于需要将多个模拟通道的信号按一定的顺序变换为"单个通道"信号源的地方。例如 A/D 转换器多通道应用时就要采用模拟开关电路。图8.7所示为 A/D 转换器多通道应用框图。图中有 8 个模拟信号,这些模拟信号通过模拟开关分时接通到 A/D 转换器的输入端。所谓分时接通是指在某一段时间间隔内,只有某一个通道开关接通,其他通道开关断开,此时 A/D 转换器对接通的模拟信号进行变换。图8.8所示为 D/A 转换器的多通道工作框图,用一个 D/A 转换器得到多数字输入量的模拟电压,然后经过模拟开关电路分开。

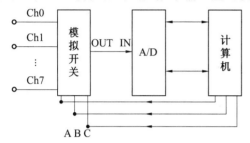 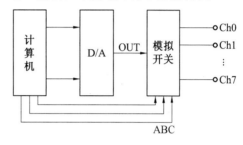

图8.7　模拟开关在数据采集系统中的应用　　图8.8　模拟开关在数据分配系统中的应用

（2）在前置放大器中的应用

图8.9所示为模拟开关在差动放大器中的应用,通过模拟开关控制差动放大器的输入。图8.10所示为模拟开关在程控放大器中的应用。

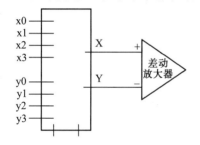 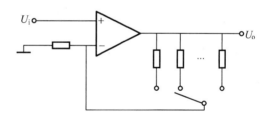

图8.9　模拟开关在差动放大器中的应用　　图8.10　模拟开关在程控放大器中的应用

8.1.4　模拟开关的性能分析

1. 截止通道对导通通道的影响

截止通道对导通通道的影响表现在漏电流产生的误差电压和高频信号的串扰上。

（1）截止通道的漏电流影响

截止通道对导通通道漏电流的影响如图8.11所示,设各开关的漏电流相等,其值均为 $I_{D(off)}$,则它们在 A 点产生的误差电压为

$$U_1 = (n - 1)I_{D(off)}[R_L//(R_{i1} + R_{on1})] = (n - 1)I_{D(off)} \frac{R_L \cdot (R_{i1} + R_{on1})}{R_L + R_{i1} + R_{on1}} \tag{8.1}$$

当 $R_L \gg R_{i1} + R_{on1}$ 时

$$U_1 \approx (n - 1)I_{D(off)}(R_{i1} + R_{on1}) \tag{8.2}$$

所以,为了减少截止通道产生的误差电压,首要的问题是控制具有公共输出端点的开关数目并降低信号源内阻,而开关的导通电阻和漏电流由器件决定。

（2）高频信号串扰影响

截止通道对导通通道高频信号串扰的影响如图8.12所示，当切换多路高频信号时，截止通道的高频信号会通过通道之间的寄生电容C_x和开关源漏极之间的寄生电容C_{DS}在负载端产生泄漏电压，这种现象称为串扰，寄生电容C_{DS}和C_x数值越大，信号频率越高，串扰就越严重。

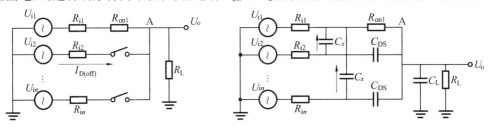

图8.11　截止通道对导通通道漏电流的影响　图8.12　截止通道对导通通道高频信号串扰的影响

2. 各通道的开关导通电阻或信号源内阻失配所产生的切换噪声

如果各通道开关的导通电阻R_{on}或各信号源内阻R_i不等，即使各通道输入电压相同，其输出也不会相等，信号源内阻应尽量一致。

3. 模拟开关的切换速率

模拟开关输出端对地的电容总和$(C_D + C_L)$对开关的切换时间影响很大，每一开关的对地电容都增加了$(n-1)C_D$，因而每个通道开关的导通时间、截止时间和稳定时间都比单个模拟开关有所增加，可用的最高切换速率也随之降低。

模拟开关必须"先断后开"，设由一路切换到另一路所需要的最小时间为$t_{on} + t_{off}$，若对n路信号进行顺序开关，则每个开关可用的最高切换速率为

$$f_{max} \leqslant 1/\left[n(t_{on} + t_{off})\right] \tag{8.3}$$

如果加上采样时间t_{AC}，则

$$f_{max} \leqslant 1/\left[n(t_{on} + t_{AC} + t_{off})\right] \tag{8.4}$$

例如，16路CMOS的MUX（多路模拟开关），$t_{AC} = 1.1\ \mu s$，$t_{on} = 0.6\ \mu s$，$t_{off} = 0.3\ \mu s$，则有

$$f_{max}/kHz \leqslant 1/\left[16 \times (0.6 + 0.3 + 1.1) \times 10^{-6}\right] = 31.25$$

8.2　采样/保持器

采样/保持器（Sampling Holder，SH）是数据采集和数据分配系统中的基本组件之一，在数据采集系统中，它被用于"冻结"时变信号的瞬时值；在数据分配系统中，用它做一个零阶保持器，把时间上不连续的模拟电压变成时间上连续的电压输出。

8.2.1　工作原理

采样/保持器的工作原理如图8.13所示，原理上一个开关和一个电容就可构成采样/保持电路，电容用于存储模拟电压，开关用来转换工作状态，其等效电路如图8.14所示。

图8.14中U_i是输入信号源，R_g是内阻，R_{on}和R_{off}分别是模拟开关K的导通电阻和断开电阻，且$R_{off} \gg R_{on}$，R_{CL}为存储电容C的泄漏电阻，R_L为负载电阻，U_o为输出电压，开关K受状态控制指令的控制。

① 采样时，开关K闭合，信号电压U_i通过电阻R_g和R_{on}对电容C充电，如果R_{CL}和R_L均

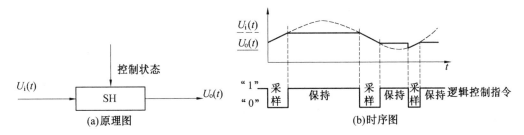

图 8.13　采样／保持器的工作原理

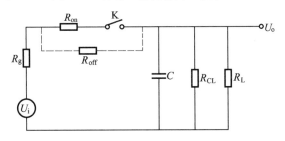

图 8.14　采样／保持器的构成等效电路

很大,可以忽略其分流作用。电容 C 的端电压 $U_o(t)$ 按指数规律增大。设采样时间为 τ_s,电容初始电压为零,当 τ_s 结束时,输出电压为

$$U_o(\tau_s) = U_i(1 - e^{-\frac{\tau_s}{R_s C}}) \tag{8.5}$$

式中,$R_s = R_g + R_{on}$ 为充电回路等效电阻。

② 在保持期间,开关 K 断开,电容 C 上所充的电荷通过电阻 R_{off},R_{CL} 和 R_L 逐渐泄放,电容 C 的端电压服从指数规律下降,设保持时间为 τ_H,则 τ_H 结束时,输出电压为

$$U_o(\tau_H) = U_o(\tau_s) e^{-\frac{\tau_H}{R_H C}} \tag{8.6}$$

式中,$R_H = (R_g + R_{off}) // R_{CL} // R_L$ 为放电回路等效电阻。

假设经过 τ_s 这段时间的采样,电容端电压与输入电压的相对误差不超过 ε_1,即

$$\frac{U_o(\tau_s)}{U_i} \geq 1 - \varepsilon_1 \tag{8.7}$$

即

$$1 - e^{-\frac{\tau_s}{R_s C}} \geq 1 - \varepsilon_1 \Rightarrow \tau_s \geq -R_s \cdot C \cdot \ln \varepsilon_1 \Rightarrow C \leq -\frac{\tau_s}{R_s \ln \varepsilon_1} \tag{8.8}$$

再假设经过 τ_H 结束时,电容 C 端电压的相对衰变不超过 ε_2,应有

$$\frac{U_o(\tau_H)}{U_o(\tau_s)} \geq 1 - \varepsilon_2 \Rightarrow C \geq -\frac{\tau_H}{R_H \ln(1 - \varepsilon_2)} \tag{8.9}$$

由式(8.8)可以看出,采样时间 τ_s、充电电阻 R_s 和容许的采样误差 ε_1 限制了电容 C 的上限值。由式(8.9)可以看出,保持时间 τ_H、放电电阻 R_H 和容许的保持误差 ε_2 限制了电容 C 的下限值。而对采样／保持器的基本要求是:采样时应尽快逼近输入信号电压;而在保持期间,电路的输出应尽可能恒定。因此,对于采样／保持器来讲,减少充电电阻 R_s 是保证采样精度的关键,增大放电电阻 R_H 是保证保持精度的关键。

因此,实用的采样／保持器在输入信号源和状态开关之间都有一个输入缓冲放大器,用以

减少 R_s,提供足够的充电电流,而在存储电容和负载之间都设置了输出缓冲放大器,以隔离有限的负载电阻对电容上存储电荷的泄放作用,并增强电路驱动负载能力。因此,一个完整的采样／保持器至少应包含存储电容、输入与输出缓冲放大器、状态开关及其驱动电路。

8.2.2 基本电路

采样／保持电路的基本结构有串联型和反馈型两种,分别如图 8.15、图 8.16 所示。图中 A1 和 A2 分别是输入和输出缓冲放大器,用以提高采样／保持电路输入阻抗,减小输出阻抗以便与前级和后级电路连接。K 是模拟开关,受控制指令控制而决定其开关状态,C 是保持电容。

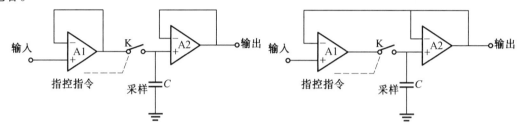

图 8.15　采样／保持器的基本电路之一　　　图 8.16　采样／保持器的基本电路之二

当开关 K 闭合时,采样／保持电路为跟踪采样状态。由于 A1 是高增益放大器,其输出电阻很小,模拟开关 K 的导通电阻很小,输入信号通过 A1 对电容 C 的充电速度很快,C 的电压将跟踪输入电压的变化,而 A2 也接成电压跟随器,其具有很大的输入电阻,电容 C 上的电荷泄放较慢。当开关 K 打开时,采样／保持器为保持状态,C 上的电荷泄放很慢,C 上的电压及 A2 的输出电压将与输入电压保持一致。

对串联型采样／保持器(见图 8.15),影响其精度的有两个运放的失调电压,而反馈型采样／保持器(见图 8.16),影响其精度的只有运放 A1 的失调电压,所以其精度要高于串联型采样／保持电路。

8.2.3 采样／保持器的有关参数

1. 捕捉时间 T_{AC}

当发出采样命令后,采样／保持电路输出从原来所保持的值,到达当前输入信号的值所需的时间,称为捕捉时间(Capture Time),如图 8.17 所示。

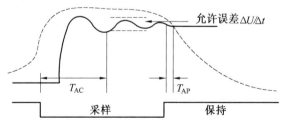

图 8.17　采样／保持电路的有关参数定义

2. 孔径时间 T_{AP}

理想的采样过程是在采样时刻瞬间,使开关 K 闭合,而其他时间则开关断开,并不参考开关的动作时间,而实际的采样／保持电路中,开关需要一定的动作时间。在保持命令发出后,直到开关完全断开所需要的时间称为孔径时间（Aperture Time），用 T_{AP} 表示。由于这个时间的存在，延迟了采样时间。因此，计算机控制 A/D 转换器进行采样的过程应考虑预留出该段时间。

3. 保持电压的衰减率

在信号保持期间，由于泄露电流的存在，将引起保持电压的衰减，衰减速率（Decay Rate）用下式计算

$$\frac{\Delta U_C}{\Delta t} = \frac{I}{C} \tag{8.10}$$

式中，I 包括运放偏置电流、开关断开漏电流和保持电容内部泄露电流等；C 为保持电容。

8.2.4　应用方法

1. 采样频率的选择

由前面讨论的内容可知，系统可用的最高采样频率为

$$f_s \leqslant 1/T_{min} = 1/(T_{AC} + t_s + t_c) \tag{8.11}$$

式中，T_{AC} 为捕捉时间；t_s 为模拟开关的稳定时间；t_c 为 A/D 转换时间。

其中，T_{AC}（捕捉时间）是指 SH 接收到采样指令到电路输出开始，以给定的值逼近其最终值所需要的时间（ns ~ μs）；t_s（稳定时间）通常只在高速和高精度的数据采集系统中考虑。

2. 采样／保持器集成芯片的安装与调整

目前采样／保持电路大都集成在单一芯片中，芯片内不含保持电容，保持电容须外接，由用户根据需要选择。一般来讲，采样频率越高，保持电容越小。保持电容小的，电压衰减快，精度较低。反之，如果采样频率较低，但要求精度较高时可选取较大的电容。为了防止数字电路对模拟电路的干扰，许多 SH 电路的模拟部分的地线和数字部分的地线并不相连，而是接在不同的引脚上，当它与 A/D 转换器相连时，这两个地线应分别接到 A/D 转换器的模拟地和数字地上。

采样／保持器集成芯片有三类：用于通用目的芯片，如 AD583K，AD582，LF398 等；高速芯片，如 THS‐0025，THC‐0300 等；高分辨率芯片，如 SHA1144 等。

8.3　电压比较器

电压比较器（Voltage Comparator）在检测技术中有着大量的应用，虽然其工作原理比较简单，但在实际应用中还有很多细节的地方需要注意。

8.3.1　电压比较器的原理及实际性能分析

图 8.18 的三个图分别表示了电压比较器的原理图、理想的输入输出关系和实际的输入输出关系。理论上比较器的差动输入极性的微小变化就会引起输出的状态变化，但从图中我们可以看出由于死区的存在，比较器从一个状态翻转到另一个状态需要一定的差动电压，这个使比较器的输出翻转的最小差动输入电压值称为比较器的灵敏度。

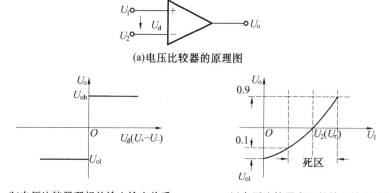

(a)电压比较器的原理图

(b)电压比较器理想的输入输出关系 (c)电压比较器实际的输入输出关系

图 8.18 电压比较器的原理图及输入输出关系

8.3.2 电压比较器的基本应用电路

1. 电平检测(见图 8.19)

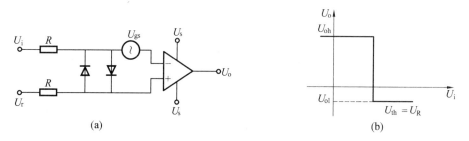

图 8.19 电平检测电路的原理图和输入输出关系

2. 窗口比较器

在很多检测系统中,经常遇到被检测信号在某一给定的范围内为正常的,而超出这一范围就成为不正常或不合格,而电压窗口比较器(Window Comparator)可以很好地完成这一任务。下面结合例子给出窗口比较器的原理图和输入输出关系,分别如图 8.20(a)、图 8.20(b)所示。

【例 8.1】 试设计一个窗口比较器,当输入信号在-8 V 至+7 V 之间时,给出"1"电平,当输入信号超出这一范围时,给出"0"电平。

解 因为输入信号变化的范围较大,所以选双比较器 LM193,它能承受较大的共模和差动输入电压,失调和输入偏置电流较小,输出能与 TTL 相兼容。参考电压-8 V 和+7 V 可以从电阻分压器中取得,两个比较器相"与"后再输出。

首先计算分压网络,设电阻分压器中流过的电流为 1 mA,则总电阻为

$$R/\mathrm{k}\Omega = R_1 + R_2 + R_3 = \frac{U_\mathrm{s} - (-U_\mathrm{s})}{I} = \frac{(15 - (-15))}{1 \times 10^{-3}} = 30$$

取 $U_\mathrm{A} = -8\ \mathrm{V}, U_\mathrm{B} = +7\ \mathrm{V}$,则有

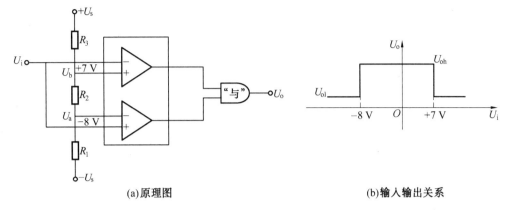

(a)原理图　　　　　　　　　　　　(b)输入输出关系

图 8.20　窗口比较器的原理图和输入输出关系

$$R_1/k\Omega = [U_A - (-U_s)]/I = (-8 + 15)/10^{-3} = 7$$

$$R_2/k\Omega = (U_B - U_A)/I = (7 + 8)/10^{-3} = 15$$

$$R_3/k\Omega = R - (R_1 + R_2) = 8$$

3. 迟滞比较器

不论在电平比较器还是在窗口比较器中都存在一个问题,当输入电压处于阈值点附近时,比较器的输出常出现不规则的振荡。这是由于输入信号叠加的噪声使比较器输入差动电压极性产生随机变化的结果。

解决这一问题的办法是在比较器电路中施加正反馈,使其输出输入关系具有迟滞特性,这样就可以有效地克服这一缺陷。迟滞比较器(Hysteresis Comparator)在输出端和输入端之间增加了一个反馈调节($R_f \parallel C_f$),同相端的电位受输出电平的影响,而输出又具有两个逻辑值,因而迟滞比较器出现了两个阈值点。图 8.21 为迟滞比较器的原理图和输入输出关系图。

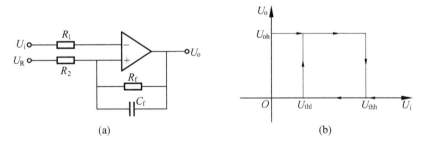

(a)　　　　　　　　　　　　(b)

图 8.21　迟滞比较器的原理图和输入输出关系图

同相端电位为

$$U_+ = \frac{(U_o - U_R)R_2}{R_2 + R_f} + U_R = \frac{R_2 U_o + R_f U_R}{R_2 + R_f} \tag{8.12}$$

当 $U_i = U_- = U_+$ 时,比较器输出翻转,故阈值电压为

$$U_i = U_{th} = \frac{R_2 U_o + R_f U_R}{R_2 + R_f} \tag{8.13}$$

当 $U_o = U_{oh}$ 时

$$U_{thh} = \frac{R_2 U_{oh} + R_f U_R}{R_2 + R_f} \tag{8.14}$$

当 $U_{o} = U_{ol}$ 时

$$U_{thl} = \frac{R_2 U_{ol} + R_f U_R}{R_2 + R_f} \qquad (8.15)$$

两个阈值电压之差为

$$\Delta U_{th} = U_{thh} - U_{thl} = \frac{(U_{oh} - U_{ol})R_2}{R_2 + R_f} \qquad (8.16)$$

式(8.13)、式(8.14)表明,如果比较器初始输出为 U_{oh},则输入电压达到高阈值点 U_{thh} 时,比较器输出才会变为 U_{ol}。反之,输入电压到达低阈值点 U_{thl} 时,比较器输出才能返回 U_{oh}。比较器对输入信号的响应不仅取决于输入信号的瞬时值,而且取决于前一时刻的输出状态,这种特性称为迟滞(滞后)特性。

【例 8.2】 试设计一个迟滞比较器,其输出高电压 $U_{oh} = 5$ V,输出低电压 $U_{ol} = 0$ V,参考电压 $U_R = 3.5$ V,要求两个阈值点的电压差为 $\Delta U_{th} = 0.4$ V,试给出设计电路图和参数计算及 U_{thh}、U_{thl} 的值。

解 由于

$$U_{thh} = (R_2 U_{oh} + R_f U_R)/(R_2 + R_f), \qquad U_{thl} = (R_2 U_{ol} + R_f U_R)/(R_2 + R_f)$$

且已知

$$\Delta U_{th} = 0.4 \text{ V}, \quad U_{ol} = 0 \text{ V}, \quad U_R = 3.5 \text{ V}, \quad U_{oh} = 5 \text{ V}$$

$$\Delta U_{th} = 0.4 = (U_{oh} - U_{ol})R_2/(R_2 + R_f) = 5R_2//(R_2 + R_f) \Rightarrow R_2/R_f = 2/23$$

取 $R_2 = 2$ kΩ,$R_f = 23$ kΩ,则有

$$U_{thh}/V = (2 \times 5 + 23 \times 3.5)/(2 + 23) = 3.62$$

$$U_{thl}/V = (2 \times 0 + 23 \times 3.5)/(2 + 23) = 3.22$$

4. 移相电路和峰值(过零)检测电路

移相电路(Phase Shift Circuit)和峰值检测电路(Peak Detection Circuit)也是常用的电路之一,图 8.22 就是一个对 400 Hz 正弦波峰值进行检测的电路原理和波形图。在图 8.22 中,通过调节可变电阻 R 的大小以达到对输入信号 U_i 进行不同大小的移相工作,这里是使 400 Hz 正弦波形移相 90°,使其峰值点变成过零点,再通过与过零比较器进行比较以获得 400 Hz 波形的峰值点。

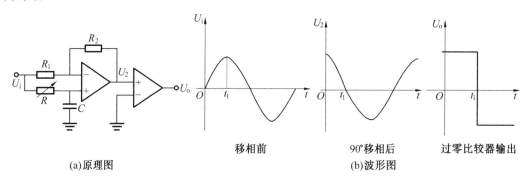

(a)原理图　　　　　　　　　　　移相前　　　　　　　90°移相后　　　　过零比较器输出　　　(b)波形图

图 8.22　移相电路和峰值(过零)检测电路原理及波形图

8.4　D/A 和 A/D 转换电路

8.4.1　D/A 转换

1. D/A 转换原理

D/A 转换器是将输入的二进制数字量转换成电压或电流形式的模拟量输出。因此，D/A 转换器可以看做是一个译码器。一般线性 D/A 转换器，其输出模拟电压 U_o 和输入数字量 D 之间成正比关系，即

$$U_o = KD \tag{8.17}$$

式中，K 为常数；D 为二进制数字量，$D = D_{n-1}D_{n-2}\cdots D_0$。

如何把一个二进制的数值 D 转换成一个模拟电压 U_o，这是 D/A 转换的典型问题。一种简单的解决方法是，用二进制数的每一位数码按权大小产生一个电压，此电压的值正比于对应位码的权值。例如，位 $D_{n-1} = 1$ 时产生电压 $2^{n-1}K$ V；$D_{n-1} = 0$ 时产生电压 0 V，即位 D_{n-1} 产生的电压为 $D_{n-1} \times 2^{n-1}K$ V；位 D_{n-2} 产生的电压为 $D_{n-2} \times 2^{n-2}K$ V；……；位 D_0 产生的电压为 $D_0 \times 2^0 K$ V；以上 K 为定常系数。然后，把这些电压简单地加起来，结果就是

$$U_o = D_{n-1} \times 2^{n-1}K + D_{n-2} \times 2^{n-2}K + \cdots + D_0 \times 2^0 K =$$
$$K \times (D_{n-1} \times 2^{n-1} + D_{n-2} \times 2^{n-2} + \cdots + D_0 \times 2^0) = K \times D \tag{8.18}$$

2. D/A 转换电路

（1）权电阻网络的 DAC 转换器

图 8.23 是一个加权加法运算电路，图中电阻网络与二进制数的各位权相对应，权越大对应的电阻值越小，故称为权电阻网络。图中 U_R 为稳恒直流电压，是 D/A 转换电路的参考电压。n 路电子开关 S_i 由 n 位二进制数 D 的每一位数码 D_i 来控制，$D_i = 0$ 时开关 S_i 将该路电阻接通"地端"，$D_i = 1$ 时，S_i 将该路电阻接通参考电压 U_R。集成运算放大器作为求和权电阻网络的缓冲，主要是为了减少输出模拟信号负载变化的影响，并将电流输出转换为电压输出。

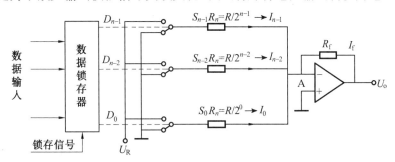

图 8.23　权电阻网络 D/A 转换器

图 8.23 中，因 A 点"虚地"，$U_A = 0$，各支路电流分别为

$$\begin{cases} I_{n-1} = D_{n-1} \times U_R/R_{n-1} = D_{n-1} \times 2^{n-1} \times U_R/R \\ I_{n-2} = D_{n-2} \times U_R/R_{n-2} = D_{n-2} \times 2^{n-2} \times U_R/R \\ I_0 = D_0 \times U_R/R_0 = D_0 \times 2^0 \times U_R/R \\ I_f = -U_o/R \end{cases} \qquad (8.19)$$

又因放大器输入端"虚断",所以

$$I_{n-1} + I_{n-2} + \cdots + I_0 = I_f \qquad (8.20)$$

以上各式联立可得

$$U_o = -\frac{R_f}{R} \times U_R \times (D_{n-1} \times 2^{n-1} + D_{n-2} \times 2^{n-2} + \cdots + D_0 \times 2^0) \qquad (8.21)$$

由式(8.21)可见,输出模拟电压 U_o 的大小与输入二进制数的大小成正比,实现了数字量到模拟量的转换。

权电阻网络 D/A 转换器电路简单,但该电路在实现上有明显缺点,各电阻的阻值相差较大,尤其当输入的数字信号的份数较多时,阻值相差更大。这样大范围的阻值,要保证每个都有很高的精度是极其困难的,不利于集成电路的制造。为了克服这一缺点,D/A 转换器广泛采用 T 型和倒 T 型电阻网络 D/A 转换器。

(2)T 型网络的 DAC

图8.24 为 T 型电阻网络4 位 D/A 转换器的原理图,图中电阻译码网络是由 R 和 $2R$ 两种阻值的电阻组成的 T 型电阻网络。运算放大器构成电压跟随器,电子开关 S_3, S_2, S_1, S_0 在二进制数 D 相应位的控制下或者接参考电压 U_R(相应位为1)或者接地(相应位为0)。当电子开关 S_3, S_2, S_1, S_0 全部接地时,从任一结点 a,b,c,d 向其左下看的等效电阻都等于 R。

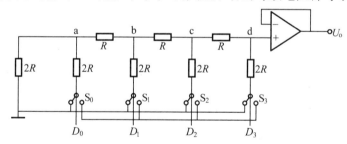

图8.24 T 型电阻网络 D/A 转换器

当 D_0 单独作用时,T 型电阻网络等效图如图8.25(a)所示。把 a 点左下等效成戴维南电源,如图8.25(b)所示;然后依次把 b 点、c 点、d 点左下电路等效成戴维南电源时分别如图8.25(c)、图8.25(d)、图8.25(e)所示。由于电压跟随器的输入电阻很大,远远大于 R,所以,D_0 单独作用时 d 点电位几乎就是戴维南电源的开路电压 $D_0 U_R/16$,此时转换器的输出 $U_o(0) = D_0 U_R/16$。

同理可得 D_1, D_2, D_3 单独作用时转换器的输出分别为

$$\begin{cases} U_o(1) = D_0 U_R/8 \\ U_o(2) = D_0 U_R/4 \\ U_o(3) = D_0 U_R/2 \end{cases} \qquad (8.22)$$

叠加可得转换器的总输出为

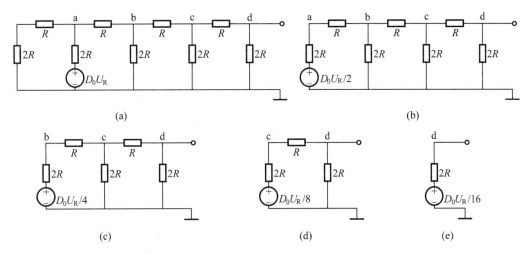

图 8.25　T 型电阻网络

$$U_o = \frac{U_R}{2^4} \times (D_3 \times 2^3 + D_2 \times 2^2 + D_1 \times 2^1 + D_0 \times 2^0) \tag{8.23}$$

可见,输出模拟电压正比于数字量的输入。推广到 n 位,D/A 转换器的输出为

$$U_o = \frac{U_R}{2^n} \times (D_{n-1} \times 2^{n-1} + D_{n-2} \times 2^{n-2} + \cdots + D_0 \times 2^0) \tag{8.24}$$

T 型电阻网络由于只用了 R 和 $2R$ 两种阻值的电阻,其精度易于提高,也便于制造集成电路。但也存在以下缺点:在工作过程中,T 型网络相当于一根传输线,从电阻开始到运放输入端建立起稳定的电流电压为止需要一定的传输时间,当输入数字信号位数较多时,将会影响 D/A 转换器的工作速度。另外,电阻网络作为转换器参考电压 U_R 的负载电阻将会随二进制数 D 的不同有所波动,参考电压的稳定性可能因此受到影响。所以实际中,常用下面的倒 T 型 D/A 转换器。

（3）倒 T 型网络的 DAC

图 8.26 为倒 T 型电阻网络 D/A 转换器原理图。由于 P 点接地、N 点虚地,所以不论数码 D_i 是 0 还是 1,电子开关 S_i 都相当于接地,因此,图中各支路电流 I_i 和 I_R 大小不会因二进制数的不同而改变。并且,从任一结点 a,b,c,d 向其左下看的等效电阻都等于 R,所以流出 U_R 的总电流为 $I_R = U_R/R$。

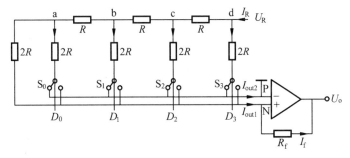

图 8.26　倒 T 型电阻网络 D/A 转换器原理图

而流入各 $2R$ 支路的电流依次为

$$\begin{cases} I_3 = I_R/2 \\ I_2 = I_3/2 = I_R/4 \\ I_1 = I_2/2 = I_R/8 \\ I_0 = I_1/2 = I_R/16 \end{cases} \qquad (8.25)$$

流入运算放大器反相端的电流为

$$I_{out1} = D_3 \times I_3 + D_2 \times I_2 + D_1 \times I_1 + D_0 \times I_0 = \\ (D_3 \times 2^3 + D_2 \times 2^2 + D_1 \times 2^1 + D_0 \times 2^0) \times I_R/16 \qquad (8.26)$$

运算放大器的输出电压为

$$U_o = -I_{out1} R_f = (D_3 \times 2^3 + D_2 \times 2^2 + D_1 \times 2^1 + D_0 \times 2^0) \times I_R \times R_f/16 \qquad (8.27)$$

若 $R_f = R$,并将 $I_R = U_R/R$ 代入上式,则有

$$U_o = (D_3 \times 2^3 + D_2 \times 2^2 + D_1 \times 2^1 + D_0 \times 2^0) \times U_R/2^4 \qquad (8.28)$$

可见,输出模拟电压正比于数字量的输入。推广到 n 位,D/A 转换器的输出为

$$U_o = (D_{n-1} \times 2^{n-1} + D_{n-2} \times 2^{n-2} + \cdots + D_0 \times 2^0) \times U_R/2^n \qquad (8.29)$$

倒 T 型电阻网络也只用了 R 和 $2R$ 两种阻值的电阻,但和 T 型电阻网络相比较,由于各支路电流始终存在且恒定不变,所以各支路电流到运放的反相输入端不存在传输时间,因此具有较高的转换速度。

3. D/A 转换的主要技术指标

（1）满量程

满量程是输入数字量全为 1 时再在最低位加 1 时的模拟输出量。它是个理论值,可以趋近,但永远达不到。如果输出模拟量是电压量,则满量程电压用 U_F 表示;如果输出模拟量是电流量,则满量程电流用 I_F 表示。

（2）分辨率

D/A 转换器的分辨率是指单位数字量的变化所引起的模拟量的变化,通常定义为满量程电压与 2^n 的比值,也可用满量程的百分数来表示。当输入数字量最低有效位变化 1 时,对应输出可分辨的电压 ΔU 与满量程电压 U_F 之比,就是分辨率,即

$$分辨率 = \frac{\Delta U}{U_F} = \frac{1}{2^n - 1} \qquad (8.30)$$

可见,分辨率与输入数字量的位数 n 有关,故常用位数来表示 D/A 转换器的分辨率,如 8 位 D/A 转换器、10 位 D/A 转换器等。D/A 转换器的分辨率越高,转换时对输入量的微小变化反应越灵敏。

（3）转换精度

转换精度是实际输出值与理论计算值之差。这种差值越小,转换精度越高。转换过程中存在各种误差,包括静态误差和温度误差。静态误差主要由以下几种误差构成:

① 非线性误差。

D/A 转换器每相邻数码对应的模拟量之差应该都是相同的,即理想转换特性应为直线,如图 8.27 实线所示。实际转换时特性可能如图 8.27(a) 中虚线所示,我们把在满量程范围内偏离转换特性的最大误差称非线性误差,它与最大量程的比值称为非线性度。

② 漂移误差(零位误差)。

它是由运算放大器零点漂移产生的误差。当输入数字量为 0 时,由于运算放大器的零点漂移,输出模拟电压并不为 0。这使输出电压特性与理想电压特性产生一个相对位移,如图8.27(b)中的虚线所示,零位误差将以相同的偏移量影响所有的码。

③ 增益误差。

它是转换特性的斜率误差。一般地,由于 U_R 是 D/A 转换器的比例系数,所以,比例系数误差一般是由参考电压 U_R 的偏离引起的。比例系数误差如图8.27(c)中的虚线所示,它将以相同的百分数影响所有的码。

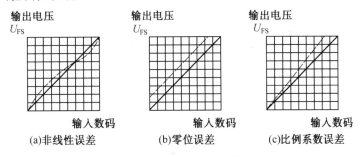

图 8.27　D/A 理想特性与实际输出特性

8.4.2　A/D 转换

1. A/D 转换原理

将时间上连续变化的信号经过采样获得时间上离散的样值脉冲,再经过保持电路可以得到阶梯波。一方面,由于阶梯的幅度是任意的,将会有无限个数值;而另一方面,出于数字量的位数有限,只能表示有限个数值(n 位数字量只能表示 2^n 个数值),因此,必须将采样后的样值电平归化到与之接近的离散电平上,这个过程称为量化(Quantification)。量化后,需用二进制数码来表示各个量化电平,这个过程称为编码(Code)。量化与编码电路是 A/D 转换器的核心组成部分。

量化过程中,这个指定的离散电平称为量化电平。相邻两个量化电平之间的差值称为量化间隔 S,位数越多,量化等级越细,S 就越小。取样保持后未量化的 $U_o(t)$ 值与量化电平 U_q 值的差值称为量化误差 δ,即 $\delta = U_o(t) - U_q$。量化的方法一般有两种:只舍不入法和有舍有入法。只舍不入法是将取样保持信号 $U_o(t)$ 不足一个 S 的尾数舍去,取其原整数。这种方法 δ 总为正值,且 $\delta \approx S$。有舍有入法是,当 $U_o(t)$ 的尾数小于 $S/2$ 时,用舍尾取整法得其量化值;当 $U_o(t)$ 的尾数大于 $S/2$ 时,用舍尾入整法得其量化值。这种方法 δ 可正可负,但是 $|\delta_{max}| = S/2$。可见,它比第一种方法误差要小。

2. A/D 转换电路

(1) 反馈式 A/D 转换器

反馈式 A/D 转换器的工作原理根据数字逻辑线路输出的逻辑特性不同,可分为斜梯型、跟踪型和逐次逼近型几种不同的形式。其中逐次逼近式 A/D 转换器的逻辑线路首先置位 1/2 满量程数码,再通过 DAC 与模拟输入信号进行比对。如果 DAC 的输出比模拟输入信号大,则再衰减到 1/4 满量程数码去与输入信号比较;如果 1/2 满量程数码所对应的 DAC 输出比模拟信号小,则再增加 1/4 满量程(此时对应的 DAC 输出应是(1/2 + 1/4)满量程输出)的 DAC 输出。以此类推,一直使数字逻辑电路变化到最小的一个 LSB,这样就完成了一次逐次逼近式的 A/D 转换过程。反馈式 A/D 转换器的基本线路如图 8.28 所示。

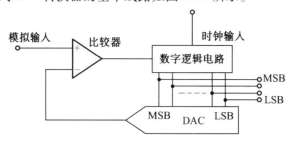

图 8.28　反馈式 A/D 转换器的基本线路

(2) 积分式 A/D 转换器

积分式 A/D 转换器的原理图如图 8.29 所示。

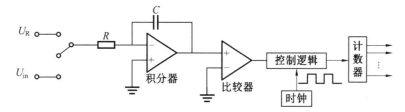

图 8.29　积分式 A/D 转换器的原理图

积分式 A/D 转换器的工作分为两个阶段(见图 8.30)。

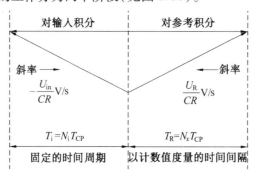

图 8.30　积分式 A/D 转换器的工作示意图

第一个阶段中,将模拟积分器的输出事先复位到零,将要转换的模拟信号连接到其输入端,以固定的时间间隔 T_i 对输入信号进行积分,若输入信号在此时间内保持恒定,则积分器的输出是线性上升的。

第二阶段是 T_i 结束时,控制信号将输入信号脱离,同时将参考电压接为积分器的输入。参考电压的极性与模拟输入信号的极性相反,使积分器的输出下降到零,对参考电压积分并使积分输出返回到零所需的时间,是与模拟输入信号在 T_i 时间内的平均值成正比的。

设定

$$\begin{cases} T_i = N_i T_{CP} \\ T_R = N_x T_{CP} \end{cases} \tag{8.31}$$

在信号积分阶段,有

$$U_{o} = \frac{1}{CR} \int_{0}^{T_i} U_{in} \mathrm{d}t \tag{8.32}$$

在参考电压积分阶段,积分器的输出返回到零,即

$$\frac{1}{CR} \int_{0}^{T_i} U_{in} \mathrm{d}t - \frac{1}{CR} \int_{0}^{T_R} U_R \mathrm{d}t = 0 \tag{8.33}$$

将 $T_i = N_i T_{CP}$,$T_R = N_x T_{CP}$ 代入,并整理得

$$N_x = \frac{N_i}{U_R} U_{in} \tag{8.34}$$

因此,N_x 可以看成是 U_{in} 的一种数据编码形式。由于采用了积分式的工作方式,对某些周期性(正负对称)的干扰信号可以进行有效滤除,这是其优点;其缺点是由于积分需一定的时间,所以 A/D 转换过程时间较长。

3. A/D 转换器的主要技术指标

(1)分辨率

分辨率指 A/D 转换器对输入模拟信号的分辨能力。从理论上讲,一个输出为 n 位二进制数的 A/D 转换器应能区分输入模拟电压的 2^n 个不同量级,能区分输入模拟电压的最小差异为满量程输入的 $1/2^n$。例如,A/D 转换器的输出为 12 位二进制数,最大输入模拟信号为 10 V,则其分辨率为

$$分辨率 = \frac{1}{2^{12} - 1} \times 10\ \mathrm{V} = \frac{10\ \mathrm{V}}{4\ 095} \approx 2.44\ \mathrm{mV}$$

(2)转换误差

在理想情况下,输入模拟信号所有转换点应当在一条直线上,但实际的特性不能做到输入模拟信号所有转换点在一条直线上。转换误差是指实际的转换点偏离理想特性的误差,一般用最低有效位来表示。注意,在实际使用中当使用环境发生变化时,转换误差也将发生变化。

(3)转换时间和转换速度

转换时间是指完成一次 A/D 转换所需的时间,是从接到转换启动信号开始,到输出端获得稳定的数字信号所经过的时间。转换时间越短,意味着 A/D 转换器的转换速度越快。A/D 转换器的转换速度主要取决于转换电路的类型,不同类型 A/D 转换器的转换速度相差很大。双积分型 A/D 转换器的转换速度最慢,需几百毫秒;逐次逼近式 A/D 转换器的转换速度较快,在几十微秒;并联型 A/D 转换器的转换速度最快,仅需几十纳秒时间。

8.5　自整角机、旋转变压器、轴角-数字转换原理及电路

8.5.1　自整角机、旋转变压器的输出特性

自整角机(Synchro)和旋转变压器(Resolver)是精度较高的轴角检测元件。由于它们在军事系统中的普遍使用而得到了广泛发展。现在,自整角机和旋转变压器系统已能满足很高的要求,并能在很宽的温度、湿度和冲击振动环境条件下正常工作。

1. 自整角机对

自整角机由发送机和接收机组成。每个发送机和接收机都由一个两相绕组的转子和一个

具有相隔120°分布的三相绕组的定子组成。发送机转子通过滑环用交流电压(50 Hz,60 Hz 或400 Hz)供电,控制发送机转子的交流电源频率称为激磁频率,其电压为

$$U_R = U_m \sin \omega t \tag{8.35}$$

它在定子绕组引线 S_1,S_2 和 S_3 之间感应出同频率信号,其输出电压 U_{S1},U_{S2} 和 U_{S3} 与转子的角位置有确定的关系,因而也与输入轴相对于定子的位置有确定的关系。输出相电压为

$$\begin{cases} U_{S1} = U_R \sin \theta_i = U_m \sin \omega t \sin \theta_i \\ U_{S2} = U_R \sin (\theta_i + 120°) = U_m \sin \omega t \sin (\theta_i + 120°) \\ U_{S3} = U_R \sin (\theta_i + 240°) = U_m \sin \omega t \sin (\theta_i + 240°) \end{cases} \tag{8.36}$$

式中,θ_i 为发送机转子相对于定子的偏转角。输出相电压的波形如图8.31所示。

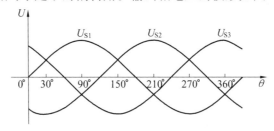

图8.31　自整角机波形图

2. 正余弦旋转变压器

正余弦旋转变压器(Sine Cosine Resolver)的转子和定子都有两个互相垂直的绕组,转子是一个激磁绕组 R_1,R_2,需要对其提供激磁电源,另一个是补偿绕组 R_3,R_4。定子的一个绕组产生一个与激磁频率相同频率的电压,其幅值正比于轴角的正弦,而另一个绕组产生一个幅值正比于轴角余弦的电压,如图8.32所示。

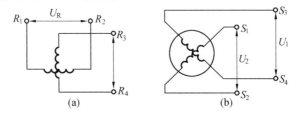

图8.32　原边补偿的正余弦旋转变压器

激磁电压为

$$U_R = U_m \sin \omega t \tag{8.37}$$

输出正、余弦电压为

$$\begin{cases} U_1 = U_R \sin \theta = U_m \sin \omega t \sin \theta \\ U_2 = U_R \cos \theta = U_m \sin \omega t \cos \theta \end{cases} \tag{8.38}$$

其中 θ 为转子相对于定子的转角,由于输出电压 U_1 和 U_2 分别与转子转角成正弦和余弦函数关系,因此也称其为正弦绕组和余弦绕组,分别用 U_s 和 U_c 表示,其输出电压波形如图8.33所示。

为了消除主轴磁场对输出电压的影响,通常将定子的补偿绕组 R_3 和 R_4 短接起来以形成所谓的原边补偿。

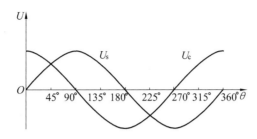

图 8.33　旋转变压器正余弦绕组输出波形图

3. 多极旋转变压器

为了提高系统精度,导航设备中常采用多极旋转变压器,以构成粗精组合的双速旋转变压器系统。将一对极和多对极做在一个旋转变压器中,称为多极旋转变压器(Multipolar Resolver)。常用的多极旋转变压器有 1∶36,1∶30 和 1∶16 等几种。一对极的结构称为粗机,多对极的结构称为精机。对于 1∶36 对极的结构,精机的一周的电气角度相当于粗机(实际的机械角度)一周的 1/36,因此其精度(分辨力)也为单精度旋转变压器的 36 倍。多极旋转变压器的应用中,一般大角度(卦限)由粗机给定,而卦限内的小角度由精机来确定,这样才能发挥其组合精度。

4. 自整角机和旋转变压器输出信号的相互变换

用自整角机或旋转变压器来测量角度信号时,采用旋转变压器输出是比较方便的,如果测角元件是自整角机,也可以把它的三相输出信号变成两相旋变信号进行输出,这种三相到两相的变换通常利用斯科特(Scott)变压器完成。斯科特变压器由两个变压器按图 8.34 连接而成。

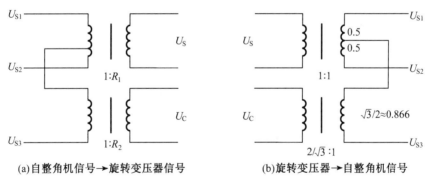

(a)自整角机信号→旋转变压器信号　　　　(b)旋转变压器→自整角机信号

图 8.34　斯科特变压器

初级带抽头的变压器称为主变压器,其初次级变比为 $1∶R_1$。不带抽头的变压器称为副变压器,它的初、次级变比为 $1∶R_2$。自整角机的三相输入信号 U_{S1},U_{S2} 和 U_{S3} 分别接到斯科特变压器初级的三个端子上。要求主变压器次级输出 $U_S = U_m \sin \omega t \sin \theta$,副变压器次级输出 $U_C = U_m \sin \omega t \cos \theta$,根据这一要求可以确定主副变压器的变化 R_1 和 R_2,以及主变压器初级抽头分压比 K 的数值。

主变压器次级输出为

$$U_S = R_1 U_m \sin \omega t \sin \theta \tag{8.39}$$

而要求 $U_S = U_m \sin \omega t \sin \theta$,所以应使 $R_1 = 1$。副变压器次级输出为

$$U_C = R_2 U_m[\sin \omega t \sin(\theta + 120°) + K\sin \omega t \sin \theta] = R_2 U_m \sin \omega t[\sin(\theta + 120°) + K\sin \theta]$$
(8.40)

由于要求 $U_C = U_m \sin \omega t \cos \theta$，所以有

$$R_2[\sin(\theta + 120°) + K\sin \theta] = \cos \theta$$
(8.41)

设 $\theta = 0°$，则 $1 = R_2 \cos 30°$，$R_2 = 1/\cos 30° = 2/\sqrt{3}$；设 $\theta = 90°$，则 $0 = R_2(-\sin 30° + K)$，$K = \sin 30° = 0.5$。

所以，当主变压器初级抽头为中心抽头（变比为 1∶1），副变压器初、次级变比为 1∶（2/$\sqrt{3}$）时，斯科特变压器可以完成由自整角机形式的信号到旋转变压器形式的信号变换。同理可证，如把旋转变压器信号加在斯科特变压器的副边，则在变压器初级可能得到自整角机形式的信号（见图 8.34(b)）。

采用两个运算放大器及若干精密电阻可以构成电子式斯科特变压器，其原理电路如图 8.35 所示。现证明如下：

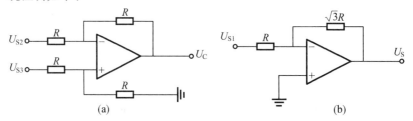

图 8.35　电子式斯科特变压器

$$U_s = -\sqrt{3} U_{S1} = -\sqrt{3} U_m \sin \omega t \sin \theta$$
(8.42)

$$U_C = U_{S3} - U_{S2} = U_m \sin \omega t[\sin(\theta + 240°) - \sin(\theta + 120°)] =$$
(8.43)

$$U_m \sin \omega t \times 2(-\cos \theta)\sin 60° = -\sqrt{3} U_m \sin \omega t \cos \theta$$

令 $-\sqrt{3} U_m = m$，则有

$$U_S = m\sin \omega t \sin \theta, \quad U_C = m\sin \omega t \cos \theta$$
(8.44)

电子式斯科特变压器体积小、重量轻，但精度要比斯科特变压器差些。

8.5.2　轴角-数字转换电路

在许多高精度导航设备中（如惯性导航（Inertial Navigation），平台罗经（Platform Compass）），均采用由精机和粗机组合的双速旋转变压器系统。将一对极和多对极做在一个旋转变压器中，称之为多级旋转变压器。目前，通用的精粗极对数之比有 1∶16，1∶30 和 1∶36 等几种。这些旋转变压器的精机和粗机都有正弦和余弦两个输出绕组，分别输出角度的正弦和余弦信号。对于 1∶n 的多级旋转变压器来说，粗机角度旋转一周（360°），精机就应旋转 n 周，即 $n \times 360°$，机械角度仅为 360°/n。如何将不同极对数的精、粗机的正、余弦绕组输出的电压变成其代表的精确角度的数值呢？下面就讨论这一问题。

我们先探讨一下粗机的正、余弦输出与所代表的角度关系。图 8.36 中 U_s，U_c 分别代表粗、精机输出的正余弦信号，从图 8.36 可以看到，输出的正、余弦信号的极性，再加上它们的绝对值差的极性，就可以初步判断它们在哪一个卦限（45°）之内了。

有了角度所属卦限的信息后，下一步就是确定在所属卦限的哪一个角度范围。由于采用

精粗组合的结构,由粗机提供的角度信息的精度,只要达到精机的最大机械角度,也即 $360°/n$,其中 n 为极对数。对于 $360°/n$ 范围以内的精确角度,应该由精机提供。

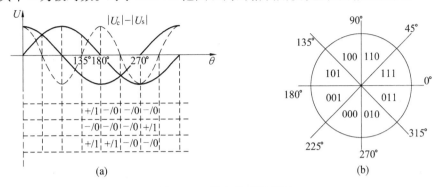

图 8.36 轴角的卦限判别

1. 卦限信息的获得

图 8.37 所示为获得粗机和精机角度卦限信息的原理电路,由此电路可分别获得粗机和精机的卦限信息 D_1,D_2,D_3。

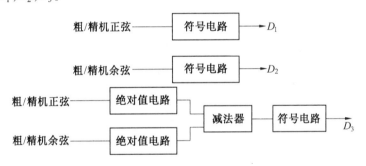

图 8.37 粗精机卦限信息的获得

2. 卦限内粗精机角度信息的获得

由正、余弦绕组输出的电压变成数字代码,需要 A/D 转换器件来完成,电路原理图如图 8.38 所示。图 8.38 电路中采用正、余弦相比较编码。这种方法能消除由于激磁电压波动引起的误差,从而降低对激磁电压稳定的要求。这样,在计算机内部就可获得粗精机角度的正切或余切值,但这个值代表的角度范围对于粗机来讲,只能在 0°～45° 之内,角度处在哪一个卦限内,还得靠卦限码来区别。粗机在 45° 角范围内的精度要求为小于 $360°/n$,也就是说粗机代码只要能区别 $360°/n$ 的角度,至于 $360°/n$ 以内的精确角度应由精机编码来确定。其中,全波整流电路和大小分选电路分别如图 8.39、图 8.40 所示。

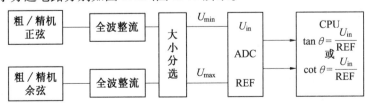

图 8.38 粗精机角度编码获得电路

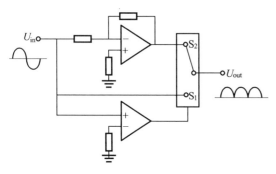

图 8.39 全波整流电路

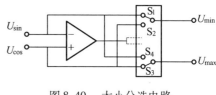

图 8.40 大小分选电路

3. 轴角的组合编码

如果 A/D 转换器为 12 位,转换角度为 0°,则编码对应为 tan 0°,即 A/D 转换器的 12 位输出全部为零。如果 12 位全部为 1,则对应角度为 tan 45°。对于任一采样码 x,其对应的角度应该有如下关系:tan 45 : 4 095 = tan θ : x,所以有

$$\theta = \arctan \frac{x}{4\,095} \tag{8.45}$$

由于粗机的采样码的精度小于 360°/n 即可,所以只考虑采样码前面几位。对于 16 对极的多级旋转变压器来讲,360°/n = 360°/16 = 22.5°,粗机采样码的前 3 位即能满足其分辨率的要求。下面定义组合码的结构

D_7	D_6	D_5	D_4	D_3	D_2	D_1	D_0

D_0 为精机卦限最高位,D_3,D_2,D_1 为粗机尾数高 3 位,D_6,D_5,D_4 表示粗机卦限,D_7 为空。

图 8.41 所示为组合码在整个 360° 角度范围内的变化规律。由图 8.41 可以看出,组合码的粗机尾数在 0° ~ 45° 是单值的,在其他卦限内与 0° ~ 45° 卦限内是对称或重复的。精机卦限的最高位 D_0 在 0° ~ 11.25° 范围内是 1($U_s > 0$),而在 11.25° ~ 22.5° 范围内是 0($U_s < 0$)。例如,我们要转换的角度为 22.599 6°,由粗机得到的卦限码 $D_6D_5D_4$ 为 111,粗机尾数编码的高 3 位 $D_3D_2D_1$ 为 011,精机卦限的最高位 D_0 为 1。因此其组合码为

D_7	D_6	D_5	D_4	D_3	D_2	D_1	D_0
空	1	1	1	0	1	1	1

由图 8.41 可知,第 1 步由粗机卦限码 $D_6D_5D_4$ 为 111,可知其角度值应在 0° ~ 45° 范围之内。第 2 步又由粗机尾数高 3 位 $D_3D_2D_1$ 为 011,可知其角度应在 22.5° 左右,也可能比它大,也可能比它小。但由精机卦限最高位 D_0 为 1 可知,其角度应比 22.5° 大些。这样由粗机给出的角度信息应该是 22.5° ~ 45°。第 3 步应该由精机的采样码 $x = 114$ 求出精机代表的角度 α,$\alpha = \arctan(114/4\,095) \approx 1.594\,246°$,$\alpha' = \alpha/16 = 0.099\,6°$,则由粗机和精机共同代表的角度信息 $\beta = 22.5° + 0.099\,6° = 22.599\,6°$。对于 30 对极的情况与 16 对极的相类似,这里不再详述。

4. 36 对极的轴角数字转换

对于 36 对极的旋转变压器来说,其粗机要达到的精度指标为 360°/n = 360°/36 = 10°,因此要求粗机尾数能够分辨出 10°。为此取其前 3 位已不能满足要求,应增加一位,其变化规律如图 8.42 所示。

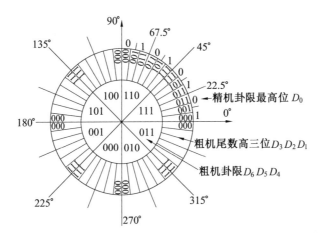

图 8.41 16 对极旋转变压器组合码的变化规律

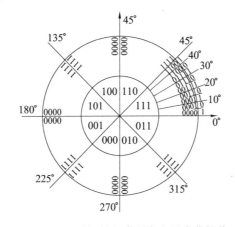

图 8.42 36 对极的组合码定义及变化规律

D_7	D_6	D_5	D_4	D_3	D_2	D_1	D_0

D_0 表示精机卦限最高位,D_7,D_6,D_5 是粗机卦限。36 对极轴角数字转换的原理及步骤与 16 对极相类似,只是粗机的角度分辨率要求小于 $360°/n = 10°$。

8.5.3 跟踪式轴角-数字转换

跟踪式轴角-数字转换系统可以看做一个数字随动系统,它在任一时刻的数字输出值(代表某一角度 φ)都反馈到系统输入端的数字正、余弦乘法器上,产生 $\sin\varphi$ 和 $\cos\varphi$,并分别与 $U_c = U_m \sin\omega t\cos\theta$ 和 $U_s = U_m \sin\omega t\sin\theta$ 相乘,得出误差信号 $\sin(\theta-\varphi)$。误差处理电路根据误差信号的幅值和极性,调整输出值 φ,使误差趋于零,系统平衡后,$\varphi=\theta$,于是得到输入轴角 θ 的数字值。这种转换器的基本框图如图 8.43 所示。

整个电路由象限选择器,数字正、余弦乘法器(函数发生器)和减法器,相敏整流器,压控振荡器,可逆计数器以及输出寄存器等组成,数字正、余弦乘法器和减法器的功能是产生一个模拟误差信号 $\sin(\theta-\varphi)$。

数字正弦乘法器和余弦乘法器是两套结构相同的函数发生器,它们都可由一个乘法型数-模转换器(MDAC)和一个只读存储器(ROM)构成。正弦乘法器中的 MDAC 的参考电压输入

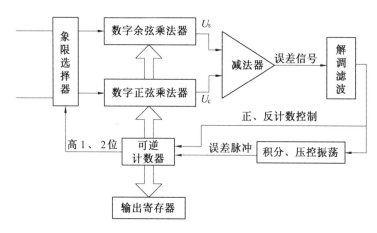

图 8.43　跟踪式轴角-数字转换系统框图

端接余弦调幅电压,它的数字输入端接正弦 ROM 的输出端,ROM 中存储着 0 ~ 90° 范围内各个角度的正弦函数值,而各个存储单元由可逆计数器的第三位至 LSB 的输出进行寻址。余弦乘法器中的 MDAC 参考电压输入端接正弦调幅信号,其 ROM 中则存储着余弦函数值,它也由可逆计数器的输出进行寻址。当计数器中存有某个角度 $\phi(\phi < 90°)$ 的数值时,正弦 ROM 输出 $\sin \phi$,余弦 ROM 输出 $\cos \phi$,于是正、余弦乘法器输出的模拟电压分别为

$$U_1\cos \phi = U_{\mathrm{m}}\sin \omega t\sin \theta\cos \phi$$
$$U_2\cos \phi = U_{\mathrm{m}}\sin \omega t\cos \theta\sin \phi \tag{8.46}$$

这两个电压在一个减法器中相减得出 ϕ 相对于 θ 的误差信号

$$U_1\cos \phi - U_2\sin \phi = U_{\mathrm{m}}\sin \omega t\sin(\theta - \phi) \tag{8.47}$$

由于误差信号叠加在载波(参考电压)上,必须解调后才能进一步处理,把它和参考电压(通过隔离变压器)同时引入一个相敏解调器,即可产生一个与 $\sin(\theta - \phi)$ 成正比的直流误差信号 U_{d}。这个信号经过一个模拟积分器产生一个随时间增长的输出电压 U_1,它作为一个宽动态范围的压控振荡器 VCO(即 V/F 变换器)的输入电压,VCO 的输出脉冲频率 CP 正比于 U_1 的幅值。该脉冲序列由一个可逆计数器进行累计,累加还是累减,由误差信号 U_{d} 的极性控制。当 $U_{\mathrm{d}} > 0$(表明 $\theta > \phi$)时,计数器作加法计数;当 $U_{\mathrm{d}} < 0$(表明 $\theta < \phi$)时,计数器作减法计数。不论哪种情况,计数值的变化均使正弦 ROM 和余弦 ROM 的输出随之变化,结果使 ϕ 趋近于 θ,系统平衡后,可逆计数器中的 ϕ 就是输入轴角 θ 相等的数字量。

整个反馈环路的特性可用图 8.44 表示,在这个环路中除 VCO(压控振荡器)前端的模拟积分器之外,可逆计数器应视为一个数字积分器,因为只要误差信号存在,它总是要累计计数的。这样,在环路的前向通道中共有两个积分环节,因而它属于 Ⅱ 型伺服系统(也称随动系统)。

由控制理论可知,这种系统对于位置输入和速度输入都是无静差系统,而对于加速度输入,其稳态误差与系统开环增益成反比。因此,当输入航向角 θ 为定值时,转换器的输出 $\phi = 0$;当载体航向作匀速变化时,转换器的输出也随之变化,且 $\mathrm{d}\phi/\mathrm{d}t = \mathrm{d}\theta/\mathrm{d}t$,因此,只要 θ 的速度不大于电压-频率转换器的最大等效脉冲速度,数字输出 ϕ 就能跟踪输入轴角 θ,即在任一时刻均有 $\phi = \theta$;当输入轴以加速度(正或负)旋转时,转换器的输出变化也具有同样的加速度,但任一时刻输出 ϕ 都将滞后于 θ。在 θ 加速和减速期间(如启动、停止或变速等)产生的误差很

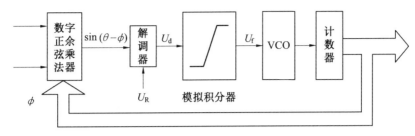

图 8.44　跟踪式轴角-数字转换系统的反馈回路

小。电压-频率转换器的最大脉冲速度还决定系统能够从最大误差位置（即 ±180°）给出正确输出的最小时间。

将以上两种轴角-数字转换方案比较可知，编码式航向-数字转换方案的航向跟踪速度较快，几乎没有延时，但是从数字信号跟踪的平滑性来说，对于模拟信号的平滑性以及信号处理电路的处理能力要求较高，受干扰信号的影响较大，输入信号的微小波动有可能造成编码的较大跳跃。

跟踪方式轴角-数字转换的轴角跟踪速度不如编码式轴角-数字转换方案的角度跟踪速度快，其角度的表示是靠可逆计数器的输出表示的。误差信号驱动可逆计数器连续计数，计数器的输出不会突变，即航向的发送值不会发生突变现象，因此，如果电路的闭环调节和轴角的数字编码转模拟信号方法得当，则轴角-数字编码就不会产生丢步失配现象。跟踪式轴角-数字转换方案的最快角度跟踪速度决定于压控振荡器最快频率。

本章小结

本章介绍了信号转换电路相关知识，包括模拟开关、采样／保持电路、电压比较器、A/D 转换器和 D/A 转换器等。重点介绍了这几种信号转换电路的转换原理和应用电路，并给出了信号转换电路在轴角转换电路中的应用。重点在于掌握各种信号转换电路的原理、功能和应用特点。通过本章的学习，应具有根据信号转换要求设计合理的信号转换电路的能力。

思考与练习

1. 题图 8.1(a) 为某一电压在 $0 \sim +5$ V 之间的输入信号 U_{in}，该信号分别送入题图 8.1(b) 所示的普通比较器和题图 8.1(c) 所示的迟滞比较器中。在两种比较器中参考电压 $U_R = 4.0$ V，在迟滞比较器中高低阈值电压之差 $\Delta U_{\text{th}} = 1$ V，要求完成以下工作：

(1) 根据题图 8.1(a) 和题图 8.1(b)，画出 U_{o1} 的波形。

(2) 根据题图 8.1(c)，求出 R_1，R_2，R_f 的值，并确定 U_{thh}，U_{thl}，画出 U_{o2} 的波形图。

2. 题图 8.2 是 16 对极旋转变压器组合码的变化规律示意图，通过编码式轴角信号的数字转换电路获得某一角度的组合码见下表。组合码中的 $D_6 D_5 D_4$ 为粗机卦限码，$D_3 D_2 D_1$ 为粗机尾数的高 3 位，D_0 为精机卦限的最高位。编码的轴角-数字转换电路中精机的采样码为 $x = 160$，求出此情况下 16 对极旋转变压器所代表的角度值（注：$\tan \alpha = 140/4\ 095 \approx 0.039\ 07$，$\alpha = \tan^{-1} 0.039\ 07 \approx 2.237\ 5°$）。

D_7	D_6	D_5	D_4	D_3	D_2	D_1	D_0
空	1	1	1	0	1	1	1

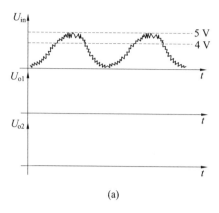

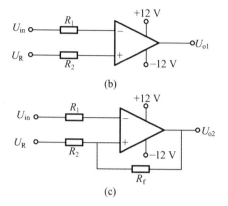

题图 8.1

3. 试设计一窗口比较器,使输入信号在 - 4 V ~ + 3 V 之间输出高电平,若输入信号超过这一信号时输出低电平(见题图 8.3),试画出电路图。

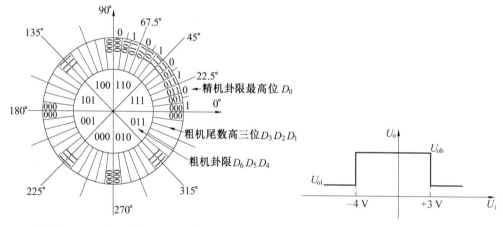

题图 8.2　16 对极旋转变压器组合码的变化规律

题图 8.3

4. 计算八位单极性 D/A 转换器的数字量分别为 7FH,81H,F3H 时的模拟输出电压值,设其满量程电压为 10 V。

5. 在双积分 A/D 转换器中时钟频率为 100 kHz,若要求分辨率为 10 位,求最高的采样频率。

第 9 章　信号自动检测与转换系统

本章摘要: 信号自动检测与转换系统主要由信号的采集、A/D 转换、信号分析处理、信号传输和信息显示等模块组成。本章主要给出几款自动检测系统常用控制芯片以及通信协议的介绍,并通过心电信号自动检测与转换系统的设计,介绍一般自动检测与转换系统的设计方法。

本章重点: 构成系统,实现对信号的检测与转换。

9.1　自动检测系统常用控制芯片介绍

信息技术正在飞速发展,其实际应用已经深入到各个领域各个方面。如今越来越多的电子产品向着智能化、微型化发展,这其中就涉及实时控制和信号处理问题。电子系统的复杂性不断增加,迫切地要求电子设计技术也有相应的变革和飞跃。纯数字电路设计系统工作量大,灵活性低,而且系统可靠性差。单片机(Single Chip Microcomputer,SCM)技术的广泛应用,克服了纯数字电路系统许多不可逾越的困难,是一个具有里程碑意义的飞跃。而后,数字信号处理器(Digital Signal Processing,DSP)以其极强的信号处理功能赢得了广阔的市场。近年来,可编程逻辑器件(Programable Logic Device,PLD)迅速发展,尤其是具有电子技术高度智能化、自动化特点的现场可编程门阵列(Field Programable Gate Array,FPGA)和复杂可编程逻辑器件(Complex Programable Logic Device,CPLD)技术的诞生,使得硬件设计如同软件设计一样简单。SCM,DSP,PLD 以其各自的特点满足了各种需要,正从各个领域各个层面改变着世界,已经成为数字时代核心动力,推动信息技术快速发展。

目前全世界有多个厂家生产以上提到的各种控制芯片,而且都已经在相关领域得到广泛的应用,有着比较固定的使用人群。本节分别介绍几款比较具有代表性的 SCM,DSP,FPGA/CPLD 控制芯片。

9.1.1　单片机

SCM 是集成了 CPU,ROM,RAM 和 I/O 口的微型计算机,有很强的接口性能,非常适合于工业控制,因此又称为微控制器(Micro Controller Unit,MCU)。SCM 与通用处理器不同,是以工业测控对象、环境、接口等特点出发,向着增强控制功能、提高工业环境下的可靠性、灵活方便地构成应用计算机系统的界面接口的方向发展。SCM 的特点如下:

① 品种齐全,型号多样。自从 Intel 推出 51 系列单片机,许多公司对它作出改进,发展成为增强型 51 系列,而且新的单片机类型也不断涌现。如 Motorola 和 Philips 均有几十个系列,几百种产品。CPU 从 8,16,32 到 64 位,多采用精简指令流(Reduced Instruction Set CPU,

RISC)技术,片上 I/O 非常丰富,有的单片机集成有 A/D、"看门狗"、PWM、显示驱动、函数发生器、键盘控制等,价格也高低不等,这样极大地满足了开发者的选择自由。

② 低电压和低功耗:随着超大规模集成电路的发展,N 沟道 MOSFET(N-channel Metal Oxide Semiconductor,NMOS)工艺单片机被 CMOS 代替,并开始向高密度 MOS 技术(HMOS)过渡。供电电压由 5 V 降到 3 V,2 V 甚至到 1 V,工作电流由 mA 降至 μA,这在便携式产品中大有用武之地。

这里列举几款使用比较广泛的单片机。

1. MCS 51 单片机

MCS 51 是指由美国 Intel 公司生产的一系列单片机的总称,这一系列单片机包括很多品种,如 8031、8051、8751、8032、8052、8752 等,其中 8051 是最早最典型的产品,该系列其他单片机都是在 8051 的基础上进行功能的增、减、改变而来的,人们通常习惯于用 8051 来称呼 MCS 51 系列单片机。89C51 是这几年在我国非常流行的单片机,是由美国 Atmel 公司开发生产的。作为学习单片机的入门型号,8051 单片机有着很多优点,例如价格便宜,各种各样的应用资料很多。以 8 位 AT89C51 单片机为例,其主要特性如下:

与 MCS 51 兼容;4 k 字节可编程闪烁存储器;寿命为 1 000 写/擦循环;数据保留时间为 10 年;全静态工作为 0~24 Hz;三级程序存储器锁定;128×8 位内部 RAM;32 可编程 I/O 线;两个 16 位定时器/计数器;5 个中断源;可编程串行通道;低功耗的闲置和掉电模式;片内振荡器和时钟电路。

通常 MSC 51 的编译就是在 Keil 或者伟福(Wave)编译环境下进行,生成可以下载的. hex 文件后,使用下载软件 STC_ISP 把下载文件下载到单片机上。相关教程资料都有很多,方便初学者的学习。

2. MC9S12XDP512 单片机

MC9S12XDP512 单片机是美国飞思卡尔(Freescale)半导体公司生产的双核处理器。带协处理器的 MC9S12X 系列单片机是 MC9S12 系列单片机的更新换代产品。MC9S12 目前已有 8 个系列几十个品种。S12X 系列单片机比 S12 速度更快,在 S12 单核 CPU 的基础上增加了 XGate 协处理器(是一个可用 C 语言编程的,拥有最优化的数据传输、逻辑以及位操作指令的指令系统),专门用来处理中断和 I/O,可大幅提高实时系统的性能。

(1)中央处理器和 XGate 协处理器

S12X 系列单片机的中央处理器 CPU12X 由三个部分组成:算术逻辑单元、控制单元和寄存器组。通常外部采用 16 MHz 石英晶体振荡器,通过内部锁相环使片内总线速度达 40 MHz 或 50 MHz。而协处理器 XGate 采用 RISC 结构,速度比主 CPU 快一倍,响应中断也快。协处理器 XGate 与主 CPU 通过双口 RAM 交换数据。对于双 CPU 系统的可能会有竞争的问题,S12X 单片机采用了 8 个内部的硬件信号量(Semaphore)予以解决。

S12X 和 XGate 协处理器 CPU 都是 16 位,基本寻址空间是 64 kB,定义一个指针变量只占用两个字节,比 32 位代码效率高。而内部寄存器简单,任务切换时为保护现场而入栈的寄存器少,仅为典型 32 位内核 ARM 的 1/7~1/8,从而应用程序对内存的资源需求比 32 位机少得多,容易实现应用系统的单片化。

(2)其他组成部分及模块

①A/D 转换器:MC9S12XDP512 最多有 3 个 8 路,即 24 路 10 位精度 A/D 转换器。

②CAN 模块：MC9S12XDP512 内部有 5 个控制器局域网（Controller Area Network，CAN）模块，每个 CAN 具有 2 个接收缓冲区和 3 个发送缓冲区。每个 CAN 有发送（TX）、接收（RX）、出错和唤醒等 4 个独立的中断通道。CAN 模块具有自检、低通滤波、唤醒功能。CAN0 通道不用做 CAN 时，可多一条 J1850 通道。

③定时器：MC9S12XDP512 拥有的增强型捕捉定时器有：16 位主计数器，7 位分频系数；8 个输入捕捉通道或输出比较通道，其中 4 输入捕捉通道带有缓存；4 个 8 位或 2 个 16 位脉宽计数器；每个信号滤波器有 4 个用户可选择的延迟计数器。

④PWM 模块：MC9S12XDP512 的 PWM 模块可设置为 4 路 8 位或者 2 路 16 位。

⑤串行接口：MC9S12XDP512 的串行接口有三种——最多 6 个异步串行通信接口模块 SCI；最多 2 个 I^2C 总线接口；3 个同步串行外设接口 SPI。

⑥并行口：MC9S12XDP512 有两个具有位输入信号跳变沿产生中断、唤醒 CPU 功能的 8 位并行口，即 16 位输入中断通道，这 16 位也可以设为输出。

⑦时钟发生器：MC9S12XDP512 时钟发生器有以下特点：使用频率范围为 0.5 ~ 16 MHz 的外部晶振，通过锁相环频率合成器，产生所需要的单片机内部总线时钟；当外部时钟缺失时，内部提供自时钟方式，直到外部时钟恢复为止。

⑧电压调整模块：用于单片机内部提供合适的电源电压。整个单片机外部供电电压为 5 V，I/O 端口也是按 5 V 供电的逻辑电平设计，但芯片内部用 2.5 V 供电，因此该模块产生片内需要 2.5 V 电压。

⑨单线（Single Wire）BDM 调试模块：用于通过 BDM 调试器对片内 Flash 的在线编程和 Flash 的擦除，也可以通过该模块在程序运行时动态地获取 CPU 寄存器的状态和信息，用于应用程序的调试。

⑩锁相环电路：时钟产生电路产生内部各模块需要的各种时钟，需要加外部晶振。锁相环电路用于产生高于外部晶体振荡器频率的时钟，这是通过片内的压控振荡器产生高于外部时钟频率数倍的振荡，再通过锁相环电路将频率稳定在某一确定的数值上实现的。

⑪系统集成模块 SIM（System Integration Module）：用于接收可屏蔽中断和非可屏蔽中断的输入信号，接收单片机复位后的运行模式选择信号。根据 MODA、MODB 及 BKGD 引脚复位时的电平状态，单片机可进入单片方式、扩展方式或特殊方式。

（3）最小系统板

MC9S12XDP512 最小系统板如图 9.1 所示。系统板包括时钟电路、串口电路、BDM 接口、复位电路和调试 LED。其中，时钟电路采用 11.059 2 MHz 的外接晶振为单片机提供时钟；串口电路可将 TTL 电平转换成 RS-232 电平；BDM 接口供用户下载和调试程序用；供电电路为单片机提供电源；复位电路可以对单片机执行上电复位和手动复位；调试 LED 与单片机的 PORTB 口相连，供程序调试用。

9.1.2　DSP 芯片

随着单片机功能集成化的发展，其应用领域也逐渐地由传统的控制，扩展为控制处理、数据处理以及数字信号处理（Digital Signal Processing，DSP）等领域。

DSP 芯片是一种独特的微处理器，有完整的指令系统，是以数字信号处理大量信息的器件。一个数字信号处理器在一块不大的芯片内包括有控制单元、运算单元、各种寄存器以及一

图 9.1　MC9S12XDP512 最小系统板

定数量的存储单元等等,在其外围还可以连接若干存储器,并可以与一定数量的外部设备互相通信,有软、硬件的全面功能,本身就是一个微型计算机。

DSP 采用的是哈佛设计(注:冯·诺依曼结构的计算机没有区分程序存储器和数据存储器,会导致总线拥堵),即数据总线和地址总线分开,使程序和数据分别存储在两个分开的空间,允许取指令和执行指令完全重叠。也就是说在执行上一条指令的同时就可取出下一条指令,并进行译码,这大大提高了微处理器的速度。另外还允许在程序空间和数据空间之间进行传输,因而增加了器件的灵活性。它不仅具有可编程性,而且其实时运行速度可达每秒数以千万条复杂指令程序,远远超过通用微处理器,是数字化电子世界中日益重要的电脑芯片。它的强大数据处理能力和高运行速度,是最值得称道的两大特色。由于其运算能力很强,速度很快,体积很小,而且采用软件编程具有高度的灵活性,因此为从事各种复杂的应用提供了一条有效途径。

根据数字信号处理的要求,DSP 芯片具有如下主要特点:

①在一个指令周期内可完成一次乘法和一次加法;

②程序和数据空间分开,可以同时访问指令和数据;

③片内具有快速 RAM,通常可通过独立的数据总线在两块中同时访问;

④具有低开销或无开销循环及跳转的硬件支持;

⑤快速的中断处理和硬件 I/O 支持;

⑥具有在单周期内操作的多个硬件地址产生器;

⑦可以并行执行多个操作;

⑧支持流水线操作,使取指、译码和执行等操作可以重叠执行。

世界主要 DSP 生产厂商是德州仪器公司(Texas Instruments, TI),美国模拟器件公司(Analog Devices Company,ADC)、Motorola 和杰尔等公司也推出了几款 DSP 处理芯片。

美国德州仪器是世界上最知名的 DSP 芯片生产厂商,其产品应用也最广泛,TI 公司生产的 TMS320 系列 DSP 芯片广泛应用于各个领域。TI 公司在 1982 年成功推出了其第一代 DSP 芯片 TMS32010,这是 DSP 应用历史上的一个里程碑,从此,DSP 芯片开始得到真正的广泛应用。由于 TMS320 系列 DSP 芯片具有价格低廉、简单易用、功能强大等特点,所以逐渐成为目前最有影响、最为成功的 DSP 系列处理器。

目前,TI 公司在市场上主要有三大系列产品:

①面向数字控制、运动控制的 TMS320C2000 系列,主要包括 TMS320C24x/F24x、TMS320LC240x/LF240x、TMS320C24xA/LF240xA、TMS320C28xx 等。

②面向低功耗、手持设备、无线终端应用的 TMS320C5000 系列,主要包括 TMS320C54x、TMS320C54xx、TMS320C55x 等。

③面向高性能、多功能、复杂应用领域的 TMS320C6000 系列,主要包括 TMS320C62xx、TMS320C64xx、TMS320C67xx 等。

9.1.3　FPGA/CPLD 芯片

电子设计自动化(Electronic Design Automation, EDA)技术,是以计算机为工具,在 EDA 软件平台上,对用硬件描述语言(Hordware Description Language,HDL)完成的设计文件自动地逻辑编译、逻辑化简、逻辑分割、逻辑综合及优化、逻辑布局布线、逻辑仿真,直至对于特定目标芯片进行适配编译、逻辑影射和编程下载等。设计者只需用硬件描述语言 HDL 完成系统功能的描述,借助 EDA 工具就可得到设计结果,将编译后的代码下载到目标芯片就可在硬件上实现。这里的目标芯片就是 PLD,目前主要有 CPLD 和 FPGA 两大类型。PLD 是 EDA 技术的物质基础,这两者是分不开的。可以说没有 PLD 器件,EDA 技术就成为无源之水。

1. PLD 厂家

生产 PLD 的厂家很多,但最有代表性的 PLD 厂家为 Altera、Xilinx 等。PLD 的开发工具一般由器件生产厂家提供,但随着器件规模的不断增加,软件的复杂性也随之提高,目前由专门的软件公司与器件生产厂家使用,推出功能强大的设计软件。下面介绍主要器件生产厂家和开发工具。

① Altera:20 世纪 90 年代以后发展很快。其主要产品有 MAX3000/7000、FELX6K/10K、APEX20K、ACEX1K、Stratix 等。其开发工具 MAX+PLUS II 是较成功的 PLD 开发平台,最新又推出了 Quartus II 开发软件。Altera 公司提供较多形式的设计输入手段,绑定第三方 VHDL 综合工具,如综合软件 FPGA Express、Leonard Spectrum,仿真软件 ModelSim。

② Xilinx:FPGA 的发明者。其产品种类较全,主要有 XC9500/4000、Coolrunner(XPLA3)、Spartan、Vertex 等系列,其最大的 Vertex-II Pro 器件已达到 800 万门。开发软件为 Foundation 和 ISE。

通常来说,在欧洲用 Xilinx 的人多,在日本和亚太地区用 ALTERA 的人多,在美国则是平分秋色。全球 PLD/FPGA 产品 60% 以上是由 Altera 和 Xilinx 提供的。可以认为 Altera 和 Xilinx 共同决定了 PLD 技术的发展方向。

2. PLD 硬件描述语言

硬件描述语言是 EDA 开发比较重要的部分,当前用得最多的两种硬件描述语言是 VHDL(VHSIC Hardware Description Language, VHDL)和 Verilog HDL。VHDL 语言是 IEEE 的一项标准设计语言,它源于美国国防部提出的超高速集成电路(Very High Speed Integrated Circuit, VHSIC)计划,是专用集成电路(Application Specific Integrated Circuits,ASIC)设计和 PLD 设计的一种主要输入工具。Verilog HDL 是 Verilog 公司推出的硬件描述语言,在 ASIC 设计方面与 VHDL 语言平分秋色。

3. SOPC 技术

以 Altera 公司生产的 FPGA 芯片 Cyclone 系列的 EP1C12Q240I7N 芯片为例。该芯片采用可编程片上系统(System On a Programmable Chip,SOPC)技术,即在一片 FPGA 中实现软核微处理器,也可以嵌入 ARM 等硬核处理器,使 FPGA 具有嵌入式系统的可编程能力,同样可以作为自动检测系统控制芯片使用。通过这种技术,SOPC 平台即可以拥有微处理器系统丰富的软件资源和出色的人机交互能力,同时又具备 FPGA 系统的快速硬件逻辑特性,实现了软件系统和硬件系统的互补,不仅提高了设计的性能,而且加快了开发周期。SOPC 系统的开发平台较为复杂,这里介绍 SOPC 开发平台的相关信息。

SOPC 的硬件平台是 Nios Ⅱ 处理器。Nios Ⅱ 是一个嵌入式处理器,以 IP Core 的形式在 FP-GA 中实现,是通用的 RISC 处理器。它提供如下特性:

①32 位的指令系统、数据路径和地址空间。

②32 个通用寄存器组。

③32 个外部中断源。

④单周期指令 32×32 乘法器和除法器,并且提供 32 位运算结果。

⑤单周期指令移位器。

⑥提供多种片上外设,包括片外存储器和外设的接口。

⑦提供 IDE 调试环境,可进行开始、停止、单步和跟踪等硬件调试。

⑧提供基于 GNU C/C++工具链的开发环境和 Eclipse IDE。

⑨所有 Nios Ⅱ 系列处理器提供兼容的指令体系。

⑩性能超过 1 SODMIPS。

Nios Ⅱ 处理器具有完全可定制特性、高性能、较低的产品和实施成本、易用性、适应性和不会过时的优点。由于处理器是软核形式,具有很大的灵活性,根据自己的标准定制处理器,按照需要选择合适的外设、存储器和接口,所以可以在多种系统设置组合中进行选择,达到性能、特性和成本目标。

目前 Nios Ⅱ 系列包括三种软 CPU 核:一种是高性能软核(Nios Ⅱ/f),处理能力超过 200 MIPS;一种是精简软核(Nios Ⅱ/e),利用这种精简软核构架一个完整的 CPU 系统只需要占用 700 个逻辑单元;还有一种是标准软核(Nios Ⅱ/s),性能和逻辑资源需求介于两种之间。每种都针对不同的性能范围和成本。所有软核都是 100% 代码兼容,让设计者根据系统需求变化改变 CPU,而不会影响现有的软件投入。Nios Ⅱ 处理器具有完善的软件开发套件,包括编译器、集成开发环境(IDE)、JTAG 调试器、实时操作系统(RTOS)和 TCP/IP 协议栈。Nios Ⅱ CPU 由若干个基本模块和一系列可选模块构成,基本模块包括 ALU、程序控制器、地址发生器、中断控制器、寄存器组等;可选模块有 JTAG 调试器、用户指令逻辑、指令 Cache、数据 Cache 等。

Altera 公司的 SOPC 开发环境软件包括三个部分:Quartus、Nios、SDK。

①Quartus 是硬件设计的综合软件,包括源设计(支持硬件描述语言,"原理图"等设计方法)、设计文件的编译、仿真、管脚分配、下载等多项功能,能实现传统的 EDA 设计软件的全部功能。Quartus 可以独立运行,在没有 Nios 软件支持的情况下,它可以完成传统 EDA 设计的所有工作。

②Nios 是设计的专用插件,由 Quartus 软件调用执行,生成以 32 位 CPU 为核心的处理系统。该系统细节部分用硬件描述语言生成(可选具体是用哪一种语言描述),其顶层设计文件也生成一个"符号"文件,方便在 Quartus 中用"原理图"设计方法时直接调用。SOPC 生成的设计文件需要在 Quartus 中再次编译生成可下载到器件中的文件。需要说明一下的是,SOPC 的设计文件中没有针对器件管脚的定义,不能直接下载,至少需要在 Quartus 中添加输入输出模块,分配管脚后才能正确下载并工作。

③SOPC 的软件执行部分支持用 C 语言做源代码设计,因此 Altera 公司提供的 SDK 就是针对与 C 语言设计的软件集成环境,该软件主要完成 C 语言的编译、下载 C 语言执行代码到硬件系统以及调试工作。SDK 工作时,需要 Nios 编译过程中所提供的、针对与具体 SOPC 系统的 C 语言库文件,让设计人员可以直接调用 Nios 提供的 CPU 系统资源。SDK 软件是 Nios 软件的一个必备的重要组成部分,在安装 Nios 时,会自动安装 SDK 的全部内容,不需要单独安装。

单片机、DSP 和 FPGA/CPLD 各具特色,满足了不同需要,已经成为数字时代的核心动力。为了充分发挥它们的优势,三者结合会成为一个新的发展趋势。目前比较流行的组合是:MCU 与 DSP 的结合,DSP 和 FPGA/CPLD 的结合。MCU 价格低,能很好地完成通信和智能控制的任务,但信号处理能力差。DSP 恰好相反。把两者结合,能满足同时需要智能控制和数字信号处理的场合,如蜂窝电话、无绳网络产品等,这有利于减小体积、降低功耗和成本;由于 FPGA/CPLD 兼有串/并行工作方式、高速度和宽口径适用性等特点,将 DSP 与 FPGA 集成在一个芯片上,可实现宽带信号处理,极大地提高信号处理速度。另外,FPGA 可以进行硬件重构,功能扩展或性能改善非常容易。

9.2 常用通信协议介绍

在数据通信、计算机网络以及分布式工业控制系统中,经常采用各种各样的方式来交换数据和信息。当使用微控制器进行通信时,最简单的方法就是直接把两个端口相连,这样就可以通过检测电平或者边沿来实现通信。随着数据量的加大,对通信的质量、速度、场合等要求的提高,各种各样的通信协议就诞生了。

通信的分类方式有很多种,按照传输媒质分类可以分为有线通信和无线通信;按照通信形式分可以分为串行通信和并行通信;按通信双方的分工及数据传输方向分类,点对点之间的通信可分为单工通信、半双工通信及全双工通信三种。

单工通信,是指消息只能单方向进行传输的一种通信工作方式;半双工通信方式,是指通信双方都能收发消息,但不能同时进行收和发的工作方式;全双工通信,是指通信双方可同时进行双向传输消息的工作方式。

本节介绍比较常用的通信方式——有线通信和无线通信。

9.2.1 有线通信协议

目前仍然在使用的比较常见的有线通信方式有 RS232 串行总线、SPI(Serial Peripheral Interface)总线、I^2C(Inter Integrated Circuit)总线、CAN(Controller Area Network)总线、Ethernet 以太网总线、USB 等。各种通信方式各有各的优点,都能分别应用于不同的场合,满足不同的需求。下面就重点介绍目前仍被广泛使用的 RS232C 通信协议。

1. RS232C 总线描述

RS232C 是由美国电子工业协会(Electronic Industry Association, EIA)和通信工业协会(Telecommunications Industry Association, TIA)制定的用于串行通信的标准通信接口,包括按位串行传输的电气和机械方面的规定,适用于短距离或带调制解调器的通信场合,利用它可以很方便地把各种计算机、外围设备、测量仪器等有机地连接起来,进行串行通信。为了调高数据传输速率和通信距离,EIA 还公布了 RS422,RS432,RS485 等串行总线标准。

所谓串行传输,就是数据流以串行的方式逐位地在一条信道上传输。每次只能发送一个数据位,发送方必须确定是先发送数据字节的高位还是低位。同样,接收方也必须知道所收到字节的第一个数据位应该处于字节的什么位置。串行传输具有易实现,在长距离传输中可靠性高的优点,适合远距离的数据通信,但需要在收发双方采取同步措施。串行通信接口标准经过使用和发展,目前已经有很多种。

2. RS232C 接口引脚描述

RS232C 标准规定接口有 25 根连线,D 型插头和插座,采用 25 芯引脚或 9 芯引脚的连接器,RS232C 标准接口如图 9.2 所示。

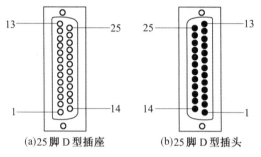

(a)25 脚 D 型插座　　(b)25 脚 D 型插头

图 9.2　RS232C 标准接口图

虽然 RS232C 标准规定接口定义了 25 条连线,但通常只有以下 9 个信号经常使用,其对应关系见表 9.1。

表 9.1　9 针连接器和 25 针连接器间的对应关系

引脚描述	9 针连接器	25 针连接器
DCD	1	8
RXD	2	3
TXD	3	2
DTR	4	20
GND	5	7
DSR	6	6
RTS	7	4
CTS	8	5
RI	9	22

各引脚含义如下:

TXD:发送数据,输出。

RXD:接收数据,输入。

RTS:请求发送,输出。

CTS:允许发送,输入。

DSR:数据通信设备准备就绪,输入。

GND:接地。

DCD:接收线路信号检测,输入。

DTR:数据终端准备就绪,输出。

RI:振铃检测,输入。

3. RS232C 接口具体规定

(1)电气性能规定

① 在 TXD 和 RXD 线上,RS232C 采用负逻辑

逻辑正(即数字 1)= $-15 \sim -3$ V;

逻辑负(即数字 0)= $+3 \sim +15$ V。

② 在联络控制信号线上(如 RTS、CTS、DSR、DTR、RI、DCD 等)

ON(接通状态)= $+3 \sim +15$ V;

OFF(断开状态)= $-15 \sim -3$ V。

(2)传输距离

RS232C 标准适用于 DCE 和 DTE 之间的串行二进制通信,最高的数据速率为 19.2 kb/s。在使用此波特率进行通信时,最大传送距离在 20 m 之内,降低波特率可以增加传输距离。

4. RS232C 接口典型应用

RS232C 共定义了 25 根信号线,但在实际应用中,使用其中多少根信号线并无约束。也就是说,对于 RS232C 标准接口的使用是非常灵活的,实际通信中经常采用 9 针接口进行数据通信,9 针串口插头和插座实物如图 9.3 所示。下面给出 3 种典型的使用 RS232C 的连接方式,如图 9.4、图 9.5 和图 9.6 所示。

图 9.4 中两个 DTR 之间进行 RS232C 串行通信的典型连接,但这种信号线的连接方式不是唯一的。

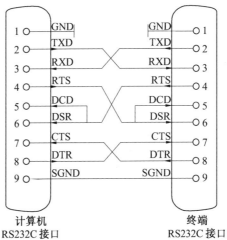

图 9.3　9 针串口插头和插座实物图　　图 9.4　两个 RS232C 设备通信连接图

在图中连接方式下,信号传送的过程是:首先发送方将 RTS 置为接通,向对方请求发送,由于接收方的 DSR 和 DCD 均和发送方的 RTS 相连,故接收方的 DSR 和 DCD 也处于接通状态,分别表示发送方准备就绪和告知接收方对方请求发送数据。当接收方准备就绪,准备接收数据时,就将 DTR 置为接通状态,通知发送方接收方准备就绪,由于发送方的 CTS 接到接收方

的 DTR,故发送数据,接收方从 RXD(接到发送方 TXD)接收数据。如果接收方来不及处理数据,接收方可暂时断开 DTR 信号,迫使对方暂停发送。当发送方数据发送完毕,便可断开 RTS 信号,接收方的 DSR 和 DCD 信号状态也就处于断开状态,通知接收方,一次数据传送结束。如果双方都是始终在就绪状态下准备接收数据,连线可减至 3 根,即 TXD、RXD 和 SGND。

图 9.5 是单片机与计算机之间通信的连接示意图。由于单片机输入、输出为 TTL 电平,而 PC 配置的是 RS232C 标准串行接口,两者的电气特性不一致,因此,要完成 PC 与单片机之间的数据通信,必须进行电平转换。MC1488 负责将 TTL 电平转换为 RS232C 电平;而 MC1489 则是把 RS232C 电平转换为 TTL 电平。PC 输出的电平信号经过 MC1489 转换成 TTL 电平信号,送到单片机的 RXD 端;单片机的串行发送引脚 TXD 输出的 TTL 电平信号经过 MC1488 电平转换器转换成 PC 可接收的电子信号,接到 PC 的 RXD 端。

当电路的传输距离较远时,即使使用双绞线也容易引起干扰,所以在 MC1488 的输出端最好外加电容滤波,电容的值通常为 0.01 μF。此电路结构简单,可靠性好。它的缺点是需要提供±12 V 和+5 V 双电源,因而存在着一定的局限性。

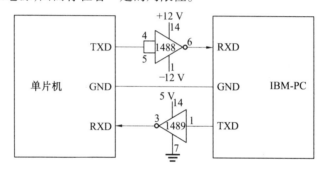

图 9.5　单片机和 PC 采用 MC1488 和 MC1489 通信连接图

图 9.6 是单片机与计算机之间采用 MAX232 芯片通信的连接示意图。MAX232 是 MAXIM 公司生产的包含两路接收器和驱动器的 IC 芯片,其芯片内部具有电源电压变换器,可以把输入的+5 V 电压变换成为 RS232C 输出电平所需要的±10 V。此芯片只需+5 V 供电,因此它的适应性更强。

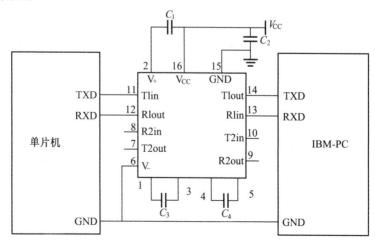

图 9.6　单片机和 PC 采用 MAX232 通信连线图

实际应用中可采用 MAX232 芯片中两路发送接收中的任意一路作为接口。要注意的是其发送和接收的引脚要互相对应。图 9.6 中采用 Tlin 引脚接单片机 TXD,则 PC 的 RS232 接收端一定要对应接到 T1out 引脚。同时,R1out 接单片机的 RXD 引脚,对应 PC 的 TXD 应接到 MAX232 中的 R1in 引脚。C_1,C_2,C_3,C_4 和 V_+,$V-$ 主要用于电源变换,其中的电容选用钽电容比较好,4 个电容的典型值一般为 0.1 μF。

9.2.2　无线通信协议

随着社会的发展,在工业自动化领域,有些设备难于采用有线连接,如移动小车、旋转设备、手持数据采集器以及一些位于偏远地点的设备等。在这些应用场合,短程无线通信已成为有线通信的重要补充形式。按照不同的传输距离可以将无线通信网络分为无线广域网 WWAN(Wireless Wire Area Network)、无线城域网 WMAN(Wireless Metropolitan Area Network)、无线局域网 WLAN(Wireless Local Area Network)和无线个域网 WPAN(Wireless Personal Area Network)。

图 9.7 所示为 IEEE 802 各无线通信标准中传输距离与传输速率的覆盖范围。IEEE 802.22 与 IEEE 802.20 分别为无线广域网、无线城域网的技术标准。IEEE 802.11、IEEE 802.15 分别为无线局域网、无线个域(短程)网标准。IEEE 802.16 则为宽带无线网标准,适用于住宅区或经营性建筑的射频链接。而位于 WLAN 和 WPAN 范围内的 IEEE 802.15.3x,则属于近距离、高传输速率的超宽带 UWB 技术,主要用于图像等多媒体数字信号的传输。

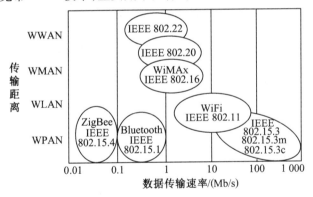

图 9.7　几种无线通信网络的传输速率与距离

1.蓝牙无线微微网

(1)蓝牙技术简介

蓝牙(Bluetooth)是一门发展十分迅速的短距离无线通信技术,由移动通信与移动计算公司联合推出。1998 年,专门兴趣小组成立,这个小组负责制定代号为蓝牙的开放短距离无线通信协议。此协议代号取自 10 世纪的一位爱吃蓝梅的丹麦国王哈罗德的绰号——蓝牙。1999 年该组织公布了第一版蓝牙规范,从此蓝牙作为一项技术名扬天下。

蓝牙利用短距离无线连接技术替代专用电缆连接。将蓝牙微芯片嵌入蜂窝电话、膝上或台式电脑、打印机、个人数字助理、数字相机、传真机、键盘、手表等设备内部,在这些“长了蓝牙”的设备之间,建立起低成本、短距离的无线连接,取消了设备之间不方便的连线,为现存的数据网络和小型外围设备接口提供了统一方便的连接方式,形成了不同于固定网络的小型、专用无线连接群。在宽带网已经触及寻常百姓家的今天,蓝牙还享有宽带网末梢神经的美誉。

蓝牙技术本身不独立构成完整的通信设备,也不涉及移动通信业务,它只是配合其他系统,使它们具有无线传输的能力,并可克服红外(IR)通信要在直射路径才能建立通信的缺陷。蓝牙的小功率设备支持距离大约 10 m 的无线通信,大功率设备也只支持距离大约 100 m 的无线通信。蓝牙规定了 4 种物理接口,通用串行总线 USB、RS232、PC 卡及通用异步收发器 UART 接口。蓝牙允许在各种环境通信,包括机电工业区的应用,其发送与接收数据的模块具有纠错功能和自动重传请求功能。

蓝牙使用跳频(Frequency Hopping)、时分多用(Time Division Multi-access)和码分多用(Code Division Multi-access)等先进技术来建立多种通信。蓝牙工作在 2.4 GHz 的频段上,这是留给工业、科学和医疗进行短距离通信的,不需要许可证。蓝牙作为一种射频无线技术,支持点对点和一点对多点通信,即一个蓝牙设备可以跟一个也可以跟多个蓝牙设备通信。其传输速率为 721 kb/s。

(2)蓝牙微微网与主从设备

蓝牙微微网(Piconet),也称为微网,是由一个主设备和一个或多个从设备共用同一蓝牙信道建立的最简单的蓝牙网络。

在蓝牙微微网中,一个设备如果发起通信连接过程,它就成为主设备,通信接收方为从设备。微微网中能同时被激活的从设备最多为 7 个,被激活的设备地址的长度为 3 位。任何一个蓝牙设备既可以成为主设备又可成为从设备。角色的分配是在微微网形成时临时确定的,不过通过蓝牙技术中的"主-从转换"功能可以改变通信角色。在微微网范围内没有被激活的设备称为休眠设备。

在微微网的连接被建立之前,所有的设备都处于旁观侦听状态,此时这些设备只周期性地"侦听"其他设备发出的查询或寻呼报文。为节约能源,延长电池寿命,蓝牙为进入连接后的设备准备了 3 种不同功率的节能工作模式,呼吸、保持与休眠模式,设备对功率的要求按呼吸、保持、休眠模式递减。

(3)蓝牙协议和应用行规

蓝牙技术规范包括协议和应用行规两部分。图 9.8 简要刻画了蓝牙协议栈的组成。

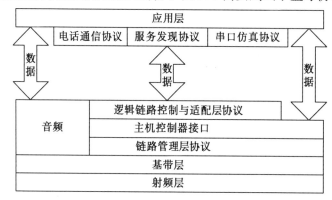

图 9.8　蓝牙协议栈的组成

整个蓝牙协议体系结构可分为底层硬件模块、中间协议层(软件模块)和高端应用层 3 大部分。图 9.8 所示的链路管理(Link Management,LM)层、基带层(Base Layer)和射频层(RF

Layer)属于蓝牙的硬件模块。射频层实现数据位流的过滤和传输,它主要规定了蓝牙收发器在此频带正常工作时所应满足的要求;基带层负责跳频和蓝牙数据及信息帧的传输;链路管理层负责连接的建立、拆除以及链路的安全和控制,并为上层软件模块提供不同的访问入口。但两个模块接口之间的数据传递必须通过蓝牙主机控制器接口(Host Controller Interface, HCI)才能进行,也就是说,HCI 是蓝牙系统中软硬件之间的接口,由它提供调用下层 BL、LM、状态和控制寄存器等硬件的统一命令。HCI 协议以上的协议软件运行在主机上,而 HCI 以下的功能由蓝牙设备来完成,二者之间通过传输层进行交互。

中间协议层包括逻辑链路控制和适配协议(LLCAP)、服务发现协议(Service Discovery Protocol, SDP)、串口仿真协议、电话通信协议(Telephone Communication Protocol, TCP)。LLCAP 具有数据拆装、服务质量控制和协议复用等功能,是实现其他上层协议的基础,因此也属于蓝牙协议栈的核心部分。SDP 为上层应用程序提供一种机制来发现网络中可用的服务及其特性。串口仿真协议用于在 LLCAP 上仿真 9 针 RS 232 串口的功能。TCP 提供蓝牙设备间话音和数据的呼叫控制信令。在蓝牙协议栈的最上部是高端应用层,它对应于各种应用模块的行规。

为蓝牙采纳的协议还有 PPP、TCP/UDP、IP、OBEX、WAP、WAE、vCard、vCal 等,其中 OBEX 是红外协会开发的用于交换对象的协议;WAP 为无线应用协议;WAE 为无线应用环境;vCard、vCal 是 Internet 邮件联盟的开放协议。

(4)蓝牙基带控制器芯片 MT1020A

基带控制器芯片 MT1020A 是 MITEL 公司推出的低成本、微功耗蓝牙基带控制器芯片,它和其他无线收发器一起可以构成一个完整的低功耗小型蓝牙技术系统。MT1020A 是低功耗无线通信应用系统中理想的蓝牙器件,其功能框图如图 9.9 所示。

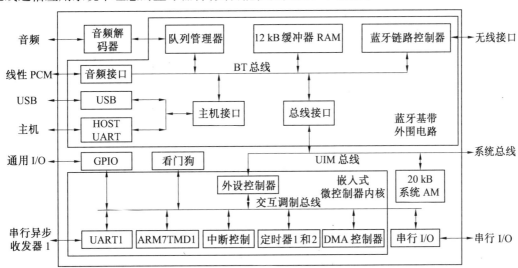

图 9.9　MT1020A 的功能框图

MT1020A 是一种单 CPU 蓝牙控制芯片,可广泛应用于个人数字助理(Personal Digital Assistant, PDA)、无线联络和控制、蜂窝电话、数码相机以及汽车电子等方面。

图 9.10 为一个基于 MT1020A 的小型蓝牙系统的典型应用框图。图中的 MCU 用来完成对键盘、显示器件和其他外设的控制以及与蓝牙芯片的协调运行;MT1020A 用来控制无线收

发器的接收和发送（受话器和送话器直接和 MT1020A 基带控制器相连），无线收发器的作用是在 MT1020A 的控制下，通过天线对各种数字和音频数据进行发射和接收。

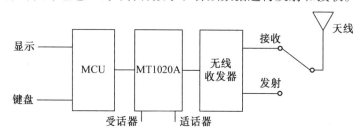

图 9.10　基于 MT1020A 的小型蓝牙系统的典型应用框图

（5）蓝牙应用系统

蓝牙应用系统由蓝牙收发器与应用主机共同构成，图 9.11 为蓝牙应用系统的构成框图。应用系统主要发挥蓝牙短距离无线通信技术的优势，用于 10 m 或 100 m 范围内的语音和数据传输，语音传输时每个声道支持 64 kb/s 同步链接，而异步传输速率在一个方向上可高达 721 kb/s，非对称链接的回程方向速率达 57.6 kb/s，并支持 43.2 kb/s 的对称连接。语音和数据访问、外设连接和个人网络（PAN）是蓝牙技术最典型的应用。

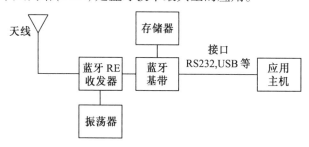

图 9.11　蓝牙应用系统

蓝牙接口可以直接集成到计算机主板，或者以 RS232，USB 等接口的形式与应用主机连接，实现计算机之间及计算机与外设之间的无线连接。当蓝牙芯片被嵌入计算机后，键盘、鼠标就可以通过无线链路工作，无需电缆接口。

蓝牙技术的应用领域已越来越广阔。将蓝牙技术应用于汽车行业中，实现数据的无线传输；将蓝牙技术应用于建筑行业中，实现智能家居，实现自动抄表和用电实时管理；在车站、机场、商场等公共场合，还可利用蓝牙为用户提供接入服务等。

2. ZigBee 技术

（1）ZigBee 技术特点

ZigBee 一词源于蜜蜂之间 ZigZag 形状的飞舞。蜜蜂以此作为通信方式，相互交流信息，以便共享食物源的方向、距离和位置等信息。由英国 Invensys 公司、日本三菱电气公司、美国摩托罗拉公司以及荷兰飞利浦半导体公司四大巨头为主的 ZigBee 联盟成立于 2001 年，该联盟现已有包括半导体生产商、IP 服务提供商、消费类电子厂商等在内的 100 多个成员单位，例如 Honeywell、Eaton 和 Invensys Metering Systems 等工业控制和家用自动化公司。

ZigBee 是一种基于 IEEE 802.15.4 标准的、近距离、低传输速率、低复杂度、低功耗、低成本的无线网络技术。ZigBee 数据传输速率的范围为 10 ~ 250 kb/s，适用于低速率的数据传输应用。其通信传输的理想连接距离为 10 ~ 75 m 之间，通过增大发射功率可使连接距离更大。

ZigBee 网络的规模大,结点数量多。其网络理论上最多可支持 65 536 个结点。其搜索设备的典型时延为 30 ms,活动设备的信道接入时延为 15 ms,具有时延短的优点。

ZigBee 提供了数据完整性检查和鉴权功能,加密算法采用高级加密标准 AES–128（Advanced Encryption Standard）,安全性好,并可以灵活确定其安全属性。

由于 ZigBee 协议简单,有利于降低成本,特别适合在成本和功耗要求苛刻的控制网络中应用。其典型应用领域有工业控制、消费电子、家庭自动化、楼宇自动化、医疗护理等,可以满足小型廉价设备之间无线通信的需要。

（2）ZigBee 通信参考模型

ZigBee 通信参考模型如图 9.12 所示。其物理层和媒体访问控制层遵循 IEEE 802.15.4 标准,由这两层构成 ZigBee 的底层。ZigBee 联盟在此基础之上定义了 ZigBee 协议的高层,包括网络层和应用层。应用层包括应用层框架（Application Framework）、应用支持子层（Application Support Sub-layer）和 ZigBee 设备对象 ZDO（ZigBee Device Object）。

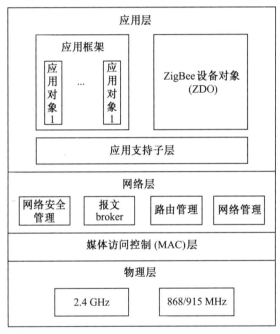

图 9.12　ZigBee 通信参考模型

① 物理层:IEEE 802.15.4 物理层定义了两个工作频段:868/915 MHz 和 2.4 GHz。其中低频段的 868 MHz 为欧洲采用,其传输速率为 20 kb/s;915 MHz 为美国、澳大利亚采用,其传输速率为 40 kb/s;而 2.4 GHz 的高频段则在全球通用,其传输速率为 250 kb/s。

物理层主要任务:控制无线收发器的激活与关闭;对当前信道进行能量检测（Energy Detection,ED）;提供链路质量指示（Link Quality Indication,LQI）;为 CSMA–CA 提供信道空闲评估;选择信道频率;发送和接收数据。

② 媒体访问控制层:媒体访问控制层（Media Access Control,MAC）层负责控制对物理信道的访问,完成的任务有:协调器的 MAC 层负责产生信标（Beacon）;与信标帧同步;实现对个域网的关联（Association）与解除关联（Disassociation）;维护设备安全;采用 CSMA–CA 机制控制信道访问;维护时隙保障（Guaranteed Time Slot,GTS）机制;在两个对等的 MAC 实体间提供

一条可靠的链路;负责维护 PIB 中与 MAC 层相关的信息,存储与 MAC 层相关的常量和属性。

③ 网络层:网络层位于 MAC 层与应用层之间,负责网络管理、路由管理、报文 broker 以及网络安全管理。可以把它分为一个数据实体和一个管理实体,数据实体负责产生网络层协议数据单元并将它发送到目的设备或通往目的设备路径上的下一个设备,网络层管理实体负责完成设备组态、加入/离开网络、地址分配、邻居发现、路由发现、接收器控制等功能。网络层还负责维护网络信息数据库(Network Information Database, NID)。

④ 应用层:ZigBee 的应用层(Application Layer, AL)包括应用支持子层(Application Support Sub-layer, APS)、由 ZigBee 组织定义的 ZigBee 设备对象(ZigBee Device Object,ZDO)和 ZDO 行规以及由用户或制造商定义的应用对象(Application Object)组成的应用框架(Application Framework, AF)。

应用支持子层在网络层和应用框架之间提供一个接口,在同一网络的两个或多个设备之间提供数据传输服务,提供发现和绑定设备服务,并维护管理对象数据库。该接口为 ZDO 和制造商定义的应用对象提供一套通用的服务机制。在 ZigBee 通信中要求把需要通信的结点绑定在一起,形成绑定表,根据绑定表在绑定的设备之间传输报文。维护绑定表是应用支持子层的主要作用之一。

应用框架中 ZigBee 设备对象 ZDO 的作用包括定义一个设备在网络中的作用,如定义设备为协调器、路由器或终端器;发现网络中的设备并确定它们能提供何种应用服务;开始或响应绑定请求,以及在网络设备中建立安全链接。ZigBee 设备对象描述了基本的功能函数,在应用对象、设备行规和应用服务之间提供接口。ZDO 应满足 ZigBee 协议栈所有应用操作的一般要求,如:对应用支持子层(ASS)、网络层(Network Layer)、安全服务文档(Security Service Document, SSD)的初始化;通过向用户定义应用对象收集相关信息来实现设备发现和服务发现、安全管理、网络管理、绑定管理等功能。

(3)ZigBee 设备类型

IEEE 802.15.4 定义了两种设备类型,全功能设备(Full Function Device, FFD)和简约功能设备(Reduced Function Device, RFD)。RFD 设备面向较为简单的应用,需要同一个协调器相关联,所以 RFD 设备对设备资源的要求较低。FFD 可以同 RFD 通信,也可以同 FFD 设备通信;而 RFD 只能同 FFD 通信。

ZigBee 规定了三种设备类型,分别为个域网的协调器(Coordinator)、路由器(Router)和终端设备(End Device)。ZigBee 的设备类型与典型功能见表 9.2。

表 9.2 ZigBee 的设备类型与典型功能

ZigBee 的设备类型	IEEE 802.15.4 的设备类型	典型功能
协调器	FFD	除路由器的典型功能外,还包括创建和配置网络等
路由器	FFD	允许其他结点入网,分配网络地址,提供多条路由等
终端设备	RFD	结点的休眠或唤醒,传感或控制等

(4) ZigBee 的网络拓扑

ZigBee 网络支持星(Star)形、树(Tree)形和网状(Mesh)拓扑,图 9.13 中的(a)、(b)、(c)分别为这三种拓扑结构的网络示意图。

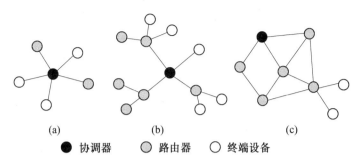

图 9.13　ZigBee 支持的三种拓扑结构的网络示意图

① 星形拓扑:星形拓扑指一个辐射状网络,数据和网络命令都通过中心结点传输。在这种拓扑结构中,外围结点需要直接与中心结点实现无线连接,中心结点的冲突或者故障将会降低系统的可靠性。

星形网络拓扑结构最大的优点是结构简单,由中心结点承担绝大多数管理工作,路由管理单纯。缺点是灵活性差,每个终端结点都要放在中心结点的通信范围之内,因而会限制无线网络的覆盖范围,当大量信息涌向中心结点时,容易造成网络阻塞、丢包、性能下降等。

② 树形拓扑:在 ZigBee 的树形拓扑结构中,有协调器、路由器、终端设备三种结点。与星形网络相比,树形拓扑结构中多了路由器。如果有些 RFD 结点距离协调器结点太远,超出了无线连接的覆盖范围,就需要位于 RFD 与协调器之间的路由器发挥中继功能来解决这一问题,通过路由器起到扩大网络覆盖范围的作用。一个 ZigBee 网络只有一个网络协调器,但可以有若干个路由器。

③ 网状拓扑:采用网状拓扑(见图 9.13(c))的 Mesh 网络是一个自由设计的拓扑,是一种以特殊接力方式传输的网络结构。其路由可自动建立和维护,具有很高的适应环境能力。各个具有路由能力的结点都是平等的,能跟有效通信半径内的所有结点直接通信。各结点都可以访问到网内的其他结点,但此时路由器和协调器的无线通信模块都必须一直处于接收状态,所以结点的功耗比较大。与星形、树形相比更加复杂,其路由拓扑是动态的,不存在一个固定可知的路由模式。这样,信息传输时间更加依赖网络的瞬时连接质量,事先难以预计。

(5) ZigBee 通信结点芯片 CC2430

随着无线传感器网络的技术发展,已经出现了多种支持 ZigBee 802.15.4 协议的通信芯片。有多个厂商推出了 ZigBee 结点产品的全套解决方案,如 Freescale 公司的低功耗 2.45 GHz 集成射频器件 MC13192,Chipcon 公司的 CC2430 等。它们都在单个芯片上集成了微处理器 CPU、存储器、射频收发、模数转换、计时、传感器等部分。

① CC2430 主要特点:CC2430 在单个芯片上除整合了 1 个 8 位 MCU(8051),128 kB 可编程闪存,8 kB 的 RAM 以及 ZigBee 射频(RF)前端之外,还包含了 AES128 协处理器、模拟数字转换器、看门狗定时器、32 kHz 晶振的休眠模式定时器、上电复位电路、掉电检测电路、多个计时器以及 21 个可编程 I/O 引脚。

CC2430 在接收和发射模式下,电流消耗分别低于 27 mA 或 25 mA,CC2430 的休眠模式和在超短时间内转换到活动模式的特性,使其特别适合于那些要求电池工作寿命较长的应用。

② 典型应用电路:CC2430 芯片需要很少的外围部件配合就能实现信号的收发功能。图 9.14 为 CC2430 芯片的一种典型应用电路。

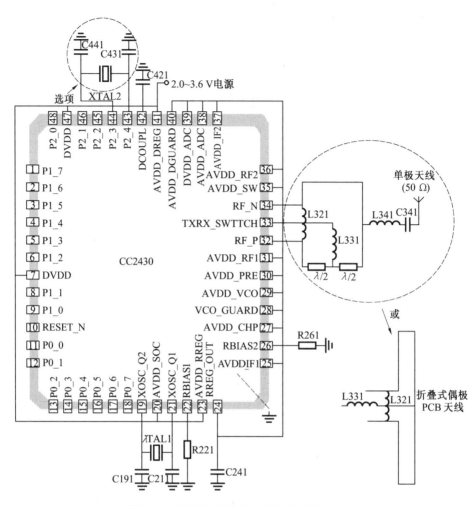

图 9.14　CC2430 芯片的一种典型应用电路

　　该电路使用一个非平衡天线,连接非平衡变压器可使天线性能更好。电路中的非平衡变压器由电容 C341 和电感 L341,或者由电感 L321、L331 以及一个 PCB 微波传输线组成,整个电路的 RF 输入输出匹配电阻为 50 Ω。由内部 T/R 交换电路完成 LNA 和 PA 之间的交换。R221 和 R261 为偏置电阻,电阻 R221 主要用来为 32 MHz 的晶振提供一个合适的工作电流。用 1 个 32 MHz 的石英谐振器(XTAL1)和 2 个电容(C191 和 C211)构成一个 32 MHz 的晶振电路。用 1 个 32.768 kHz 的石英谐振器(XTALZ)和 2 个电容(C441 和 C431)构成一个 32.768 kHz 的晶振电路。电压调节器为所有要求 1.8 V 电压的引脚和内部电源供电,C241 和 C421 电容是去耦合电容,用来为电源滤波,以提高芯片工作的稳定性。

9.3　心电信号自动检测系统设计

　　前面介绍很多与心电信号检测有关的知识。本节通过一个心电信号自动检测系统的设计实例,理解和掌握如何设计一个功能完善的信号自动检测与转换系统。在这个系统中,被测对象是人体心电信号,通过模拟电路对信号进行放大、滤波、陷波、隔离等处理得到有效的采样信号。对采样信号进行 A/D 转换,再通过 RS 232 口,将信号由控制芯片传输到上位机当中。然后利用计算机对采样得到的信号进行数字滤波、数字陷波得到最终所需要的信号,并由相应的显示软件把信号转换为波形,供分析研究使用。

9.3.1　系统指标

心电信号大约为 50 μV ~ 4 mV,而且内阻很大(可达几十万欧),须进行放大才能进行接下来的处理。受干扰信号的影响,放大器的增益过高易导致信号饱和,因而设计采用两级放大的方法。心电图仪的前置放大在整机中处于非常重要的地位,决定了整机的主要技术指标,要求低噪声、低功耗,共模抑制比尽可能高。

在前置放大中,可以采用基本差动输入放大器(或同相放大器),对心电信号进行放大,这种方法需要采用大量的集成运放和分立器件,稳定性不太高,基本放大的零点漂移略大,抑制共模信号的能力也有待提高。也可以采用低噪声、低功耗,有良好的共模输入抑制能力的仪表放大器,用外部电阻灵活地设定增益,同样可以达到较大的放大倍数。这里为更好地认识放大、滤波、转换等电路,选择前一种设计方法。

心电信号易受噪声的干扰,且主要能量集中在 0.05 ~ 100 Hz 频带内,所以本设计用滤波的方法对心电信号作进一步的处理,抑制外界干扰,从而得到较平滑的心电图形。

采用电阻、电容分立器件组成有源滤波器,要求阶数足够高,才能取得较好的滤波效果。这就需要很多分立器件,同样可以采用多级滤波网络,经过放大的心电信号,主要存在肌电等干扰信号,将其送到由 0.05 Hz 高通滤波器和 50 ~ 100 Hz 低通滤波器组成的带通网络,滤波有效频带以外的肌电信号。这里仍然采用第一种方法,经过此两级滤波电路组成的滤波网络后,得到较为光滑的心电信号波形。

9.3.2　硬件设计

系统硬件包括三个部分:信号采集电路,包括对信号放大、滤波、隔离等处理;信号 A/D 转换部分,即把采样得到的模拟信号转换为数字信号并传递给控制芯片;控制芯片及其外围电路,其主要作用是控制 A/D 芯片进行采集并把采集得到的信号通过串口传输给上位机。

1. 信号采集电路

整个心电放大滤波原理图如图 9.15 所示。其组成为:仪用放大器,是三运放构成的前置放大电路;隔直电路;隔直电容的泄流电路,同时兼有滤波作用;起隔离作用的跟随器电路;直流电位调整及放大电路;光电耦合器发光管的驱动电路;光电耦合器光电转换的输出电路;典型的陷波器电路;隔直与泄流电路;放大滤波电路;阻抗匹配电路。

信号采集中,用到的核心器件就是运算放大器 OP07 和光电耦合器件 TLP521。OP07 芯片是一种低噪声、非斩波稳零的双极性运算放大器集成电路。设计中,选用 8 脚的 OP07 封装,其封装结构和引脚示意分别如图 9.16(a)和图 9.16(b)所示。TLP521 是可控制的光电耦合器件。设计中,选用 4 脚的 TLP 芯片,其封装结构和引脚示意分别如图 9.17(a)、图 9.17(b)所示。

2. A/D 转换电路

图 9.18 是 A/D 转换电路原理图。A/D 转换电路的核心是 A/D 转换芯片,这里选用 AD1674。AD1674 是美国 AD 公司推出的一种完整的 12 位并行模/数转换单片集成电路。该

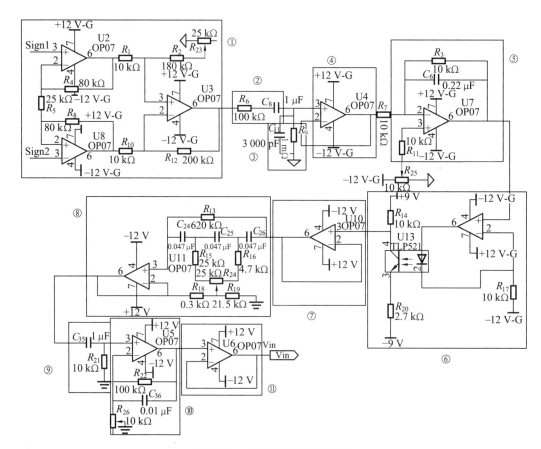

图 9.15　心电放大滤波原理图

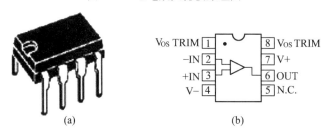

图 9.16　OP07 的封装及引脚定义

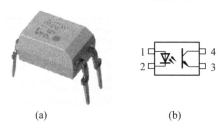

图 9.17　TLP521 的封装及引脚定义

芯片内部自带采样/保持器(SH)、10V 基准电压源、时钟源以及可与微处理器总线直接接口的暂存/三态输出缓冲器。

　　AD1674 的引脚按功能可分为逻辑控制端口、并行数据输出端口、模拟信号输入端口和电

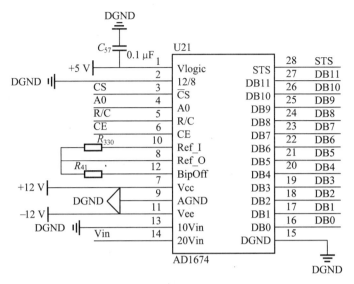

图 9.18　A/D 转换电路原理图

源端口四种类型。

AD1674 的工作模式可分为全控模式和独立模式。在这两种模式下,工作时序是相同的。独立模式主要用于具有专门输入端系统,因而不需要有全总线的接口能力。而采用全控工作模式则有利于与 CPU 进行总线连接。

图 9.19 和图 9.20 分别是 AD1674 在全控工作模式下的转换启动时序和读操作时序。转换启动时,在 CE 和$\overline{\text{CS}}$有效之前,$\text{R}/\overline{\text{C}}$必须为低,如果 $\text{R}/\overline{\text{C}}$为高,则立即进行读操作,这样会造成系统总线的冲突。一旦转换开始,STS 立即为高,系统将不再执行转换开始命令,直到这次转换周期结束。而数据输出缓冲器将比 STS 提前 0.6 μs 变低,且在整个转换期间内不导通。

AD1674 是一款 12 位的高速 A/D 转换器,单片机可以采用查询或中断的方式判断 A/D 转换的状态。AD1674 与 8 位总线单片机接口时,必须分两次读取转换结果,且 DB3～DB0 只能与 DB11～DB8 并联而不能与 DB7～DB4 并联。在设计线路板时一定要考虑到如何避免外界噪声引入到模拟信号电路中。

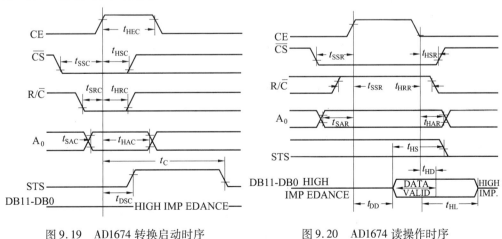

图 9.19　AD1674 转换启动时序　　　　图 9.20　AD1674 读操作时序

3. 控制芯片及其外围电路

鉴于整个系统对处理芯片的要求并不高,故系统采用较为简单、比较适合入门的芯片8051。图 9.21 是一个 8051 单片机的最小系统板,主要包括了一个 8051 芯片及复位和外部晶振模块。

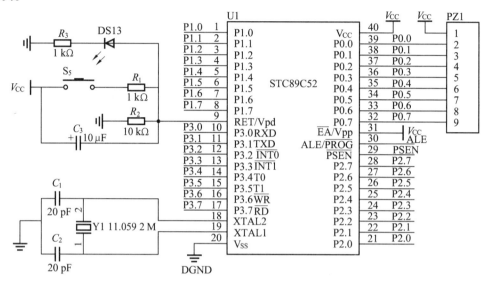

图 9.21　8051 单片机的最小系统板

图 9.22 的 8051 单片机的串口模块,主要有下载 8051 程序和与上位机通信的作用。

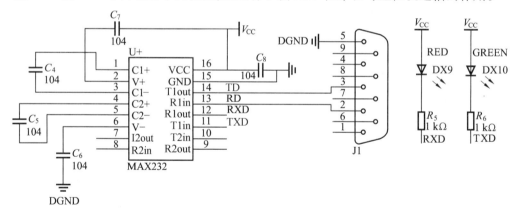

图 9.22　8051 单片机的串口模块

4. 其他电路

主要就是供电电路,提供系统所有需要使用到的电源。为防止电源对采样的干扰,还必须对电源进行滤波。其中信号地和模拟地不能直接用导线相连,两者之间必须用一个电感或者零欧姆电阻相连接。设计用到的所有电源及电源的滤波模块如图 9.23 所示。

9.3.3　软件设计

系统软件分为两个部分:控制芯片的编程和上位机软件。控制芯片的编程主要完成控制 A/D 芯片完成采样和利用串口往上位机传输数据,上位机软件主要完成信号的陷波滤波和信

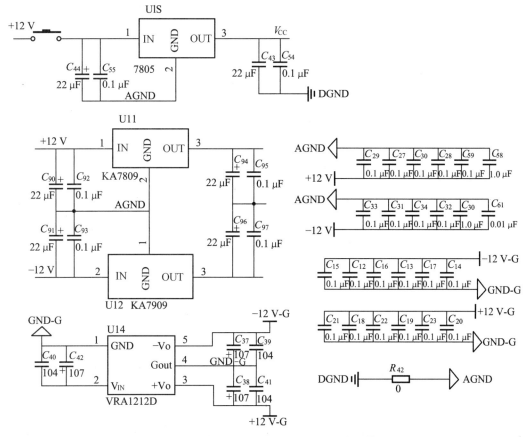

图9.23 设计用到的所有电源及电源的滤波模块

号的波形显示功能。

1.8051 单片机程序

为减小 8051 单片机的负担,对信号的处理方面的内容全都放到上位机软件里进行操作。8051 仅需要完成采样及传输数据。

对 8051 进行编程使用的是 C 语言,编译环境采用的 Keil 编译软件。Keil 是美国 Keil Software 公司开发的兼容单片机 C 语言软件开发系统。Keil 提供了包括 C 编译器、宏汇编、连接器、库管理和一个功能强大的仿真调试器等在内的完整开发方案,通过一个集成开发环境(μVision)将这些部分组合在一起。

进行适当设置、编译之后一般会产生后缀为 .hex 的文件,通过 STC-ISP 下载软件将 .hex 文件下载到 8051 单片机上,之后再进行调试,就完成了对单片机的控制。

单片机可以采用查询或中断的方式判断 A/D 转换的状态,这主要靠对 STS 引脚进行控制实现的。下面给出控制 A/D 采样的部分 C 语言程序。

```
/* * * * * * * * * * * * * * * * * * * * * * * * * * * * * * * * * * *
函数名:AD1674
功  能:对 AD1674 进行控制,完成一个采样动作。
说  明:无
* * * * * * * * * * * * * * * * * * * * * * * * * * * * * * * * * * */
```

```
unsignedint AD1674（void）
{
    unsignedint temp;
    unsigned char temp1,temp2;
    CS = 1；
    CE = 0；          //初始化,关闭数据采集
    CS = 0；
    A0 = 0；
    RC = 0；
    CE = 1；          //CE＝1,CS1＝0,RC＝0,A0＝0 启动 12 位温度转换
    _nop_（）；
    CE = 0；          //芯片使能关闭
    RC = 1；
    A0 = 0；
    CE = 1；          //CE＝1,CS1＝0,RC＝1,12/8＝1,A0＝0 允许高八位数据并行输出
    _nop_（）；
    temp1 = P0；      //读取转换结果的高八位
    CE = 0；          //芯片使能关闭
    RC = 1；
    A0 = 1；
    CE = 1；          //CE＝1,CS1＝0,RC＝1,12/8＝0,A0＝1 允许低四位数据并行输出
    _nop_（）；
    temp2 = P0；      //读取转换结果的低四位
    CE = 0；
    CS1 = 1；         //关闭 AD1674 数据采集
    temp =（temp1<<8）|temp2；  //高位和低位合成实际温度,temp2 为 P0 口的高四位
    return（temp>>4）；         //最终转换结果,右移四位是因为 temp2 为 P0 口的高四位
}
```

2. 上位机程序

上位机的程序用 VC++编写而成,主要是接收串口传输来的数据并作相应陷波和滤波的处理,并最终把图形显示出来。

做好之前的工作之后,连接好串口。双击打开软件,会出现如图 9.24 所示的串口设置窗口,一般选择默认,单击"确定"进入应用程序,如图 9.25 所示。

在主界面中,在界面左下角选择是否进行数字滤波和数字陷波,如果是,就需要设置对应参数。与此同时,为前文中的模拟电路选择好输入信号,在这里,singal1 和 singal2 分别选用人的左右手,模拟地选择人的脚。

图 9.24　串口设置窗口

开启电源就可以在显示区看到接收到的数据。单击工具栏中的曲线绘制窗口按钮就可以

图 9.25 软件主界面

看到心电图。图 9.26 就是一个成功的心电图实例。

至此,一个完整的心电自动检测系统就展现在读者的面前。通过对整个设计的全部流程的学习,可以很直观地对信号自动检测与转换系统有全面的了解。

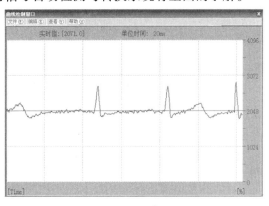

图 9.26 心电图样图

本章小结

本章首先介绍了几款自动检测系统常用控制芯片,如 MCS51 单片机、DSP 芯片和 FPGA/CPLD 芯片的特点及常用芯片。然后给出三款流行的通信协议,如 RS232、蓝牙、ZigBee 的特点和简介。最后通过心电信号自动检测与转换系统的设计,给出一般自动检测与转换系统的设计方法。通过本章学习,应具有根据功能要求设计合理的信号自动检测与转换系统的能力。

思考与练习

1. 目前常用的单片机有哪些?

2. 51 单片机的特点是什么?

3. DSP 的显著优势是什么?

4. FPGA 的特点是什么？

5. RS232C 标准规定接口定义了 25 条连线,但通常只有哪 9 个信号经常使用?

6. 请用 89C51 和 RS232C 设计一个室外温度自动监测系统。要求有上位机监测窗口。

7. 蓝牙无线网和 ZigBee 网的主要区别是什么?

8. 请用 89C51 和蓝牙无线网设计一个室内温度自动采集系统。

9. 请用 89C51 和 ZigBee 网设计一个室内多点温度自动采集系统。

10. 通过本章的学习,总结自动检测与转换系统设计的要点有哪些?

第10章　信号检测与转换技术实验

本章摘要:信号检测与转换技术实验的目的是检验学生对传感器理论知识的掌握程度,引导学生将理论知识应用到实践中,并将计算机技术、数据采集处理技术与传感器技术融合在一起,拓宽传感技术的应用领域,逐步建立工程应用的概念。本章主要给出实验基本要求、主要仪器设备的使用、实验具体内容。

本章重点:对基本性实验和设计性实验内容的介绍。

10.1　实验基本要求

信号检测与转换技术实验可以使学生了解一些电气设备和各种非电量电测传感元件,理解一定非电量电测量技术,学会使用常用的测量仪器仪表,掌握基本的非电量电测量方法,加强理论知识的理解,培养实际动手能力,增强其对各种不同的传感器及测量原理如何组成测量系统有直观而具体的感性认识;培养学生对材料力学、电工学、物理学、控制技术、计算技术等知识的综合运用能力;同时在实验的进行过程中通过信号的拾取、转换、分析,培养独立思考、独立分析和独立实验的能力。

10.1.1　实验预习

为使实验正确、顺利地进行和保证设备、仪器仪表和人身的安全,实验前必须认真进行预习,撰写预习报告。这样做到心中有数,减少盲目性,提高实验效率。

在撰写预习报告前,必须阅读本书本章的有关内容,明确相应实验的目的要求,了解实验室安全规则。仔细阅读实验内容、领会实验原理、了解有关实验步骤和注意事项。此外还需要查阅有关理论知识内容,熟悉实验基本理论和方法,安排好实验计划。预习报告包括:实验题目、实验目的、实验原理、实验电路图、主要实验仪器和设备的使用注意事项、主要实验步骤。

预习时要清楚书后的提示和问题,特别是对注意事项的理解,实验原始记录用黑色碳素笔撰写,注意找老师签字,要编写页码和日期,不可随便撕扯。

10.1.2　实验操作

实验操作前,需要认真熟悉实验线路原理图,掌握每一实验的实验原理。实验时,按原理图接好实验线路。线路接好后,应先由同组同学相互检查,然后请指导教师检查同意后,才能接通电源开关进行实验。实验过程中要注意以下几个问题:

① 实验电源:实验桌上设有 220 V 交流电源开关,由实验室统一供电,实验前注意检查。

② 实验接线:认真熟悉实验线路原理图,能识图并能按图接好实验线路,自己设计的实验

电路要事先给老师检查。实验线路接线要准确、可靠和有条理,接线柱要拧紧,插头与线路中的插孔的结合要插准插紧,以免接触不良引起部分线路断开。在进行实验线路的接线、改线或拆线以前,必须断开电源开关,严禁带电操作,避免在接线或拆线过程中,造成电源设备或部分实验线路短路而损坏设备或实验线路元器件。

③ 实验仪器仪表:认真掌握每次实验所用仪器仪表的使用方法、放置方式(水平或垂直),以及弄清仪表的型号规格和精度等级等;仪器仪表与实验线路板(或设备)的位置应合理布置,以方便实验操作和测量。

④ 实验中异常现象的处理:在实验过程中,如发现异常火花、异声、异味、冒烟、过热等现象,应立刻断开电源开关,保持现场,请指导教师一起检查原因。

⑤ 实验结束整理:实验完成后,应将实验记录交指导教师检查认可后,方可拆线。实验结束应先断开电源开关,然后才能拆线。实验桌上仪器仪表和实验线路板应摆放整齐,连接导线应收拾干净放入实验桌抽屉内。

10.1.3　实验报告

实验报告是实验的总结,它应用理论分析实验数据、实验波形和实验现象,从中得出有价值的结论。每个学生都应在实验完成后及时写出分析中肯、结论简捷、字迹工整的实验报告,这不仅能深化理论学习的内容,更能培养正确总结实验工作和进行科学实验的能力。

实验报告应在整理与计算实验数据记录的基础上写出。不同的实验类型,要求的实验报告的内容也不同,但每份实验报告都应有如下的封皮:

实验课名称:＊＊＊＊＊＊　　实验名称:＊＊＊＊＊＊
班　　　级:＊＊＊＊＊＊　　姓　名:＊＊＊＊＊＊
学　　　号:＊＊＊＊＊＊　　实验时间:＊＊＊＊＊＊
成　　　绩:＊＊＊＊＊＊　　指导教师:＊＊＊＊＊＊
实验室名称:＊＊＊＊＊＊

实验报告的主要内容应包括:
① 实验名称。
② 实验目的:本次实验所涉及并要求掌握的知识点。
③ 实验内容与实验步骤:实验内容、原理、原理图分析及具体实验步骤。
④ 实验环境:实验所使用的器件、仪器设备名称及规格。
⑤ 设计实验数据表格。
⑥ 实验过程与分析:详细记录在实验过程中发生的故障和问题,并进行故障分析,说明故障排除的过程及方法。根据具体实验,记录、整理相应数据表格,绘制曲线、波形图等,并进行误差分析。
⑦ 实验结果总结:对实验结果进行分析,完成思考题目,总结实验的心得体会,并提出实验的改进意见。

【注意】　前五项必须在做实验之前完成,并由指导教师签字后才能做实验。实验报告要求字迹清楚,数据明了,表格准确合理,电路和曲线图正规,内容齐全,不要漏写名字。

10.2 常规测试仪器仪表使用

10.2.1 数字万用表

万用表(Multimeter)又称多用表、三用表、复用表,是一种多功能、多量程的测量仪表。一般万用表可测量直流电流、直流电压、交流电压、电阻和音频电平等,还可以测交流电流、电容量、电感量及半导体晶体管的一些参数。

万用表有模拟式(标准的指针式电表)和数字式(带电子数字显示)两种类型。目前,数字式万用表已成为主流。与模拟式万用表相比,数字式万用表灵敏度高,准确度高,显示清晰,过载能力强,便于携带,使用更简单。

下面以数字式万用表为例,简单介绍万用表的结构、性能、使用方法和注意事项。

1. 数字万用表基本结构

数字万用表主要由直流数字电压表(Digital Voltage Meter, DVM)和功能转换器构成,数字电压表是数字万用表的核心。数字万用表的内部结构框图如图 10.1 所示。

虚线框表示直流数字电压表 DVM,它由阻容滤波器、A/D 转换器、LCD(Liquid Crystal Display)显示器组成。在数字电压表的基础上再增加交流-直流(AC-DC)转换器、电流-电压(I-V)转换器和电阻-电压(Ω-V)转换器,即构成了数字万用表。

由数字万用表内部结构框图可以看出,被测量经功能转换器后都变成直流电压量,再由 A/D 转换器转换成数字量,最后以数字形式显示出来。

DT9205A 型数字万用表面板如图 10.2 所示,由 LCD 液晶显示屏、电源开关、量程开关、表笔插孔、晶体管插孔和电容器插孔等部分构成。

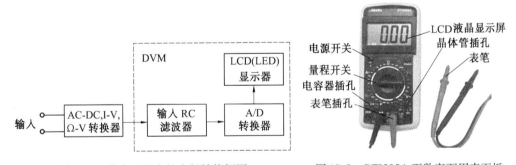

图 10.1 数字万用表的内部结构框图   图 10.2 DT9205A 型数字万用表面板

(1) LCD 液晶显示屏

DT9205A 型数字万用表的 LCD 液晶显示屏的显示位数是 4 位,因最高位(千位)只能显示数字"1"或者不显示数字,故算半位,称为三位半。最大显示数为 1 999 或-1 999。当测量直流电压和直流电流时,仪表有自动显示极性功能,若测量值为负,显示的数字前面将带"-"号。当仪表输入超载时,屏上出现"1"或"-1"。

(2) 电源开关

按下接通电源,万用表处于准备状态;弹出则切断电源,万用表不工作。万用表用 9 V 电池,装在表内电池盒中。在电池盒内还装有 0.25 A 快速熔断器,当"DC·A"和"AC·A"量程

内超载测量时,熔断器将立刻被烧断,起到保护作用,此时显示器上也无读数。

（3）量程开关

旋转式量程开关位于面板中央,用于转换工作种类和量程。开关周围用不同的颜色和分界线标出各种不同工作状态的范围。转动此开关可分别测量二极管的好坏、电阻、直流电压、交流电压、直流电流、交流电流、电容、晶体管的 hFE 及环境温度等。

（4）输入插孔

输入插孔是万用表通过表笔和测量点连接的部位,共有"COM"、"V·Ω"、"mA"和"20 A"四个孔。负表笔始终置于"COM"插孔,正表笔要根据工作种类和测量值的大小置于"V·Ω"、"mA"或"20 A"中。在"COM"和"V·Ω"之间的连线上,印有标记,表示从此两孔输入时,测交流电压不得超过 750 V,测直流电压不得超过 1 000 V。此时测量"V"和"Ω"都处于同一插孔内,因此应谨慎检查量程开关的选择位置是否正确。在"COM"、"mA"之间和"COM"、"20 A"之间的连线上也分别附有标记,表示在对应的插孔间所测量的电流值不能超过 200 mA 和 20 A。

（5）晶体管插孔

此插孔用于插放被测晶体管,测量时管子的 e,b,c 三脚应分别插入"E""B""C"三孔中,"E""C"两孔作用一样,发射极管脚可就便插入。

（6）电容器插孔

控制面板的左下角是电容器插孔,插孔上边标注为"CX",检测电容器时插入此孔,将转换开关根据电容器的容量置于相对应的挡位,按下电源开关,即可读出该电容器的容量值。

2. 使用方法

（1）直流电压的测量

将量程开关转至"COM"范围内适当的挡位,负表笔置于"COM"插孔,正表笔置于"V·Ω"插孔,电源开关按下,表笔接触测量点之后,屏上便出现测量值。若量程开关置于"200 mA",显示屏上所显示数值以"毫伏"为单位;置于其他四挡时,显示的值以"伏"为单位。这里应该指出,量程开关所置的挡位不同,测量的精度也不同。

（2）交流电压的测量

将量程开关转至"AC·V"范围内适当的挡位上,表笔所在插孔不变,具体测量方法与测直流电压时相同。

（3）直流电流的测量

将量程开关转至"DC·A"范围。当测量的电流值小于 200 mA 时,正表笔应置于"mA"插孔,按照测量值的大小,把量程开关转至适当位置上,接通表内电源,将仪表串入被测量的电路中,即可显示出读数。当量程开关置于"200 mA"、"20 mA"、"2 mA"三挡时,显示屏上的读数以"毫安"为单位;如果被测量的电流值大于 200 mA,量程开关只能置于"20 A"处,同时要将正表笔置于"20 A"插孔,其读数以"安"为单位。

（4）交流电流的测量

将量程开关置于"AC·A"范围,正表笔依被测量程不同置于"mA"或"20 A"插孔,具体测量方法与测直流时相同。

（5）电阻的测量

将量程开关置于"Ω"范围,正表笔置于"V·Ω"插孔,接通电源开关于"ON"位置。所测数值的单位和各量程上所标明的相对应。例如当量程开关置于"200"上时以"欧"为单位,置于"2 MΩ"或"20 MΩ"上时,显示的数字以"兆欧"为单位。若测量值超量限时,显示屏左端将出现"1"字,这时应改变量程范围。

（6）电路连通性的检查

将量程开关转至"·o)))"位置,表笔所在的位置和测电阻时相同,接通万用表电源,让表笔触及被测电路,若两只表笔间电路的电阻值小于 20 Ω,则仪表内的蜂鸣器发出叫声,说明电路是接通的;若听不到声音,表示电路不通或接触不良。

（7）二极管的检查

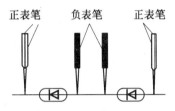

将量程开关置于"◀|"位置,正表笔置于"V·Ω"插孔,其测试电路如图 10.3(a)、图10.3(b)所示。按图 10.3(a)连接,若显示屏显示出二极管正向电压降在 0.5 V 和 0.8 V 之间,则表明硅二极管是正常的;若在屏上显示"000"或"1",则表明二极管是短路或断路;按图 10.3(b)连接,若在显示屏上显示"1",则表明二极管是正常的;若在屏上显示"000"或其他数值,则表明二极管是不良的。

图 10.3　检查二极管的电路

（8）晶体管 h_{FE} 的测量

将量程开关置于"NPN"或"PNP"位置,把被测管子的基极、集电极和发射极分别插入晶体管的"B","C"和"E"插孔内,在屏上显示出 h_{FE} 参数在 40 ~ 1 000 之间,则表明晶体三极管是好的。

3. 注意事项

（1）当遇到电阻、电流和二极管不能进行测试时,应检查熔断器,如发现已熔断,则更换新的熔断器。

（2）当电池电压低于工作所需电压时,在显示屏上将闪现符号,如"BATT"或"LOW BAT"等,表示电池电压低于工作电压,此时提醒使用者更换电池。

（3）当测量工作完毕时,一定要将开关置于"OFF"位置。

（4）如果无法预先估计被测电压或电流的大小,则应先拨至最高量程挡测量一次,再视情况逐渐把量程减小到合适位置。测量完毕,应将量程开关拨到最高电压挡,并关闭电源。

（5）误用交流电压挡去测量直流电压,或者误用直流电压挡去测量交流电压时,显示屏将显示"000",或低位上的数字出现跳动。

（6）禁止在测量高电压(220 V 以上)或大电流(0.5 A 以上)时换量程,以防止产生电弧,烧毁开关触点。

10.2.2　双踪示波器

示波器(Oscilloscope)是观察波形的窗口,它让设计人员或维修人员详细看到电子波形,达到眼见为实的效果。因为人眼是最灵敏的视觉器官,可以极为迅速地反映物体至大脑,作出比较和判断。因此,示波器也被誉为波形多用表。

下面以 GOS-620 双踪示波器为例,简单介绍示波器的使用方法。

1. 前面板说明

GOS-620 双踪示波器实物图如图 10.4 所示。

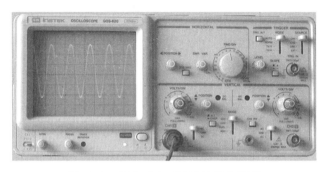

图 10.4　GOS-620 双踪示波器实物图

GOS-620 双踪示波器面板布局图如图 10.5 所示,图中各部分功能和含义如下:

（1）CRT(Crystal Ray Tube)显示屏部分

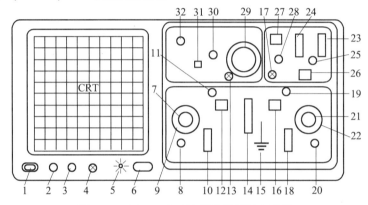

图 10.5　GOS-620 双踪示波器面板布局图

① 2 端-INTEN:轨迹及光点亮度控制钮。

② 3 端-FOCUS:轨迹聚焦调整钮。

③ 4 端-TRACE ROTATION:使水平轨迹与刻度线成平行的调整钮。

④ 6 端-POWER:电源主开关,压下此钮可接通电源,电源指示灯 5 端会亮起;再按一次,开关凸起时,则切断电源。

⑤ 33 端-FILTER:滤光镜片,可使波形易于观察。

（2）VERTICAL 垂直偏向

① 7/22 端-VOLTS/DIV:垂直衰减选择钮。以此钮选择 CH1 及 CH2 的输入信号衰减幅度,范围为 5 mV/DIV ~ 5 V/DIV,共 10 挡。

② 10/18 端-AC/GND/DC:输入信号耦合选择按钮。AC 为垂直输入信号电容耦合,截止直流或极低频信号输入;GND 可隔离信号输入,并将垂直衰减器输入端接地,使之产生一个零电压参考信号;DC 为垂直输入信号直流耦合。AC 与 DC 信号一齐输入放大器。

③ 8 端-(X)输入:CH1 的垂直输入端。在 X-Y 模式下,为 X 轴的信号输入端。

④ 9/21 端-VARIABLE:灵敏度微调控制,至少可调到显示值的 1/2.5。在 CAL 位置时,灵敏度即为挡位显示值。当此旋钮拉出时(×5 MAG 状态),垂直放大器灵敏度增加 5 倍。

⑤ 20 端-(Y)输入:CH2 的垂直输入端。在 X-Y 模式下,为 Y 轴的信号输入端。

⑥ 11/19 端-POSITION:轨迹及光点的垂直位置调整钮。

⑦ 14 端–VERT MODE:CH1 及 CH2 选择垂直操作模式。CH1 或 CH2 为通道 1 或通道 2 单独显示;DUAL 用以设定本示波器以 CH1 及 CH2 双频道方式工作,此时可切换 ALT/CHOP 模式来显示两轨迹;ADD 用以显示 CH1 及 CH2 的相加信号;当 CH2 INV 键 16 端为压下状态时,即可显示 CH1 及 CH2 的相减信号。

⑧ 13/17 端–CH1 & CH2 DC BAL:调整垂直直流平衡点。

⑨ 12 端–ALT/CHOP:当在双轨迹模式下,放开此键,则 CH1 & CH2 以交替方式显示(一般使用于较快速地水平扫描文件位)。当在双轨迹模式下,按下此键,则 CH1 & CH2 以切割方式显示(一般使用于较慢速地水平扫描文件位)。

⑩ 16 端–CH2 INV:此键按下时,CH2 的信号将会被反向。CH2 输入信号于 ADD 模式时,CH2 触发截选信号(Trigger Signal Pickoff)也会被反向。

(3)TRIGGER 触发

① 26 端–SLOPE:触发斜率选择键。"+"表示凸起时为正斜率触发,当信号正向通过触发准位时进行触发;"–"表示压下时为负斜率触发,当信号负向通过触发准位时进行触发。

② 24 端–EXT TRIG. IN:外触发输入端子。

③ 27 端–TRIG. ALT:触发源交替设定键。当 VERT MODE 选择器(14 端)在 DUAL 或 ADD 位置,且 SOURCE 选择器(23 端)置于 CH1 或 CH2 位置时,按下此键,本仪器即会自动设定 CH1 与 CH2 的输入信号以交替方式轮流作为内部触发信号源。

④ 23 端–SOURCE:用于选择 CH1,CH2 或外部触发。CH1 表示当 VERT MODE 选择器(14 端)在 DUAL 或 ADD 位置时,以 CH1 输入端的信号作为内部触发源;CH2 表示当 VERT MODE 选择器(14 端)在 DUAL 或 ADD 位置时,以 CH2 输入端的信号作为内部触发源;LINE 表示将 AC 电源线频率作为触发信号;EXT 表示将 TRIG. IN 端子输入的信号作为外部触发信号源。

⑤ 25 端–TRIGGER MODE:触发模式选择开关。常态(NORM)表示当无触发信号时,扫描将处于预备状态,屏幕上不会显示任何轨迹,本功能主要用于观察 25 Hz 信号;自动(AUTO)表示当没有触发信号或触发信号的频率小于 25 Hz 时,扫描会自动产生;电视场(TV)用于显示电视场信号。

⑥ 28 端–LEVEL:触发准位调整钮。旋转此钮以同步波形,并设定该波形的起始点。将旋钮向"("方向旋转,触发准位会向上移;将旋钮向"("方向旋转,触发准位会向下移。

(4)水平偏向

① 29 端–TIME/DIV:扫描时间选择钮。

② 30 端–SWP. VAR:扫描时间的可变控制旋钮。

③ 31 端–×10 MAG:水平放大键,扫描速度可被扩展 10 倍。

④ 32 端–POSITION:轨迹及光点的水平位置调整钮。

(5)其他功能

① 1 端–CAL($2V_{P-P}$):此端子提供幅度为$2V_{P-P}$,频率为 1 kHz 的方波信号,用于校正 10:1 探极的补偿电容器和检测示波器垂直与水平偏转因数。

② 15 端–GND:示波器接地端子。

2. 单一频道基本操作

以 CH1 为范例,介绍单一频道的基本操作法。CH2 单频道的操作程序是相同的,仅需注意要改为设定 CH2 栏的旋钮及按键组。插上电源插头之前,请务必确认后面板上的电源电压选择器已调至适当的电压文件位。确认之后,请依照表 10.1 顺序设定各旋钮及按键。

表 10.1　GOS-620 双踪示波器单一频道基本操作顺序

项　目	端口	设　定
POWER	6	OFF 状态
INTEN	2	中央位置
FOCUS	3	中央位置
VERT MODE	14	CH1
ALT/CHOP	12	凸起（ALT）
CH2 INV	16	凸起
POSITION	11/19	中央位置
VOLTS/DIV	7/22	0.5V/DIV
VARIABLE	9/21	顺时针转到底 CAL 位置
AC-GND-DC	10/18	GND
SOURCE	23	CH1
SLOPE	26	凸起（+斜率）
TRIG. ALT	27	凸起
TRIGGER MODE	25	AUTO
TIME/DIV	29	0.5 mSec/DIV
SWP. VAR	30	顺时针到底 CAL 位置
POSITION	32	中央位置
×10 MAG	31	凸起

按照表 10.1 设定完成后,插上电源插头,继续下列步骤:

(1)按下电源开关(6 端),并确认电源指示灯(5 端)亮起。约 20 秒后 CRT 显示屏上应会出现一条轨迹,若在 60 秒之后仍未有轨迹出现,请检查上列各项设定是否正确。

(2)转动 INTEN(2 端)及 FOCUS(3 端)钮,以调整出适当的轨迹亮度及聚焦。

(3)调 CH1 POSITION(11 端)钮及 TRACE ROTATION(4 端)钮,使轨迹与中央水平刻度线平行。

(4)将探棒连接至 CH1 输入端(8 端),并将探棒接上 $2V_{P-P}$ 校准信号端子(1 端)。

(5)将 AC/GND/DC(10 端)置于 AC 位置,此时,CRT 上会显示波形。

(6)调整 FOCUS(3 端)钮,使轨迹更清晰。

(7)欲观察细微部分,可调整 VOLTS/DIV(7 端)及 TIME/DIV(29 端)钮,以显示更清晰的波形。

(8)调整 POSITION(11 端)及 POSITION(32 端)钮,以使波形与刻度线齐平,并使电压值(V_{P-P})及周期(T)易于读取。

3. 双频道操作

双频道操作法与单一频道基本操作法的步骤大致相同,仅需按照下列说明略作修改:

① 将 VERT MODE(14 端)置于 DUAL 位置。此时,显示屏上应有两条扫描线,CH1 的轨迹为校准信号的方波;CH2 则因尚未连接信号,轨迹呈一条直线。

② 将探棒连接至 CH2 输入端(20 端),并将探棒接上 2V$_{p-p}$ 校准信号端子(1 端)。

③ 按下 AC/GND/DC 置于 AC 位置,调 POSITION 钮(11/19 端),以使两条轨迹同时显示。

当 ALT/CHOP 放开时(ALT 模式),则 CH1 & CH2 的输入信号将以交替扫描方式轮流显示,一般使用于较快速地水平扫描文件位;当 ALT/CHOP 按下时(CHOP 模式),则 CH1 & CH2 的输入信号将以大约 250 kHz 斩切方式显示在屏幕上,一般使用于较慢速地水平扫描文件位。

在双轨迹(DUAL 或 ADD)模式中操作时,SOURCE 选择器(23 端)必须拨向 CH1 或 CH2 位置,选择其一作为触发源。若 CH1 及 CH2 的信号同步,二者的波形皆稳定;若不同步,则仅有选择器所设定的触发源的波形稳定,此时,若按下 TRIG. ALT 键(27 端),则两种波形皆同步稳定显示。

【注意】　请勿在 CHOP 模式按下 TRIG. ALT 键,因为 TRIG. ALT 功能仅适用于 ALT 模式。

4. ADD 操作

将 MODE 选择器(14 端)置于 ADD 位置时,可显示 CH1 及 CH2 信号相加之和;按下 CH2 INV 键(16 端),则会显示 CH1 及 CH2 信号之差。为求得正确的计算结果,请先以 VAR. 钮(9/21 端)将两个频道的精确度调成一致。任一频道的 POSITION 钮皆可调整波形的垂直位置,但为了维持垂直放大器的线性,最好将两个旋钮都置于中央位置。

10.2.3　螺旋测微器

1. 用途和构造

螺旋测微器(Screw Micrometer)是比游标卡尺更精密的测量长度的工具,用它测长度可以准确到 0.01 mm,测量范围为几个厘米。螺旋测微器的构造如图 10.6 所示。螺旋测微器的小砧固定在框架上,旋钮、微调旋钮、可动刻度和测微螺杆连在一起,通过精密螺纹套在固定刻度上。

2. 使用原理

螺旋测微器是依据螺旋放大的原理制成的,即螺杆在螺母中旋转一周,螺杆便沿着旋转轴线方向前进或后退一个螺距的距离。因此,沿轴线方向移动的微小距离,能用圆周上的读数表示出来。螺旋测微器的精密螺纹的螺距是 0.5 mm,可动刻度有 50 个等分刻度,可动刻度旋转一周,测微螺杆可前进或后退 0.5 mm,因此旋转每个小分度,相当于测微螺杆前进或后退 0.5/50 = 0.01 mm。可见,可动刻度每一小分度表示 0.01 mm,即螺旋测微器可准确到 0.01 mm。由于还能再估读一位,可读到毫米的千分位,故其又名千分尺。

测量时,当小砧和测微螺杆并拢时,可动刻度的零点若恰好与固定刻度的零点重合,旋出测微螺杆,并使小砧和测微螺杆的面正好接触待测长度的两端,那么测微螺杆向右移动的距离就是所测的长度。这个距离的整毫米数由固定刻度上读出,小数部分则由可动刻度读出。

3. 使用要点

① 测量时,在测微螺杆快靠近被测物体时应停止使用旋钮,而改用微调旋钮,避免产生过

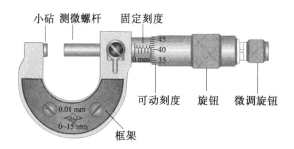

图 10.6　螺旋测微器的构造

大的压力,这样既可使测量结果精确,又能保护螺旋测微器。

②在读数时,要注意固定刻度尺上表示半毫米的刻线是否已经露出。

③读数时,千分位有一位估读数字,不能随便扔掉,即使固定刻度的零点正好与可动刻度的某一刻度线对齐,千分位上也应读取为"0"。

④当小砧和测微螺杆并拢时,可动刻度的零点与固定刻度的零点不相重合,将出现零误差,应加以修正,即在最后测长度的读数上去掉零误差的数值。读数范例如图10.7所示。

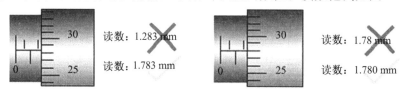

图 10.7　螺旋测微器读数范例

10.2.4　CSY2001B 型传感器系统综合实验仪

CSY2001B 型传感器综合实验仪是为传感器及检测技术设计制作的一种综合性、多功能系统实验装置。将 24 种传感器(增强型 28 种)集中在 9 个模块上(增强型为 12 个模块),其余实验所需的各种器件全部集中在主机上,完全实现了模块化。除能满足传感器基本实验外,结合具体实验项目内容,添加相应的对象和测试仪器,还能完成设计性实验内容。

1. 系统基本构成

CSY2001B 型传感器系统综合实验台分主机和实验模块两部分。根据用户不同的需求分为基本型和增强型两种配置。全套 12 个实验模块中均包含一种或一类传感器及实验所需的电路和执行机构(位移装置均由进口精密导轨组成,以确保纯直线性位移),实验时模块可按实验要求灵活组合,仪器性能稳定可靠,方便实用。

2. 传感器部分

基本型实验台含 24 种传感器,增强型实验台含 28 种传感器。传感器名称和指标如下:

①金属箔式应变传感器(箔式应变片的工作片 4 片;温度补偿片 2 片,应变系数为 2.06,精度 2%)。

②称重传感器(标准商用双孔悬臂梁结构的量程为 0~500 g,精度 2%)。

③MPX 扩散硅压阻式压力传感器(差压式的量程为 0~50 kp,精度 3%)。

④半导体应变传感器(BY350 的工作片 2 片,应变系数 120)。

⑤标准 K 分度热电偶(量程 0~800 ℃,精度 3%)。

⑥标准 E 分度热电偶(量程 0~800 ℃,精度 3%)。

⑦MF 型半导体热敏传感器(负温度系数,25 ℃时电阻值 10 kΩ)。

⑧Pt100 铂热电阻(量程 0~800℃,精度 5%)。

⑨半导体温敏二极管(精度 5%)。

⑩集成温度传感器(电流型,精度 2%)。

⑪光敏电阻传感器(CdS 器件,光电阻大于或等于 2 MΩ)。

⑫光电转速传感器(近红外发射−接收量程 0~2 400 rad/min)。

⑬光纤位移传感器(多模光强型,量程大于或等于 2 mm,在其线性工作范围内精度 5%)。

⑭热释电红外传感器(光谱响应 7~15 μm,光频响应 0.5~10 Hz)。

⑮半导体霍尔传感器(由线性霍尔元件与梯度磁场组成。位移±2 mm,精度 5%)。

⑯磁电式传感器(动铁与线圈)。

⑰湿敏电阻传感器(高分子材料,工作范围 5~95% RH)。

⑱湿敏电容传感器(高分子材料,工作范围 5~95% RH)。

⑲MQ3 气敏传感器(酒精敏感,实验演示用)。

⑳电感式传感器(差动变压器,量程±5 mm,精度 5%)。

㉑压电加速度传感器(PZT 压电陶瓷与质量块的工作范围为 5~30 Hz)。

㉒电涡流式传感器(线性工作范围 1 mm,精度 3%)。

㉓电容式传感器(同轴式差动变面积电容,工作范围±3 mm,精度 2%)。

㉔力平衡传感器(综合传感器系统)。

㉕PSD 光电位置传感器(增强型选配单元,PSD 器件与激光器组件,采用工业上的三角测量法,量程 25 mm,精度 0.1%)。

㉖激光光栅传感器(增强型选配单元,光栅衍射及光栅莫尔条纹,莫尔条纹精密位移记数精度 0.01 mm)。

㉗CCD 图像传感器(增强型选配单元,光敏面尺寸为 1/3 英寸。采用计算机软件与 CCD 传感器配合,进行高精度物径及高精度光栅莫尔条纹位移自动测试)。

㉘超声波测距传感器(增强型选配单元,量程范围 30~600 mm,精度 10 mm)。

3. 主机部分

主机由实验工作平台、传感器综合系统、高稳定交直流信号源、温控电加热源、旋转源、位移机构、振动机构、仪表显示、电动气压源、数据采集处理和通信系统(RS232 接口)、实验软件等组成。

(1)电源、信号源部分

① 直流稳压电源:传感器工作直流激励源与实验模块工作电源,包括:+2~+10 V 分五挡输出,最大输出电流 1.5 A;+15 V(±12 V),最大输出电流 1.5 A;激光器电源。

② 音频信号源:传感器工作的交流激励源。包括:0.4~10 kHz 输出连续可调,最大 V_{P-P} 值 20 V;0°、180°端口反相输出;0°、LV(低功率信号输出)端口功率输出,最大输出电流 1.5 A;180°端口电压输出,最大输出功率 300 mW。

③ 低频信号源:供主机位移平台与双平行悬臂梁振动激励,实现动态测试,包括:1~30 Hz 连续可调输出,最大输出电流 1.5 A,最大 V_{P-P} 值 20 V,激振 I(双平行悬臂梁)、激振 II(圆形位移平台)的振动源。转换纽子开关的作用:(请特别注意)当倒向 V。侧时,低频信号源

正常使用,V_o端输出低频信号;倒向V_i侧时,断开低频信号电路,V_o端无低频信号输出,停止激振Ⅰ、Ⅱ的激励。V_i作为电流放大器的信号输入端,输出端仍为V_o端(特别注意:激振不工作时激振选择开关应位于置中位置)。

④ 温控电加热源:温度传感器加热源。包括:由E分度热电偶控温的300 W电加热炉,最高控制炉温400 ℃,实验控温小于或等于200 ℃。交流220 V插口提供电炉加热电源,作为温度传感器热源及热电偶测温、标定和传感器温度效应的温度源等(注意:所有温控实验都需插入热电偶进行温度控制)。

⑤ 旋转源:光电、电涡流式传感器测转速之用。包括:低噪声旋转电机,转速0 ~ 2 400 rad/min,连续可调(特别注意:电机不工作时纽子开关应置于"关",否则直流稳压电源-2 V会无输出)。

⑥ 气压源:提供压力传感器气压源。包括:电动气泵,气压输出小于或等于20 kPa,连续可调;手动加压气囊;可加压至满量程40 kPa,通过减压阀调节气压值。

(2)仪表显示部分

① 电压/频率表:三位半数字表、电压显示分0 ~ 2 V、0 ~ 20 V两挡;频率显示分0 ~ 2 kHz、0 ~ 20 kHz两挡,灵敏度小于或等于50 mV。

② 数字式温度表:E分度,温度显示范围为0 ~ 800 ℃(用其他热电偶测温时应查相应的热电偶分度表)。

③ 气压表:0 ~ 40 kPa(0 ~ 300 mmHg)显示。

(3)计算机通信与数据采集。

① 通信接口:标准RS232口,提供实验台与计算机通信接口。

② 数据采集卡:12位A/D转换,采集卡信号输入端为电压/频率表的"IN"端,采集卡频率输入端为"转速信号入"口。

4. 实验模块

实验台含九个实验模块,每个模块包含一种或一类传感器。模块具体名称和作用如下:

① 实验公共电路模块:提供所有实验中所需的电桥、差动放大器、低通滤波器、电荷放大器、移相器、相敏检波器等公用电路。

② 应变式传感器实验模块(包含电阻应变及压力传感器):提供金属箔式标准商用称重传感器(带加热及温度补偿)、悬臂梁结构金属箔式、半导体应变、MPX扩散硅压阻式传感器、放大电路。

③ 电感式传感器实验模块:提供差动变压器、螺管式传感器、高精位移导轨、放大电路。

④ 电容式传感器实验模块:提供同轴差动电容组成的双T电桥检测电路,高精位移导轨。

⑤ 光电式传感器实验模块:提供光纤位移传感器与光电耦合器、光敏电阻及信号变换电路,精密位移导轨、电机旋转装置。

⑥ 霍尔传感器实验模块:提供霍尔传感器、梯度磁场、变换电路及进口高精位移导轨。

⑦ 温度传感器实验模块:提供七种温度传感器及变换电路,可控电加热炉。

⑧ 电涡流式传感器实验模块:提供电涡流探头、变换电路及精密位移导轨。

⑨ 湿敏气敏传感器实验模块:提供高分子湿敏电阻、湿敏电容、MQ3气敏传感器及变换电路。

主机工作台上其他装置包括:

① 磁电式、压电加速度、半导体应变(2 片)、金属箔式应变(工作片 4 片,温度补偿片 2 片)、衍射光栅(增强型)。

② 双平行悬臂梁旁的支柱安装有螺旋测微仪,可带动悬臂梁上下位移。

③ 圆形位移(振动)平台旁的支架可安装电感、电容、霍尔、光纤、电涡流等传感器探头,在平台振动时进行动态实验。

④ CSY2001B 型主机与实验模块的连接线采用了高可靠性的防脱落插座及插头。实验连接线均用灯笼状的插头及配套的插座,接触可靠,防旋防松脱,并可在使用日久断线后重新修复。实验桌的传感器模块柜平时放置实验模块,抽屉中可放置传感器探头与配件。

10.3　基础性实验

10.3.1　信号调理电路实验

1.直流电桥实验

(1) 金属箔式应变片三种直流桥路性能比较实验

【实验目的】

观察了解金属箔式应变片的结构及粘贴方式;熟悉金属箔式应变片的性能;掌握直流单臂、半桥、全桥测量桥路的工作过程及电路原理;验证金属箔式应变片的单臂、半桥、全桥的性能及相互之间的关系。

【实验原理】

应变片是最常用的测力传感元件。当用应变片测试时,应变片要牢固地粘贴在测试体表面,测件受力发生形变,应变片随同变形,其电阻值也随之发生相应的变化。通过测量电路,转换成电信号输出显示。详见第 2 章。

【实验仪器】

实验设备为 CSY2001B 型传感器系统实验台。该实验所需部件为:直流稳压电源±4 V,应变式传感器实验模块,贴于主机工作台悬臂梁上的箔式应变片,螺旋测微仪,数字电压表。

【实验步骤】

① 差动放大器调零

连接主机与模块电路电源连接线,差动放大器增益置于最大位置(顺时针方向旋到底),差动放大器"+""−"输入端对地用实验线短路。输出端接电压表 2 V 挡。开启主机电源,用调零电位器调整差动放大器输出电压为零,然后拔掉实验线。调零后,模块上的"增益、调零"电位器均不应再变动。

② 观察贴于悬臂梁根部的应变计的位置与方向,按图 10.8 将所需实验部件连接成测试桥路,图中 R_1, R_2, R_3 分别为模块上的固定标准电阻,R_x 为应变片(可任选上梁或下梁中的一个工作片),图中每两个结点之间可理解为一根实验连接线,注意连接方式,勿使直流激励电源短路。将螺旋测微仪装于应变悬臂梁前端永久磁钢上,并调节测微仪使悬臂梁基本处于水平位置。

③ 确认接线无误后开启主机,并预热数分钟,使电路工作趋于稳定。调节模块上的 W_D 电位器,使桥路输出为零。

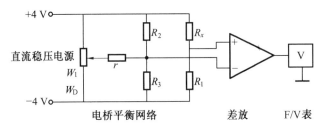

图 10.8　应变片直流电桥测量电路

④ 用螺旋测微仪带动悬臂梁分别向上和向下移动各 5 mm,每移动 1 mm 记录一个输出电压值,并记入表 10.2 中。

⑤ 在完成上面实验基础上,依次将图 10.8 中的固定电阻 R_1 换接应变片组成半桥;将固定电阻 R_2,R_3 换接应变片组成全桥。

⑥ 重复③④步骤,完成半桥与全桥测试实验。将实验数据填入表 10.2 中。

表 10.2

实验次数		1	2	3	4	5	6	7	8	9	10	11
X/mm												
V/mV	单臂											
	半桥											
	全桥											

【注意事项】

① 实验前应检查实验连接线是否完好,学会正确插拔连接线。

② 模块中电桥上端虚线所示的四个电阻实际并不存在,需要从主机上引入。

③ 实验过程中如发现电压表过载,应将量程扩大。

④ 直流电源不可随意加大,以免损坏应变片。

⑤ 由于悬臂梁弹性恢复的滞后及应变片本身的机械滞后,所以当螺旋测微仪回到初始位置后桥路电压输出值并不能马上回到零,此时可一次或几次将螺旋测微仪反方向旋动一个较大位移,使电压值回到零后再进行反向采集实验。

⑥ 实验中实验者用螺旋测微仪进行移位后应将手离开仪器后方能读取测试系统输出电压数,否则虽然没有改变刻度值也会造成微小位移,或人体感应使电压信号出现偏差。

⑦ 因为是小信号测试,所以调零后电压表应置 2 V 挡。

⑧ 接入全桥时,请注意区别各应变片的工作状态,桥路原则是:对臂同性,邻臂异性。

【实验报告】

根据表 10.2 中所测数据,在同一坐标上描出 V-X 曲线,计算并比较灵敏度,给出定性的结论。

【思考题】

① 本实验对直流稳压电源和差动放大器有何要求?

② 桥路(差动电桥)测量时存在非线性误差的主要原因是什么?

③ 如果相对桥臂的应变片阻值相差很大会造成什么结果,应采取怎样的措施和方法?

④ 如果连接全桥时应变片的方向接反会是什么结果,为什么?

⑤ 灵敏度与哪些因素有关?

⑥ 根据 $X-V$ 曲线,描述应变片的线性度好坏。

(2)金属箔式应变计的电桥温度补偿实验

【实验目的】

了解温度变化对金属箔式应变直流电桥测试电路的影响;熟悉金属箔式应变电桥温度特性;掌握应变片温度补偿原理及方法。

【实验原理】

当应变片所处环境温度发生变化时,由于其敏感栅本身的温度系数,自身的标称电阻值发生变化,而贴应变片的测试件与应变片敏感栅的热膨胀系数不同,也会引起附加形变,产生附加电阻。因此,当温度变化时,在被测体受力状态不变时,输出也会有变化。

为避免温度变化时引入的测量误差,在实用的测试电路中要进行温度补偿。本实验中采用的就是电桥补偿法,详见第 2 章。

【实验仪器】

贴于双平行悬臂梁(或双孔悬臂梁)上的温度补偿片(1 片),金属箔式应变片(1 片),直流稳压电源(±4 V),应变式传感器实验模块,电压表,应变片加热器(双平行悬臂梁的加热开关位于主机面板的温控单元),温度计。

【实验步骤】

① 差动放大器调零。按图 10.8 接成箔式单臂应变电桥,F/V 表置 20 V 挡,悬臂梁不受力,开启主机电源,调整系统输出为零,记录环境温度。

② 开启“应变加热”电源,观察电桥输出电压随温度升高而发生的变化,待加热温度达到一个相对稳定值后(加热器加热温度约高于环境温度30 ℃),记录电桥输出电压值,并用温度计测出温度,记下温度值(注意:温度计探头不要触到应变片上,只要触及应变片附近的梁体即可)。并求出大致的温漂 $\Delta V/\Delta T$,然后关闭加热电源,待其梁体冷却。

③ 将电桥中接入的一个固定电阻换成一片与应变片在同一应变梁上的补偿应变片,重新调整系统输出为零。

④ 施加悬臂梁一个固定压力(相对平衡点移动 4 mm),记录电桥输出电压值;开启“应变加热”电源,观察经过补偿的电桥输出电压的变化情况,待电压输出值不变时记录其温度和电桥输出电压值;计算温漂,然后与未进行补偿时的电路进行比较。记录数据于表 10.3。

表 10.3

温度				
补偿前:温漂 $\Delta V/\Delta T$				
补偿后:温漂 $\Delta V/\Delta T$				

【注意事项】

① 在箔式应变片接口中,从左至右 6 片箔式片分别是:第 1、3 工作片与第 2、4 工作片受力方向相反,第 5、6 片为上、下梁的补偿片,请注意应变片接口上所示符号表示的相对位置。

②“应变加热”源温度是不可控制的,只能达到相对热平衡。

【实验报告】

比较箔式应变片补偿前后,电桥温漂的变化,给出定性的结论。

【思考题】

① 箔式应变片温度误差产生的原因是什么? 有哪些补偿方法? 它们之间有什么区别?

② 补偿片法作为应变片温度补偿法中的一种,能否完全进行温度补偿,为什么?

③ 归纳箔式应变片的温度特性。

2. 移相器电路实验

【实验目的】

掌握由运算放大器构成的移相电路的工作原理。

【实验仪器】

公共电路实验模块(移相器、相敏检波器、低通滤波器),音频信号源,双线示波器。

【实验原理】

图 10.9 为移相器电路示意图,由图可求得该电路的闭环增益为

$$G(s) = \frac{1}{R_1 R_4}\left[\frac{R_4 + R_5}{WC_2 s + 1} - R_5\right]\left[\frac{R_2 C_1 s (R_3 + R_1)}{R_2 C_1 s + 1} - R_3\right] \tag{10.1}$$

则

$$G(j\omega) = \frac{1}{R_1 R_4}\left[\frac{R_4 + R_5}{jWC_2 \omega + 1} - R_5\right]\left[\frac{jR_2 C_1 \omega (R_3 + R_1)}{jR_2 C_1 \omega + 1} - R_3\right] \tag{10.2}$$

$$G(j\omega) = \frac{(1 - \omega^2 C_2 W^2)(R_2 C_1^2 \omega^2 - 1) + 4\omega^2 C_1 C_2 R_2 W}{(1 - \omega^2 C_2 W^2)(1 + R_2 C_1^2 \omega^2)} \tag{10.3}$$

当 $R_1 = R_2 = R_3 = R_4 = R_5 = 10 \text{ k}\Omega$ 时有

$$|G(j\omega)| = 1, \quad \tan\varphi = \frac{2\left(\dfrac{1 - \omega^2 R_2 C_1 C_2 W}{\omega C_2 W + \omega C_1 R_2}\right)}{1 - \left(\dfrac{\omega^2 C_1 C_2 R_2 W - 1}{R_2 C_1 \omega + C_2 W\omega}\right)^2} \tag{10.4}$$

由正切三角函数半角公式可得

$$\tan\varphi = \frac{2\tan\dfrac{\varphi}{2}}{1 - \tan^2\dfrac{\varphi}{2}}, \quad \varphi = 2\arctan\left(\frac{1 - \omega^2 R_2 C_1 C_2 W}{\omega C_2 W + \omega R_2 C_1}\right) \tag{10.5}$$

当 $\omega > \dfrac{1}{\omega^2 R_2 C_1 C_2}$ 时,输出相位滞后输入;当 $\omega < \dfrac{1}{\omega^2 R_2 C_1 C_2}$ 时,输出相位超前输入。

【实验步骤】

(1) 连接主机与实验模块电源线,音频信号源频率幅值旋钮居中,信号输出端 00 连接移相器输入端。

(2) 打开主机电源,双线示波器两探头分别接移相器输入与输出端,调整示波器,观察两路波形。

(3) 调节移相器"移相"电位器,观察两路波形相应变化。

(4) 改变音频信号源频率,观察频率不同时移相器移相范围的变化。

【注意事项】

① 因为实验仪提供的音频信号是由函数发生器产生,不是纯正弦信号,所以通过移相器

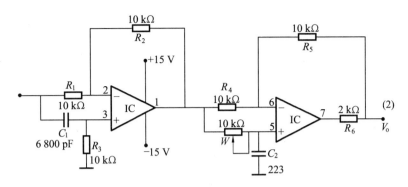

图 10.9　移相器电路示意图

后波形局部有失真,这并非仪器故障。

② 正确选择双线示波器的"触发"方式及其他设置,以保证能看到移相波形的变化。

【实验报告】

给出实验波形,并说明频率不同时移相器的工作性能。

【思考题】

对照移相器电路图分析其工作原理。

3. 相敏检波电路实验

【实验目的】

掌握由施密特开关电路及运放组成的相敏检波器电路的原理。

【实验仪器】

公共电路实验模块(相敏检波器、移相器、低通滤波器),音频信号源,直流稳压电源,电压表,双线示波器。

【实验原理】

相敏检波电路图如图 10.10 所示。图中(1)为输入信号端,(2)为交流参考电压输入端,(3)为检波信号输出端,(4)为直流参考电压输入端。当(2)、(4)端输入控制电压信号时,通过差动电路的作用使 D 和 J 处于开或关的状态,从而把(1)端输入的正弦信号转换成全波整流信号。详见第 3 章。

【实验步骤】

将音频振荡器的输出信号(0°)接至相敏检波器的输入端(1)。

(1)参考信号为直流电压

① 将直流稳压电源+2 V 接入相敏检波器参考信号输入端(4),用双踪示波器测试相敏检波器输入端(1)和输出端(3)的波形。

② 将直流稳压电源–2 V 接入相敏检波器参考信号输入端(4),用双踪示波器测试相敏检波器输入端(1)和输出端(3)的波形。

(2)参考信号为交流电压

① 将音频信号 0°接入相敏检波器参考信号输入端(2),用双踪示波器观察(1)~(6)端波形。

② 将音频信号 180°接入相敏检波器参考信号输入端(2),用双踪示波器观察(1)~(6)端波形。

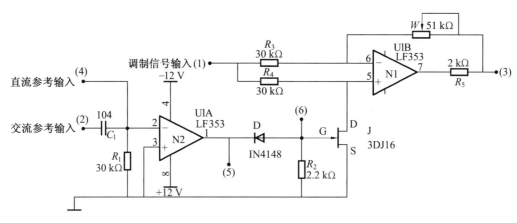

图 10.10　相敏检波电路图

（3）相敏检波器检幅特性

将相敏检波器的输出端（3）接低通滤波器的输入端，将低通滤波器的输出端接数字电压表。

① 相敏检波器的输入信号接（1），参考信号接（2）（交流信号做参考）或接（4）（直流信号做参考），使二者同相。改变音频信号的输入幅值 V_{P-P}，分别读出电压表显示数值填入表10.4。

表 10.4

输入 V_{P-P}/V	0.5	1	2	3	4	5	6	7	8	9	10
输出 V_o/V											

② 相敏检波器的输入信号与参考信号反相时，改变音频信号的输入幅值 V_{P-P}，分别读出电压表显示的数值填入表10.5。

表 10.5

输入 V_{P-P}/V	0.5	1	2	3	4	5	6	7	8	9	10
输出 V_o/V											

（4）相敏检波器的鉴相特性

将音频信号接移相器的输入端，移相器电路输出接相敏检波器参考输入端（2），旋转移相器的电位器旋钮，改变参考电压的相位，音频振荡器输出幅值不变，用示波器观察（1）～（6）波形，并读出对应的电压表值。

【注意事项】

相敏检波器实验插口端的序数从左至右、从上至下为（1）～（6）号。

【实验报告】

① 画出该相敏检波器的电路图，并说明该电路的工作原理。

② 画出该实验第（3）步骤和第（4）步骤的原理框图。

③ 分别画出参考电压与相敏检波器的输入信号同相、反相时（1）～（6）点的波形图及低通滤波器的输出波形。

④ 画出参考电压通过移相器后（差90°时），相敏检波器（1）～（6）点及低通滤波器的输出波形。

⑤ 分别记录当参考电压与输入信号同相、反向时,相敏检波器经低通滤波器输出对应输入信号的电压值。

【思考题】

① 什么是相敏检波,为什么要采用相敏检波?

② 什么是相敏检波器的鉴相特性?

4. 交流电桥实验

【实验目的】

了解交流供电的四臂应变电桥的原理、工作情况和实际应用。

【实验仪器】

公共电路模块,音频信号源,箔式应变片(四片,双平行悬臂梁上的工作片),螺旋测微仪,电压表,示波器。

【实验原理】

交流全桥平衡时,电桥输出为零。若桥臂阻抗发生相对变化,则电桥的输出与桥臂阻抗相对变化成正比(详见第 3 章)。

【实验步骤】

(1)连接主机与实验模块的电源线,按图 10.11 正确接线,音频信号源幅度与频率旋钮居中,开启主机电源。

(2)用螺旋测微仪调节悬臂梁至水平位置,调节电桥直流调平衡电位器 W_D,使系统输出基本为零,并用 W_A 进一步细调至零,示波器接相敏检波器(3)端观察波形。

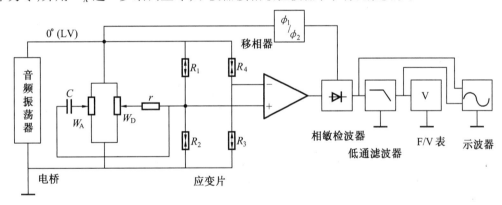

图 10.11　交流全桥接线图

(3)用手将悬臂梁自由端往下压至最低,调节"移相"旋钮使相敏检波器(3)端波形成为首尾相接的全波整流波形。然后放手,悬臂梁恢复至水平位置,再调节电桥中 W_D 和 W_A 电位器,使系统输出电压为零,此时桥路的灵敏度最高。

(4)装上螺旋测微仪,从水平位置将悬臂梁分别上移和下移 5 mm,测得数据填入表 10.6。

表 10.6

X/mm	−5	−4	−3	−2	−1	0	1	2	3	4	5
V_o/mV											

【注意事项】

① 组桥时应注意应变片的受力状态,使桥路工作正常。

② 悬臂梁系统的自由端不得与外部任何物体相碰撞。

③ 以后凡用交流信号激励的传感器测试电路的实验,电桥电路调节都可以本实验的调节方式,以增加相位差,系统输出达到较高的灵敏度。

【实验报告】

在坐标面内作出 V_o–X 曲线,求出交流电桥的灵敏度。

10.3.2 传感器特性测试及应用实验

1. 应变式传感器称重实验

【实验目的】

利用学过的应变式传感器设计称重电路,培养和考查学生综合知识应用能力。

【实验要求】

自行设计实验方案,要求在 CSY2001B 型传感器系统综合实验台上用应变式传感器进行称重测量,通过实验给出结论。

【参考实验设计方案】

(1)直流信号激励的应变电阻传感器称重实验

【实验仪器】

直流稳压电源,应变式传感器实验模块,双孔悬臂梁称重传感器,称重砝码(20 g/个),数字电压表。

【实验步骤】

① 自行设计实验接线方案,连接主机与实验模块的电源连接线,开启主机电源,调节电桥 W_D 调零电位器使无负载时的称重传感器输出为零。

② 逐一将砝码放上传感器称重平台,调节增益电位器,使 V_o 端输出电压 V 与所称重量成比例关系,设计表格,记录重量 W 与 V 的对应值。

【注意事项】

① 称重传感器的激励电压请勿随意提高。

② 注意保护传感器的引线及应变片使之不受损伤。

(2)交流信号激励的应变电阻传感器称重实验

【实验仪器】

双孔悬臂梁称重传感器,称重砝码,音频信号源,公共电路实验模块,应变式传感器实验模块,电压表,示波器。

【实验步骤】

① 自行设计实验接线方案,并连接主机与实验模块电源线。

② 开启主机电源,按交流全桥实验方式调节各部分电路,调节系统输出为零。

③ 依次在称重盘上放上砝码,设计表格,记录重量 W 与 V 的对应值。

④ 取走砝码,放上未知重量的物品,根据 V–W 曲线大致确定物品重量。

【注意事项】

称重传感器量程为 500 g,实验时注意不要超出量程 100%,请勿用力挤压。

【实验报告】

① 给出设计方案的全过程和设计的实验电路。

② 通过记录的重量 W 与 V 的对应值,给出实验曲线,并给出结论。

2. 电容式传感器特性测试及振动测量实验

【实验目的】

掌握电容式传感器的一般特性,学会用实验方法测试电容式传感器的一般特性;观察电容式传感器用于振动测量的波形特点。

【实验仪器】

电容式传感器,电容式传感器实验模块,激振器 I,测微仪。

【实验原理】

差动式同轴变面积电容的两组电容片 C_{x1} 与 C_{x2} 作为双 T 电桥的两臂,当电容量发生变化时,桥路输出电压发生变化(见图 10.12)。

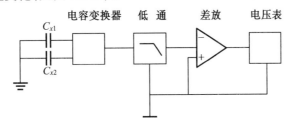

图 10.12　电容式传感器特性测试线路图

【实验步骤】

(1)观察电容式传感器结构:传感器由一个动极与两个定极组成,连接主机与实验模块的电源线及传感器接口,按图 10.12 接好实验线路,增益适当。

(2)打开主机电源,用测微仪带动传感器动极移位至两组定极中间(测微仪位置在 12.5 mm 处),调整调零电位器,此时模块电路输出为零。

(3)前后移动电容式传感器动极,每次 0.5 mm,直至动定极完全重合为止,记录极距和输出电压的变化于表 10.7。

表 10.7

测量次数	1	2	3	4	5	…	16	17	18	19	20
X/mm											
V_o/mV											

(4)移开测微仪,在主机振动平台旁的安装支架上装上电容式传感器,在振动平台上装好传感器动极,用手按动平台,使平台振动时电容动极与定极不碰擦为宜。

(5)开启"激振 I"开关,振动台带动动极在定极中上下振动,用示波器观察输出波形。

【注意事项】

电容动极须位于环型定极中间,安装时须仔细作调整,实验时电容不能发生擦片,否则信号会发生突变。

【实验报告】

作出 V_o–X 变化曲线,求出灵敏度。

【思考题】

① 这里的电容式传感器属于何种类型?

② 电路中低通滤波器和差动放大器的作用分别是什么?

③ 如何通过示波器观察输出波形得到振动的振幅?

3. 霍尔传感器特性测试及振动测量实验

【实验目的】

了解霍尔传感器的原理;掌握直流、交流激励时霍尔传感器的特性差异;掌握霍尔传感器用于振动测量的原理。

【实验仪器】

霍尔传感器,直流稳压电源(2 V),霍尔传感器实验模块,电压表,测微仪,音频信号源,公共电路实验模块,螺旋测微仪,示波器,低频信号源,激振器Ⅰ。

【实验原理】

霍尔元件是根据霍尔效应原理制成的磁电转换元件,当霍尔元件位于由两个环形磁钢组成的梯度磁场中时就成了霍尔位移传感器。

根据霍尔效应,霍尔电势 $U_H = K_H I \boldsymbol{B}$。当霍尔元件通以恒定电流处在梯度磁场中运动时,就有霍尔电势输出,霍尔电势的大小正比于磁场强度(磁场位置),当所处的磁场方向改变时,霍尔电势的方向也随之改变。利用这一性质可以进行位移测量(详见第3章)。

【实验步骤】

(1)直流信号激励的霍尔传感器特性测试实验

① 安装好模块上的梯度磁场及霍尔传感器,连接主机与实验模块电源及传感器接口,确认霍尔元件直流激励电压为2 V,霍尔元件另一激励端接地,实验接线如图10.13所示,差动放大器增益10倍左右。

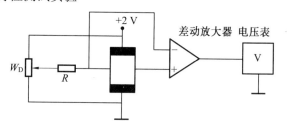

图 10.13　霍尔传感器直流特性测试

② 用螺旋测微仪调节精密位移装置使霍尔元件置于梯度磁场中间,并调节电桥直流电位器 W_D,使输出为零。

③ 从中点开始,调节螺旋测微仪,前后移动霍尔元件各3.5 mm,每变化0.5 mm读取相应的电压值,并记入表10.8。

表 10.8

测量次数		1	2	…	6	7	8	9	10	…	15	16
直流激励	X/mm						0					
	V_o/mV						0					
交流激励	X/mm						0					
	V_o/mV						0					

（2）交流信号激励的霍尔传感器特性测试实验

① 连接主机与实验模块电源线,按图 10.14 接好实验电路,差动放大器增益适当,音频信号输出从180°端口(电压输出)引出,幅度 $V_{P-P} \leqslant 4$ V,示波器两个通道分别接相敏检波器(1)、（2）端。

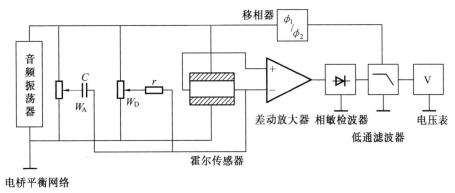

图 10.14　霍尔传感器的交流特性测试

② 开启主机电源,按交流全桥的调节方式调节移相器及电桥,使霍尔元件位于磁场中间时输出电压为零。

③ 调节测微仪,带动霍尔元件在磁场中前后各移 3.5 mm,记录电压读数并记入表 10.8。

（3）霍尔传感器振动测试实验

① 将梯度磁场安装到主机振动平台旁的磁场安装座上,霍尔元件连加长杆插入振动平台旁的支座中,调整霍尔元件于梯度磁场中间位置。按图 10.13 连接实验连接线。

② 激振器开关倒向"激振 I"侧,振动台开始起振,保持适当振幅,用示波器观察输出波形。

③ 提高振幅,改变频率,使振动平台处于谐振(最大)状态,示波器可观察到削顶的正弦波,说明霍尔元件已进入均匀磁场,霍尔电势不再随位移量的增加而增加。

④ 重按图 10.14 接线,调节移相器、电桥,使低通滤波器输出电压波形正负对称。

⑤ 接通"激振 I",保持适当振幅,用示波器观察差动放大器和低通滤波器的波形。

【注意事项】

① 直流激励电压只能是 2 V,不能接±2 V(4 V)否则锑化铟霍尔元件会烧坏。

② 辨别霍尔片的输入端、输出端。

③ 一旦调整好测量系统,测量时不能移动磁路系统。

④ 交流激励信号勿从(0°或 LV)输出端引出,幅度限制在峰-峰值 5 V 以下。

⑤ 由于 W_A,W_D 是代用的,因此交流不等位电势不能调得太小。

⑥ 检查磁路系统,使霍尔片既靠近极靴又不致卡住。

【实验报告】

① 作出直流特性 V_o-X 曲线,求得灵敏度和线性工作范围。对非线性部分,请说明原因。

② 作出交流特性 V_o-X 曲线,求出灵敏度,并与直流激励测试系统进行比较。

③ 根据示波器波形,说明测得的振幅幅值大小。

【思考题】

① 实验测出的实际上是磁场分布情况,它的线性好坏是否影响位移测量的线性度好坏?

② 霍尔传感器是否适用于大位移测量？

③ 霍尔片工作在磁场的哪个范围灵敏度最高？

④ 试解释激励源为交流且信号变化也是交流时需用相敏检波器的原因。

4. 光纤传感器位移测量实验

【实验目的】

利用光纤传感器进行位移测量,培养和考查学生综合知识应用能力和实际动手能力。

【实验仪器】

光纤,光纤光电传感器实验模块,电压表,示波器,螺旋测微仪,反射镜片。

【实验原理】

反射式光纤传感器测位移工作原理如图 10.15 所示,光纤采用 Y 型结构,两束多模光纤合并于一端组成光纤探头,一束作为接收,另一束为光源发射,近红外二极管发出的近红外光经光源光纤照射至被测物,由被测物反射的光信号经接收光纤传输至光电转换器件转换为电信号,反射光的强弱与反射物到光纤探头的距离成一定的比例关系,通过对光强的检测就可得知位置量的变化。

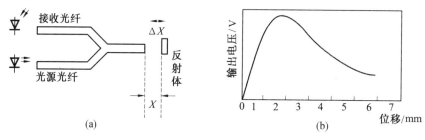

图 10.15 反射式光纤传感器测位移工作原理

【实验步骤】

(1)观察光纤结构。本实验仪所配的光纤探头为半圆形结构,由数百根导光纤维组成,一半为光源光纤,一半为接收光纤。

(2)连接主机与实验模块电源线及光纤变换器探头接口,光纤探头装上探头支架,探头垂直对准反射片中央(镀铬圆铁片),螺旋测微仪装上支架,以带动反射镜片位移。

(3)开启主机电源,光电变换器 V_0 端接电压表,首先旋动测微仪使探头紧贴反射镜片(如两表面不平行可稍许扳动光纤探头角度使两平面吻合),此时 $V_0 \approx 0$,然后旋动测微仪,使反射镜片离开探头,每隔 0.2 mm 记录一个数值于表 10.9。位移距离如再加大,就可观察到光纤传感器输出特性曲线的前坡与后坡波形,通常测量用的是线性较好的前坡范围。

表 10.9

测量次数	1	2	…	9	10	11	12	13	…	20	21
X/mm											
V_0/mV											

【注意事项】

① 光纤请勿成锐角曲折,以免造成内部断裂,端面尤要注意保护,否则会使光通量衰耗加大造成灵敏度下降。

② 每台仪器的光电转换器(包括光纤)与转换电路都是单独调配的,请注意与仪器编号配对使用。

③ 实验时注意增益调节,输出最大信号以 3 V 左右为宜,避免过强的背景光照射。

【实验报告】

作出 V_o-X 曲线,求得光纤传感器输出特性曲线的前坡与后坡波形。

10.4 设计性实验

10.4.1 传感器应用电路设计实验

1.基于热敏电阻温度报警电路设计实验

【实验目的】

进一步了解热敏电阻的工作原理和应用,认识热敏元器件;设计、连接和调试电路;测量、记录实验数据。根据给定的功能要求,选择合适的器件设计一温度报警电路。

【电路功能要求】

测温范围−50 ~ +100 ℃,通过滑动变阻器改变上下限温度。当温度高于+10 ℃,或低于−50 ℃,报警器发出报警声。同时由发光管组成指示电路,电路不报警时为绿灯,报警时为红绿交替。

【实验步骤】

(1)根据给出的功能要求,选择合适的元器件,设计电路。

(2)用面包板或实验板搭建、焊接电路。

(3)用给定的电源接通电路板,对电路进行调试。

(4)测量不同温度时(可采用加热器),热敏电阻的阻值变化。

(5)电路联合调试,满足功能要求。

【实验常规设备和主要器件】

稳压电源,万用表,示波器,NTC 型热敏电阻,蜂鸣器,LED 管。其他元器件自选。

【实验报告】

内容包括:目的、任务;实验框图及电路设计;调试过程遇到的问题及解决的方法;测量数据的记录(热敏电阻在不同温度下的阻值等)。

2.基于光敏电阻防盗报警电路设计实验

【实验目的】

进一步了解光敏电阻的工作原理和应用,认识光敏元器件;设计、连接和调试电路;测量、记录实验数据。根据给定的功能要求,选择合适的器件设计一个防盗报警电路。

【电路功能要求】

当有人遮挡电路,即光敏电阻接收到的光低于某个数值时,报警器发出报警声。同时由发光管组成指示电路,电路不报警时为绿灯,报警时为红绿交替。

【实验步骤】

(1)根据给出的功能要求,选择合适的元器件,设计电路。

(2)用面包板或实验板搭建、焊接电路。

(3)用给定的电源接通电路板,对电路进行调试。

(4)测量光照不同时光敏电阻的阻值变化(日光、用纸遮光、用灯光照)。

(5)调节电位器,观察报警时的光照度变化,测量触发器的翻转电压。

(6)电路联合调试,满足功能要求。

【实验常规设备和主要器件】

稳压电源,万用表,示波器,硫化镉光敏电阻,蜂鸣器,LED 管。其他元器件自选。

【实验报告】

内容包括:目的、任务;实验框图及电路设计;调试过程遇到的问题及解决的方法;测量数据的记录(光敏电阻的暗电阻、暗电流、亮电阻、亮电流、报警时光敏电阻对应的电流及电压、触发器的翻转电压)。

3. 基于气敏传感器的气体报警电路设计实验

【实验目的】

进一步了解气敏传感器及其转换电路的工作原理,利用气敏传感器制作气体浓度测试装置,认识气敏元件。设计、搭接和调试电路,了解气体测量的正确方法。

【电路功能要求】

设计一简易酒精浓度测试装置。当有一定浓度的酒精或有害气体靠近时,条形 LED 显示器显示,并且 LED 条形显示器所亮的个数与酒精浓度成正比,即酒精浓度增大,LED 亮的个数增多,反之减少。

【实验步骤】

(1)根据给出的功能要求,选择合适的元器件,设计电路。

(2)用面包板或实验板搭建、焊接电路。

(3)用给定的电源接通电路板,对电路进行调试。

(4)观察 LED 条形显示器的状态。如果无显示或多显示,调整 20 k 电位器,使 LED 条形码在正常空气状态时一位发光显示。

(5)用带有酒精的棉球靠近气敏传感器(或用液化气),观察 LED 条形码的变化。酒精越多(气体越浓)LED 条形码点亮的个数越多;当酒精棉离开时,LED 条形码显示的个数不会马上减少,会随时间逐渐减少。

(6)电路联合调试,满足功能要求。

【实验常规设备和主要器件】

稳压电源,万用表,示波器,MQ411 型气敏传感器,条形 LED 管。其他元器件自选。

【实验报告】

内容包括:目的、任务;实验框图及电路设计;调试方法及调试中碰到的问题和分析解决问题的方法;测量数据记录有不同浓度下气敏传感器输出电压和对应 LED 条形码点亮个数。

4. 基于集成霍尔传感器的音乐控制播放电路设计实验

【实验目的】

进一步了解开关型集成霍尔传感器及其转换电路的工作原理;掌握霍尔传感器的使用方法;设计利用开关型集成霍尔传感器制作接近开关等控制电路;认识霍尔元件;了解测量集成霍尔元件输出的参数和工作性能。

【电路功能要求】

根据具体给出的器件设计一音乐控制电路。当磁钢靠近霍尔传感器时电路发出乐曲声,当磁钢极性翻转或被撤离传感器时电路停止音乐声。

【实验步骤】

(1)根据给出的功能要求,选择合适的元器件,设计电路。

(2)用面包板或实验板搭建、焊接电路。

(3)用给定的电源接通电路板,对电路进行调试。

(4)测量磁场变化时霍尔传感器的输出电压值。

(5)电路联合调试,满足功能要求。

【实验常规设备和主要器件】

稳压电源,万用表,示波器,3144EU 霍尔传感器,集成音乐片,小功率扬声器。其他元器件自选。

【实验报告】

内容包括:目的、任务;实验框图及电路设计;调试方法及调试中碰到的问题和分析解决问题的方法;测量数据记录(霍尔传感器的工作电压、工作电流、磁场变化的静态输出)。

5. 基于光电式传感器的语音提示电路设计实验

【实验目的】

进一步了解光电式传感器的基本结构;掌握开关式光电传感器及其转换电路的工作原理;认识检测元器件;设计、搭接和调试电路;测量、记录实验数据。

【电路功能要求】

设计一个语言提示及发光报警电路。当有人进入房间,割断光路时,电路中发光二极管点亮,同时给出语音提示:"进门请刷卡"。

【实验步骤】

(1)根据给出的功能要求,选择合适的元器件,设计电路。

(2)用面包板或实验板搭建、焊接电路。

(3)用给定的电源接通电路板,对电路进行调试。

(4)用物体遮挡光隔离器的光路,观察电路状态,如果有相应变化说明电路正确。

(5)测量光电管有遮挡和无遮挡时输出电压值。

(6)电路联合调试,满足功能要求。

【实验常规设备和主要器件】

稳压电源,万用表,示波器,GK122 光电断路器传感器,LED 管,语音芯片,小功率扬声器。其他元器件自选。

【实验报告】

内容包括:目的、任务、电路设计及实验内容;调试过程及调试中碰到的问题和解决的方法;测量数据记录(发光管正向压降、受光器件有无遮挡时输出电压)。

10.4.2　信号检测与转换技术综合应用实验

1. 电子秤设计

【实验目的】

在了解一般常用电子秤的结构和功能基础上,运用课程学过的相关知识,选择合理的测力

传感器,设计功能完善的信号调理电路,完成电子秤的设计和制作;培养学生知识综合运用能力和动手能力(参考第2章相关内容)。

【系统功能要求】

设计一个带有液晶显示的电子秤。称量范围在10~150 kg之间;精度等级1.0级;可以设置初始零位;电源开关在开机空称情况下,100 s左右会自动关机。

【实验步骤】

(1)根据给出的功能要求,选择合适的传感器(建议选择应变电阻)。

(2)设计信号调理电路,包括电桥、差动放大、A/D转换电路、电源电路等。

(3)选择合适的微处理器(建议选择51单片机或飞思卡尔单片机),设计主控制电路。

(4)选择合适的液晶屏,完成数显功能调试。

(5)PCB制板,焊接并测试电路。

(6)电路联合调试,满足功能要求。

【实验常规设备和主要器件】

稳压电源,万用表,示波器,金属箔式应变电阻,LCD液晶屏,51单片机或飞思卡尔单片机,按键。其他元器件自选。

【实验报告】

内容包括:目的、任务、电路设计及实验内容;调试过程及调试中碰到的问题和解决的方法;测量数据记录(不同重物下,传感器的输出信号及其他相关数据)。

2.液位计设计

【实验目的】

在了解一般常用的液位计的结构和功能基础上,运用课程学过的相关知识,选择合理的物位传感器,设计功能完善的信号调理电路,完成液位计的设计和制作;培养学生知识综合运用能力和动手能力(参考第3章相关内容)。

【系统功能要求】

设计一个带有数码显示的水箱液位计。测量液位范围在10~100 cm之间;精度等级1.0级;当液位低于20 cm或高于80 cm时能自动声光报警。

【实验步骤】

(1)根据给出的功能要求,选择合适的传感器(可以考虑选择电容式传感器)。

(2)设计信号调理电路,包括电桥、放大、相敏解调、滤波、A/D转换电路、电源电路等。

(3)选择合适的微处理器(建议选择51单片机或飞思卡尔单片机),设计主控制电路。

(4)选择合适的液晶屏,完成数显功能调试。

(5)PCB制板,焊接并测试电路。

(6)电路联合调试,满足功能要求。

【实验常规设备和主要器件】

稳压电源,万用表,示波器,电容式传感器,LCD液晶屏,51单片机或飞思卡尔单片机,小功率扬声器。其他元器件自选。

【实验报告】

内容包括:目的、任务、电路设计及实验内容;调试过程及调试中碰到的问题和解决的方法;测量数据记录(不同液位下,传感器的输出信号及其他相关数据)。

3. 多点温度自动检测系统设计

【实验目的】

在了解一般常见的温度自动检测系统的组成和功能基础上,运用课程学过的相关知识,选择合理的温度传感器,设计功能完善的信号调理电路,完成温度自动检测电路的设计和制作;培养学生知识综合运用能力和动手能力(参考第 4 章相关内容)。

【系统功能要求】

设计一个多点温度自动检测电路。可以同时测量 6 个不同温度点的温度,测量温度范围在 10 ~ 200 ℃ 之间,且温度范围可调;温度能在计算机上进行实时显示,并能通过计算机设定温度测量范围。

【实验步骤】

(1)根据给出的功能要求,选择合适的传感器(可以考虑选择热电阻、热电偶等)。

(2)设计信号调理电路,包括电桥、放大、A/D 转换电路、多路模拟开关等。

(3)选择合适的微处理器(建议选择 51 单片机或飞思卡尔单片机),设计信号采集电路。

(4)利用串行通信,完成计算机数据显示功能。

(5)PCB 制板,焊接并测试电路。

(6)电路联合调试,满足功能要求。

【实验常规设备和主要器件】

稳压电源,万用表,计算机,温度传感器,51 单片机或飞思卡尔单片机,8 路 A/D 转换芯片,MAX232 串口芯片。其他元器件自选。

【实验报告】

内容包括:目的、任务、电路设计及实验内容;调试过程及调试中碰到的问题和解决的方法;测量数据记录(不同温度下,传感器的输出信号及其他相关数据)。

4. 循迹小车设计

【实验目的】

在了解一般循迹小车系统的组成和功能基础上,运用课程学过的相关知识,选择合理的传感器,设计功能完善的信号调理电路,完成循迹小车的设计和制作;培养学生知识综合运用能力和动手能力(参考第 4 章和第 5 章相关内容)。

【系统功能要求】

设计一个循迹小车,可以在白色场地循黑色轨迹行驶,要求小车轮式结构,步进电机驱动,传感器可以采用红外光电传感器或 CCD 图像传感器,直流电源供电,行走平稳。

【实验步骤】

(1)根据给出的功能要求,选择合适的传感器。

(2)设计信号测量、转换、采集、显示电路等。

(3)选择合适步进电机,完成步进电机驱动电路设计。

(4)选择合适的微处理器(建议选择飞思卡尔单片机),设计主控制电路。

(5)PCB 制板,焊接并测试电路。

(6)电路联合调试,满足功能要求。

【实验常规设备和主要器件】

万用表,示波器,红外光电传感器或 CCD 图像传感器,步进电机,16 位飞思卡尔单片机,

直流 7.5 V 可充电电池。其他元器件自选。

【实验报告】

内容包括:目的、任务、电路设计及实验内容;调试过程及调试中碰到的问题和解决的方法;测量数据记录(不同距离下,传感器的输出信号及其他相关数据)。

5. 心电信号自动检测电路设计

【实验目的】

在了解一般心电信号检测组成和功能基础上,在深入了解测量放大器、滤波器、陷波器等工作原理基础上,能够运用它们完成特定要求的心电信号的检测电路设计(参考第 6,7,8,9 章相关内容)。

【系统功能要求】

设计一个心电信号自动检测电路,满足:当输入信号峰–峰值 $V_{iP-P} = 1$ mV 时,输出电压信号峰–峰值 $V_{OP-P} = 0.4 \sim 1$ V;输入阻抗 $R_i \geqslant 1$ MΩ;频带宽度 $0.05 \sim 100$ Hz;共模抑制比 $CMRR >$ 100 dB。信号能通过串行通信送给计算机,并能利用计算机的数字滤波和数字陷波技术完成信号的进一步处理。

【实验步骤】

(1)根据给出的功能要求,选择合适的芯片和元器件。

(2)设计信号测量、转换、采集电路等。设计时要考虑电路的实际性能和方便调试。要注意增益的分配,若一级增益过大则不容易测量,而且输出失调电压也将加大。要考虑到前级运算放大器的带负载能力。

(3)选择合适的微处理器(建议选择 51 单片机),设计信号采集电路。

(4)利用串行通信,完成计算机数据显示、处理功能。

(5)PCB 制板,焊接并测试电路。

(6)电路联合调试,注意调试要一级一级进行。满足功能要求。

【实验常规设备和主要器件】

心电信号采取夹,示波器,测量放大器芯片 AD620,A/D 转换芯片,51 单片机等。其他元器件自选。

【实验报告】

内容包括:目的、任务、电路设计及实验内容;各项指标的测量方法、测量条件和测试结果;调试过程及调试中碰到的问题和解决的方法;对实验中的问题、误差等进行分析和讨论。

本章小结

本章主要介绍信号检测与转换技术实验,包括实验基本要求、常规测试仪器仪表的使用以及具体实验内容。重点介绍基础性实验和设计性实验的实验内容、实验基本要求、实验电路等。通过本章的学习和应用,应具有分析、设计、制作和调试典型信号检测与转换测量电路的能力。

附录 I 常用热电阻分度表

附表 1 铂热电阻 Pt10 分度表

分度号:Pt10 $R(0\ ℃)=10.000\ Ω$

测量端温度/℃	0	10	20	30	40	50	60	70	80	90
	电阻值 $R(t\ ℃)/Ω$									
−200	1.852	2.283	2.710	3.134	3.554	3.972	4.388	4.800	5.211	5.619
−100	6.026	6.430	6.833	7.233	7.633	8.031	8.427	8.822	9.216	9.609
0	10.000	10.390	10.779	11.167	11.554	11.940	12.324	12.708	13.090	13.471
100	13.851	14.229	14.607	14.983	15.358	15.733	16.105	16.477	16.848	17.217
200	17.586	17.953	18.319	18.684	19.047	19.410	19.771	20.131	20.490	20.848
300	21.205	21.561	21.915	22.268	22.621	22.972	23.321	23.670	24.018	24.364
400	24.709	25.053	25.396	25.738	26.078	26.418	26.756	27.093	27.429	27.764
500	28.098	28.430	28.762	29.092	29.421	29.749	30.075	30.401	30.725	31.049
600	31.371	31.692	32.012	32.330	32.648	32.964	33.279	33.593	33.906	34.218
700	34.528	34.838	35.146	35.453	35.759	36.064	36.367	36.670	36.971	37.271
800	37.570	37.868	38.165	38.460	38.755	39.048	—	—	—	—

附表 2 铂热电阻 Pt100 分度表

分度号:Pt100 $R(0\ ℃)=100.00\ Ω$

测量端温度/℃	0	10	20	30	40	50	60	70	80	90
	电阻值 $R(t\ ℃)/Ω$									
−200	18.52	22.83	27.10	31.34	35.54	39.72	43.88	48.00	52.11	56.19
−100	60.26	64.30	68.33	72.33	76.33	80.31	84.27	88.22	92.16	96.09
0	100.00	103.90	107.79	111.67	115.54	119.40	123.24	127.08	130.90	134.71
100	138.51	142.29	146.07	149.83	153.58	157.33	161.05	164.77	168.48	172.17
200	175.86	179.53	183.19	186.84	190.47	194.10	197.71	201.31	204.90	208.48
300	212.05	215.61	219.15	222.68	226.21	229.72	233.21	236.70	240.18	243.64
400	247.09	250.53	253.96	257.38	260.78	264.18	267.56	270.93	274.29	277.64
500	280.98	284.30	287.62	290.92	294.21	297.49	300.75	304.01	307.25	310.49
600	313.71	316.92	320.12	323.30	326.48	329.64	332.79	335.93	339.06	342.18
700	345.28	348.38	351.46	354.53	357.59	360.64	363.67	366.70	369.71	372.71
800	375.70	378.68	381.65	384.60	387.55	390.48	—	—	—	—

附表 3　铜热电阻 Cu50 分度表

分度号：Cu50　　　　　　　　　　　　　　　　　　　　　　　　　　　$R(0\ ℃) = 50.000\ Ω$

测量端 温度/℃	0	10	20	30	40	50	60	70	80	90
	电阻值 $R(t\ ℃)/Ω$									
−100	—	—	—	—	—	39.242	41.400	43.555	45.706	47.854
0	50.000	52.144	54.285	56.426	58.565	60.704	62.842	64.981	67.120	69.259
100	71.400	73.542	75.686	77.833	79.982	82.134	—	—	—	—

附表 4　铜热电阻 Cu100 分度表

分度号：Cu100　　　　　　　　　　　　　　　　　　　　　　　　　　$R(0\ ℃) = 100.00\ Ω$

测量端 温度/℃	0	10	20	30	40	50	60	70	80	90
	电阻值 $R(t\ ℃)/Ω$									
−100	—	—	—	—	—	78.48	82.80	87.11	91.41	95.71
0	100.00	104.29	108.57	112.85	117.13	121.41	125.68	129.96	134.24	138.52
100	142.80	147.08	151.37	155.67	156.96	164.27	—	—	—	—

附录 Ⅱ　常用热电偶分度表

附表 5　铂铑 30–铂铑 6 热电偶分度表

分度号：B　　　　　　　　　　　　　　　　　　　　　　　　　　　　（冷端温度为 0 ℃）

测量端 温度/℃	0	10	20	30	40	50	60	70	80	90
	电阻值 $R(t\ ℃)/Ω$									
0	−0.000	−0.002	−0.003	−0.002	0.000	0.002	0.006	0.011	0.017	0.025
100	0.033	0.043	0.053	0.065	0.078	0.092	0.107	0.123	0.140	0.159
200	0.178	0.199	0.220	0.243	0.266	0.291	0.317	0.344	0.372	0.401
300	0.431	0.462	0.494	0.527	0.561	0.596	0.632	0.669	0.707	0.746
400	0.786	0.827	0.870	0.913	0.957	1.002	1.048	1.095	1.143	1.192
500	1.241	1.292	1.344	1.397	1.450	1.505	1.560	1.617	1.674	1.732
600	1.791	1.851	1.912	1.974	2.036	2.100	2.164	2.230	2.296	2.366
700	2.430	2.499	2.569	2.639	2.710	2.782	2.855	2.928	3.003	3.078
800	3.154	3.231	3.308	3.387	3.466	3.546	3.626	3.708	3.790	3.873
900	3.957	4.041	4.126	4.212	4.298	4.386	4.474	4.562	4.652	4.742
1 000	4.833	4.924	5.016	5.109	5.202	5.297	5.391	5.487	5.583	5.680
1 100	5.777	5.875	5.973	6.073	6.172	6.273	6.374	6.475	6.577	6.680
1 200	6.783	6.887	6.991	7.096	7.202	7.308	7.414	7.521	7.628	7.736

续附表5

测量端温度/℃	0	10	20	30	40	50	60	70	80	90
	电阻值 $R(t\ ℃)/\Omega$									
1 300	7.845	7.935	8.063	8.172	8.283	8.393	8.504	8.616	8.727	8.839
1 400	8.952	9.065	9.178	9.291	9.405	9.519	9.634	9.748	9.863	9.979
1 500	10.094	10.210	10.325	10.441	10.558	10.674	10.790	10.907	10.024	11.141
1 600	11.257	11.374	11.491	11.608	11.725	11.842	11.959	12.076	12.193	12.310
1 700	12.426	12.543	12.659	12.776	12.892	13.008	13.124	12.239	13.354	13.470
1 800	13.585	13.699	13.814	—	—	—	—	—	—	—

附表6 铂铑10-铂热电偶分度表

分度号:S

(冷端温度为0 ℃)

测量端温度/℃	0	10	20	30	40	50	60	70	80	90
	电阻值 $R(t\ ℃)/\Omega$									
0	0.000	0.055	0.133	0.173	0.235	0.299	0.365	0.432	0.502	0.573
100	0.645	0.719	0.795	0.872	0.950	1.029	1.109	1.190	1.273	1.356
200	1.440	1.525	1.611	1.698	1.785	1.873	1.962	2.051	2.141	2.232
300	2.323	2.414	2.506	2.599	2.692	2.786	2.880	2.974	3.069	3.164
400	3.260	3.356	3.452	3.549	3.645	3.743	3.840	3.938	4.036	4.135
500	4.234	4.333	4.432	4.532	4.632	4.732	4.832	4.933	5.034	5.135
600	5.237	5.339	5.442	53544	5.648	5.751	5.855	5.960	6.064	6.169
700	6.274	6.380	6.486	6.592	6.699	6.805	6.913	7.020	7.128	7.236
800	7.345	7.454	7.563	7.672	7.782	7.892	8.003	8.114	8.225	8.336
900	8.448	8.560	8.673	8.786	8.899	9.012	9.126	9.240	9.355	9.470
1 000	9.585	9.700	9.816	9.932	10.048	10.165	10.282	10.400	10.517	10.635
1 100	10.745	10.872	10.991	11.110	11.229	11.348	11.467	11.587	11.707	11.827
1 200	11.947	12.067	12.188	12.308	12.429	12.550	12.671	12.792	12.913	13.034
1 300	13.155	13.276	13.397	13.519	13.640	13.761	13.883	14.004	14.125	14.247
1 400	14.368	14.489	14.610	14.731	14.852	14.973	15.094	15.215	15.336	15.456
1 500	15.576	15.697	15.817	15.937	15.057	16.176	16.296	16.415	16.534	16.653
1 600	16.771	16.890	17.008	17.125	17.243	17.360	17.477	17.594	17.711	17.826
1 700	17.942	18.056	18.170	18.282	18.394	18.504	18.612	—	—	—

附表7　镍铬-镍硅热电偶分度表

分度号:K

（冷端温度为0 ℃）

测量端 温度/℃	0	10	20	30	40	50	60	70	80	90
	电阻值 $R(t ℃)/\Omega$									
−50	−1.889	−1.925	−1.961	−1.996	−2.032	−2.067	−2.102	−2.137	−2.173	−2.208
−40	−1.527	−1.563	−1.600	−1.636	−1.673	−1.709	−1.745	−1.781	−1.817	−1.853
−30	−1.156	−1.193	−1.231	−1.268	−1.305	−1.342	−1.379	−1.416	−1.453	−1.490
−20	−0.777	−0.816	−0.854	−0.892	−0.930	−0.968	−1.005	−1.043	−1.081	−1.118
−10	−0.392	−0.431	−0.469	−0.508	−0.547	−0.585	−0.624	−0.662	−0.701	−0.739
−0	0	−0.039	−0.079	0.118	−0.157	−0.197	0.236	−0.275	−0.314	−0.353
0	0	0.039	0.079	0.119	0.158	0.198	0.238	0.277	0.317	0.357
10	0.397	0.437	0.477	0.517	0.557	0.597	0.637	0.677	0.718	0.758
20	0.798	0.838	0.879	0.919	0.960	1.000	1.041	1.081	1.122	1.162
30	1.203	1.244	1.285	1.325	1.366	1.407	1.448	1.489	1.529	1.570
40	1.612	1.652	1.693	1.734	1.776	1.817	1.858	1.899	1.940	1.981
50	2.022	2.064	2.105	2.146	2.188	2.229	2.270	2.312	2.353	2.394
60	2.436	2.477	2.519	2.560	2.601	2.643	2.684	2.726	2.767	2.809
70	2.850	2.892	2.933	2.875	3.016	3.058	3.100	3.141	3.183	3.224
80	3.266	3.307	3.349	3.390	3.432	3.473	3.515	3.556	3.598	3.639
90	3.681	3.722	3.764	3.805	3.847	3.888	3.930	3.971	4.012	4.054
100	4.095	4.137	4.178	4.219	4.261	4.302	4.343	4.384	4.426	4.467

参 考 文 献

[1] 颜本慈. 自动检测技术[M]. 北京:国防工业出版社,1994.

[2] 郑华耀. 检测技术[M]. 北京:机械工业出版社,2004.

[3] 王仲生. 智能检测与控制技术[M]. 西安:西北工业大学出版社,2002.

[4] 常健生. 检测与转换技术[M]. 北京:机械工业出版社,1999.

[5] 王家桢. 传感器与变送器[M]. 北京:清华大学出版社,1998.

[6] 刘迎春,叶湘滨. 传感器原理设计与应用[M]. 北京:国防工业出版社,2004.

[7] 王雪文,张志勇. 传感器原理及应用[M]. 北京:北京航空航天大学出版社,2004.

[8] 费业泰. 误差理论与数据处理[M]. 北京:机械工业出版社,2005.

[9] 张宏健,孙志强. 现代检测技术[M]. 北京:化学工业出版社,2007.

[10] 王庆有. 图像传感器应用技术[M]. 北京:电子工业出版社,2003.

[11] 刘存. 现代检测技术[M]. 北京:机械工业出版社,2005.

[12] 张宏润. 传感器技术与实验[M]. 北京:清华大学出版社,2005.

[13] 何金田. 传感检测技术实验教程[M]. 哈尔滨:哈尔滨工业大学出版社,2005.

[14] 孙传友. 测控电路及装置[M]. 北京:北京航空航天大学出版社,2002.

[15] 高延滨. 检测与转换技术[M]. 哈尔滨:哈尔滨工程大学出版社,2007.

[16] 陈裕泉,葛文勋. 现代传感器原理及应用[M]. 北京:科学出版社,2007.

[17] 何希才. 实用传感器接口电路实例[M]. 北京:中国电力出版社,2007.

[18] 王煜东. 传感器应用 400 例[M]. 北京:中国电力出版社,2008.

[19] 孙余凯. 传感技术基础与技能实训教程[M]. 北京:电子工业出版社,2006.

[20] 马忠丽. 信号检测与转换实验技术[M]. 哈尔滨:黑龙江人民出版社,2008.

[21] 范晶彦. 传感器与检测技术应用[M]. 北京:机械工业出版社,2005.

[22] 傅攀. 传感技术与实验[M]. 成都:西南交通大学出版社,2007.

[23] 沈聿农. 传感器及应用技术[M]. 北京:化学工业出版社,2005.

[24] 胡广书. 数字信号处理[M]. 北京:清华大学出版社,2003.

[25] 高晋占. 微弱信号检测[M]. 北京:清华大学出版社,2003.

[26] 赵光宇,舒勒. 信号分析与处理[M]. 北京:机械工业出版社,2001.

[27] 徐守时,谭勇,郭武. 信号与系统理论、方法和应用[M]. 2 版. 北京:中国科学技术大学出版社,2010.

[28] 张峰生,龚全宝. 光电子器件应用基础[M]. 北京:机械工业出版社,1993.

[29] 谈振藩. 导航系统信息转换[M]. 北京:国防工业出版社,1988.

[30] 孙传友. 测控系统原理与设计[M]. 北京:北京航空航天大学出版社,2002.

[31] 张靖,刘少强. 检测技术与系统设计[M]. 北京:中国计量出版社,2002.

[32] 钟豪. 非电量电测技术[M]. 北京:机械工业出版社,1988.

[33] 华成英. 模拟电子技术基础[M]. 4 版. 北京:高等教育出版社,2006.

[34] 刘继承. 电子技术基础[M]. 北京:科学技术出版社,2004.

[35] 林平勇. 电工电子技术[M]. 2 版. 北京:高等教育出版社,2004.

［36］黄俊.电力电子交流技术［M］.2 版.北京:机械工业出版社,2002.

［37］王成华.电路与模拟电子学［M］.北京:科学出版社,2003.

［38］贾学堂.电工学习题与路解［M］.上海:上海交通大学出版社,2005.

［39］周渭,于国建,刘海霞.测试与测量技术基础［M］.西安:西安电子科技大学出版社,2004.

［40］叶明超.测量技术［M］.北京:北京理工大学出版社,2007.

［41］邓善熙.测试信号分析与处理［M］.北京:中国计量出版社,2003.

［42］常丹华.数字电子技术基础［M］.北京:电子工业出版社,2011.

［43］朱幼莲.数字电子技术［M］.北京:机械工业出版社,2011.

［44］黄锦安.电路与模拟电子技术［M］.北京:机械工业出版社,2009.

［45］郭天祥.新概念 51 单片机 C 语言教程:入门、提高、开发、拓展全攻略［M］.北京:电子工业出版社,2009.

［46］张毅刚.新编 MCS-51 单片机应用设计［M］.2 版.哈尔滨:哈尔滨工业大学出版社,2006.

［47］周京华.CPLD/FPGA 控制系统设计［M.］.北京:机械工业出版社,2011.

［48］王连英,吴静进.单片机原理及应用［M.北京:化学工业出版社,2011.

［49］李秀霞.Protel DXP2004 电路设计与仿真教程［M］.2 版.北京:北京航空航天大学出版社,2010.

［50］顾升路,官英双,杨超.Protel DXP 2004 电路板设计实例与操作［M］北京:航空工业出版社,2011.

［51］马淑华,王凤文.单片机原理与接口技术［M］.2 版.北京:北京邮电大学出版社,2005.

［52］张毅刚,刘杰.MCS-51 单片机原理及应用［M］.2 版.哈尔滨:哈尔滨工业大学出版社,2004.

［53］李宁.基于 MDK 的 STM32 处理器开发应用［M］.北京:北京航空航天大学出版社,2008.

［54］孙丽明.TMS320F2812 原理及其 C 语言程序开发［M］.北京:清华大学出版社,2008.

［55］周立功.SOPC 嵌入式系统基础教程［M］.北京:北京航空航天大学出版社,2006.

［56］夏宇闻.Verilog 数字系统设计教程［M］.2 版.北京:北京航空航天大学出版社,2008.

［57］李肇庆,韩涛.串行端口技术［M］.北京:国防工业出版社,2004.

［58］阳宪惠.现场总线技术及其应用［M］.2 版.北京:清华大学出版社,2008.

［59］金纯,祖秋,罗凤,等.ZigBee 技术基础及案例分析［M］.北京:国防工业出版社,2008.

［60］潘焱,田华,魏安全.无线通信系统与技术［M］.北京:人民邮电出版社,2011.